21世纪高等专科学校园林专业适用教材高等职业

园 林 测 量

王文斗 主编

中国科学技术出版社

·北京·

图书在版编目（CIP）数据

园林测量/王文斗主编. －北京：中国科学技术出版
社，2003. 8（2011.10重印）
21世纪高等专科、高等职业学校园林专业适用教材
ISBN 978-7-5046-3612-6

Ⅰ. 园… Ⅱ. 王… Ⅲ. 园林－测量－高等学校：技
术学校－教材 Ⅳ. TU986.2

中国版本图书馆 CIP 数据核字（2003）第 070379 号

本社图书封面均贴有防伪标志，未贴为盗版。

中国科学技术出版社出版

北京市海淀区中关村南大街16号　邮政编码：100081

电话：010－62103210　传真：010－62183872

http://www.kjpbooks.com.cn

科学普及出版社发行部发行

北京正道印刷厂印刷

*

开本：787 毫米×960 毫米　1/16　印张：20.5　字数：356 千字

2003 年 8 月第 1 版　2011 年10月第12次印刷

印数：32001–35000册　　定价：30.00 元

ISBN 978－7－5046－3612－6/G·271

（凡购买本社的图书，如有缺页、倒页、
脱页者，本社发行部负责调换）

内 容 提 要

本书是根据教育部颁布的高等职业技术学院园林测量的基本要求编写的，本书在编写中参照了有关行业职业技能鉴定规范以及高级技术工人的考核标准。

全书共 11 章、15 个实验实训和 4 个教学实习实训。从测量的基本知识入手，阐述了距离、角度和高差的测算方法，对园林测量仪器、工具的使用作为重点介绍章节。主要内容有：经纬仪及其使用、图根控制测量、大比例尺地形图的测绘与应用、电子全站仪与 GPS、园路测量和园林工程测量。本书以园路测量、园林工程测量为技术主02线，图根控制测量为重点，全站仪的测设和放样为技能操作核心。并按照高职高专类园林专业的需要，对园林测量各部分内容进地了有机融合，综合性强，做到了实训、实习与理论知识相结合，紧密围绕相关专业测绘的技能知识点，步骤清晰、可作用性强。

本书是林科类高等职业院校、中等职业学校和成人教育院校园林专业合作教材，也可作为园林行业职业技术培训和工人技术等级定级教材及自学用书。

策划编辑：徐扬科　史晓红　王巨斌
责任编辑：王树理
封面设计：耕者设计工作室
正文设计：詹　辉
责任印制：李春利
责任校对：何士如

前　　言

　　本教材根据教育部关于高等职业教育文件精神和高等职业教育课程改革及高职教材建设规划建议编制的，该教材适用于林科类高等职业技术院校园林专业及专科学校和专科成人教育园林专业五年制、三年制学生学习。

　　本教材共分为四部分：第一部分为园林测量基础（第1、2、3、4、6章），主要介绍基本知识和基本理论，培养学生熟练使用常规测量仪器，掌握小区域范围内的距离、角度、高差（或高程）的测量，深刻领会测、算与绘的要领。第二部分为地形图的测绘与应用（第7、8、9章），介绍图根控制测量方法、大比例尺地形图的测绘和地形图的应用，培养学生学会读图用图以及面积计算方法。第三部分为测量新仪器的使用和在园林测量中的应用（第5、10、11章），主要介绍全站仪的使用和园林道路测量、园林工程测量方面的知识，培养学生学会运用先进的测量仪器，为园林施工测设与放样服务，使学生掌握园林测量中测设与放样方法。第四部分为实训（实验与实习），主要培养学生的操作技能。每章后附有复习思考题。

　　本教材将园林测量的理论与实践有机的结合起来，内容简明扼要，体现了园林专业的特点。各院校在使用本教材时可以根据本地区的条件安排不同的学时和内容。

教育对象	第1章	第2章	第3章	第4章	第5章	第6章	第7章	第8章	第9章	第10章	第11章	实训实习
5年制高职	▲	▲	▲	▲	▲	▲	▲	▲	▲	▲	▲	▲
3年制高职	▲	▲	▲				▲	▲	▲	▲	▲	▲
中　职	▲	▲	▲				▲	▲	▲	▲	▲	▲

本教材由辽宁林业职业技术学院王文斗主编，副主编为陈日东、姚忠臣、曾斌，参加编写的人员为王文斗（绪论、第5章、实训10），湖北咸宁林校何礼军（第1章），安徽合肥林校韩久同（第2章），杨凌职业技术学院韩东锋（第3章），江西环境工程职业学院曾斌（第4章），广西生态工程职业技术学院蒋林贵（第6章），河南科技大学姚忠臣（第7章、实习3、实习4），甘肃林业职业技术学院谢爱萍（第8章），广东林校陈日东（第9章、实习1、实习2），浙江丽水师专职业技术学院斜祖民（第10章），河南汝南园林学校白保勋（第11章），山西林业职业技术学院张中惠（实训1~9），河北林校侯建生（实训11~16）。本教材由王文斗统稿。

本教材在编写过程中得到了辽宁林业职业技术学院张殿伟、那冬晨老师以及销售仪器厂家的帮助，在此深表感谢。

本教材由于编者水平有限，编写匆忙，难免存在缺点和错误，希望广大师生提出宝贵意见。

编　者

目　　录

绪　　论

一、园林测量的任务

测量学是研究地球形状和大小，测定地面点位和高程的应用学科。一方面，利用测量仪器和工具，通过实地测量和计算，将小区域内的地物与地貌按照一定的形式和比例绘制成图，为生产和国民经济建设的各项规划、设计提供技术资料；另一方面，将图中规划和设计好的工程或建筑物的位置准确地测设到地面上，作为测量施工的科学依据。园林测量的主要任务包括测图、读图与用图和施工放样等方面的工作。

二、测量学的分类

由于科学技术的不断进步，测量学在各个领域中的应用越来越广。测量学和其他学科一样，随着人类历史的不断发展，也在不断丰富和完善。测量学按照研究对象和应用范围可分为若干分支学科。

（1）大地测量学——研究地球表面广大地区的点位确定及整个地球的形状、大小和测定地球重力场的理论与方法的测量学科。由于研究区域大，必须要考虑地球曲率的影响。近年来，随着卫星技术和遥感技术的发展，大地测量学分为常规大地测量学和卫星大地测量学。

（2）普通测量学——研究地球表面局部地区（面积在 $100 km^2$ 以内）的形状和大小，将地球表面当作平面看待，不考虑地球曲率的影响。

（3）摄影测量学——研究卫星或飞行器对地面进行遥感或摄影，获取地面信息的基本理论和方法。分为地面摄影测量学和航空摄影测量学。

（4）工程测量学——研究工程建设的设计、施工和管理所要进行的测量工作。包括工程控制测量、土建施工测量、竣工测量、园林建设测量等测量知识。

（5）本教材属于普通测量学和工程测量学范畴。通过本课程的学习，使学生掌握园林测量的基本知识和基本技能，做到正确操作仪器，掌握小范围平面图的测绘及地形图的应用、园林工程的测量与施工放样等实际技能。

三、在园林建设中的应用

园林测量在国民经济建设中应用非常广泛。如园林苗圃规划设计、城市公园规划设计、城市绿地和住宅小区绿化设计与施工、园林道路放样与施工、植物配置放样、堆山挖湖、平整土地以及园林小品的测绘与施工放样。各项工程完工后，有时要测绘竣工图作为以后检查、维修和管理的依据。

四、测量学的发展

测量学是一门历史悠久的科学，几千年前，由于人类的进步和当时社会发展的需要，中国等一些文明古国的人民开始发明和运用测量工具进行测量。指南针、浑天仪等测量仪器的研制对后来的航海、天文学的研究都起到了推动作用。清朝时期，进行了全国范围的大地测量。近年来，土建业的兴盛，交通运输业的繁荣，长江三峡水利枢纽工程，黄河小浪底水利枢纽工程等项目的竣工和投运都离不开测量知识。

随着测量新技术、新仪器的不断推出，传统的测绘技术、产品正逐渐被取代。尤其航天和计算机事业的飞速发展和应用，电子全站仪测量极大地提高了角度、高差、距离和施工放样的测量效率。全球卫星定位系统（GPS）全天候、全球性、实时导航定位，具有较高的精度和较快的速度。

总之，测量学是一门应用性学科，是我国社会主义现代化建设不可缺少的基础性工作。从事农林业、园林设计与施工、城乡绿化的科技工作者，必须具备一定的测量理论知识和熟练的操作技能，从而在工作中做出更大的贡献。

第一章　测量的基本知识

┄┄ **本章提要** ┄┄

　　本章首先介绍确定地面点的基准面和用地理坐标及平面直角坐标确定地面点的基本方法，然后介绍测图比例尺的种类和使用方法以及比例尺的作用，再介绍测量成果中的地图、平面图和地形图的概念，最后介绍测量工作的基本内容、基本原则和基本要求。

第一节　地面点位

　　测量工作的实质是确定地面点的位置。从数学中知道，一个点在空间的位置要根据三个量才能确定；在测量工作中，这三个量是用该点投影到某基准面上的位置（即纵、横坐标）和该点到该基准面的垂直距离（即高程）来表示的，因此，首要的任务是要在地球上选择一个投影基准面。如何选择一个基准面，将直接与地球的形状和大小有关。

一、地球的形状与大小

　　经过长期的测绘工作和科学调查，地球表面上的海洋面积约占总面积的71%，陆地面积约占29%，因此人们把地球总的形状看作是被海水包围的球体，也就是设想有一个静止的海水面向大陆延伸所形成的封闭曲面。这个曲面称为水准面。由于海水有潮汐，时高时低，故水准面有无数个，所以取平均海水面的水准面作为地球的形状和大小的标准，这个水准面称为大地水准面，见图1-1。大地水准面的特性是：它的表面处处与铅垂线方向垂直，即与重力方向垂直。但重力是地球引力和地球离心力的合力，而地球引力与地球内部物质的密度有关。由于地球内部物质的密度分布不均匀，必然会使地面各点的引力不一致，铅垂线的方向不规则。而铅垂线方向不规则的特

3

性，必然会使大地水准面成为一个不规则的复杂曲面。为了便于测量、计算和制图，我们选择一个大小和形状与大地水准面极为接近又能用数学公式表达的旋转椭球体来代表地球的形状和大小，这个规则的椭球面称为大地参考面，见图 1 – 1。

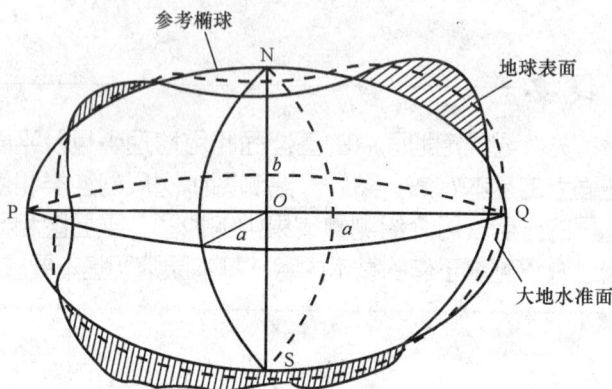

图 1 – 1　大地水准面和参考椭球面

椭球体是绕椭圆的短轴 NS 旋转而成的，如图 1 – 1。我国曾宣布采用 1975 年国际大地测量与地球物理联合会 16 届大会推荐的椭球元素值，即

长半轴　　　　　　　　　$a = 6\ 378\ 140$ m

短半轴　　　　　　　　　$b = 6\ 356\ 743$ m

扁率　　　　　$f = \dfrac{a - b}{a} = \dfrac{1}{289.257}$

若对参考椭球面的数学式加入地球重力异常变化参数的改正，便可得到大地水准面的较为近似的数学式。这样从严格的意义上讲，测绘工作取的是参考椭球面为测量的基准面，但实际工作中仍取的是大地水准面作为测量的基准面。当测量成果的要求不十分严格时，则不必改正到参考椭球面上。另一方面，实际工作中又可以十分容易地得到大地水准面和铅垂线，所以用大地水准面作为测量的基准面便大为简化了操作和计算工作。

由于参考椭球体的扁率很小，在普通测量中可把地球作为圆球看待，其半径取三个半轴的平均值，即　　$R = \dfrac{a + a + b}{3} = 6\ 371$ km。

二、地面点位的确定

在大范围内进行测量工作，地面上任一点的位置，投影到参考椭球面上通常是用经纬度表示的。以经纬度来确定地面点的绝对位置，称为地理坐标；在小范围内测量，则可将地球表面看作是平面（即半径为 10km 的范围），地面上一点的相对位置，在平面上是用直角坐标表示的。

（一）地理坐标

图 1−2 中，NS 为椭球的旋转轴，由椭球旋转轴引出的半平面称为子午面，通过英国伦敦格林尼治天文台的子午面，称为首子午面；子午面与椭球面的交线叫子午线，又称真子午线或经线。过 P 点的子午面与首子午面所夹的二面角称为该点的经度，用 L 表示。同一经线上各点的经度相同。经线在首子午面以东者为东经，以西者为西经，其值都在 0°~180°。通过椭球中心且与椭球旋转轴正交的平面，称为赤道面，它和椭球面的交线称为赤道；与椭球旋转轴正交但不通过球心的其他平面，和椭球面的交线称为纬圈或纬线。过 P 点作一与椭球体相切的平面，再过 P 点作一与此平面垂直的直线，这条直线称为 P 点的法线（不通过椭球中心），它与赤道面的夹角称为该点的纬度，用 B 表示。同一纬线上的各点的纬度相同。在赤道以北者为北纬，以南者为南纬，其值在 0°~180°。

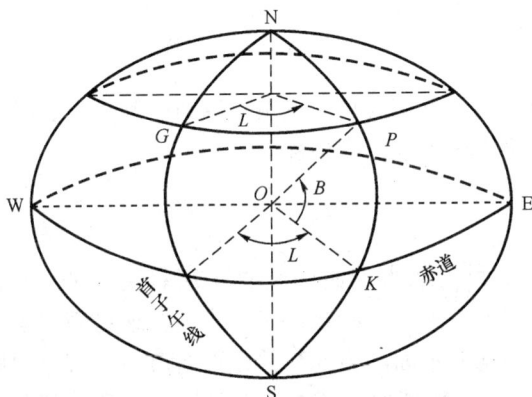

图 1−2 地理坐标示意图

（二）平面直角坐标

测量图纸上的方向，一般是上北下南，左西右东；测量上角度的起始方向规定为基本方向，通常为指北方向。数学直角坐标系上规定 x 轴非负半轴为角度的起始方向。为将二者统一，因此在测量上以 x 轴为直角坐标系的纵轴，令指北为正。测量上，角度增大的方向是顺时针方向；数学坐标系上，角度增大的方向是象限顺序方向。也为将这二者统一，使数学坐标系上的三角公式和坐标计算方法不作任何变换地应用于测量坐标系中，因此测量上取 y 轴为坐标横轴，且令指东为正，如图 1-3 所示。

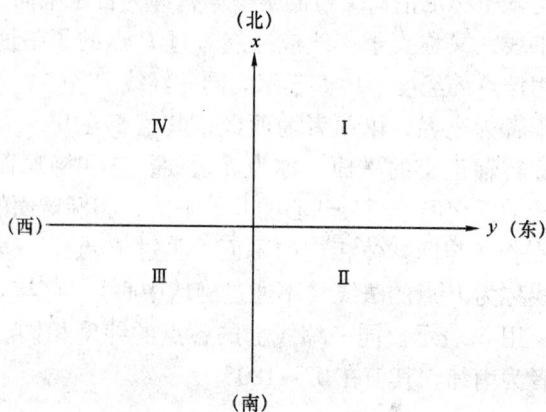

图 1-3 平面直角坐标系

为使用方便，测量上用的平面直角坐标系的原点有时是假定的，假定原点的位置应使测区内各点的纵横坐标值为正。

（三）高程

地面上任一点到大地水准面的垂直距离称为该点的绝对高程（或海拔），常称高程，用 H 表示。如图 1-4。我国的绝对高程是以青岛港验潮站历年记录的黄海平均海水面高为准，并在青岛市内一个山洞里建立了水准原点，推算出其高程为 72.260 m（称 1985 年国家高程基准），作为全国绝对高程起算依据。

有些测区引用绝对高程有困难，为了工作方便而采用假定的水准面作为高程起算的基准面，那么地面上一点到假定水准面的垂直距离称为该点的相

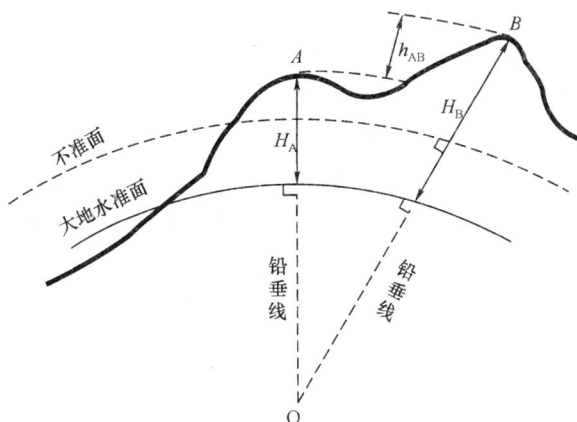

图 1-4　高程和高差

对高程（或假定高程）。

地面上两点的高程之差叫高差，以 h 表示。如图 1-4 中 A 点高程为 H_A，B 点高程为 H_B，则 B 点对于 A 点的高差为 $h_{AB} = H_B - H_A$，其值有正负，当 h_{AB} 为负值时，就是 B 点比 A 点低；当 h_{AB} 为正值时，就是 B 点比 A 点高。

第二节　测图比例尺及其精度

一、比例尺的概念

绘图时不可能将地面上的各种地物按其真实大小描绘在图纸上，而必须按一定的比例缩小后绘制。因此，图上线段的长度与相应实地水平距离之比，称为图的比例尺。

二、比例尺的种类与使用

由于测图和用图的需要，比例尺按表示的方法不同有多种，如数字比例尺、直线比例尺等。

（一）数字比例尺

用分数或数字比例形式表示的比例尺称为数字比例尺，规定分子为1，分母为一整数（用 M 表示）。例如 $\dfrac{1}{1000}$、$\dfrac{1}{2000}$、$\dfrac{1}{5000}$ 等，也可以写成

1:1000、1:2000、1:5000 等形式。

比例尺的大小取决于分数值的大小，即分母越大，比例尺越小，反之亦然。通常以 1:500 ~ 1:10000 为大比例尺，以 1:25000 ~ 1:100000 为中比例尺，以 1:100000 以下的比例尺称为小比例尺。

如果知道了某幅图的数字比例尺，就可以解决以下两方面的问题：

（1）根据图上线段长度，求相应实地线段水平距离。即

$$D = M \cdot d$$

【例】　在 1:5000 的比例尺图上，量得某苗圃边界线长 4.2cm，其实地水平距离为

$$D = M \cdot D = 5000 \times 4.2\text{cm} = 210\text{m}$$

（2）依实地水平距离，求其图上相应线段长。即

$$d = \frac{D}{M}$$

【例】　某林区公路一直线段的水平距离为 430m，绘在 1:10000 的比例尺图上，其相应直线长为：

$$d = \frac{D}{M} = \frac{430\text{m}}{1000} = 4.3\text{cm}$$

（二）直线比例尺

为了简化计算并减小由于图纸的伸缩引起的误差，还能直接在图上量得图上线段以及与之相应的实地水平距离，常在图南图廓线外中央部位绘制与该图比例尺相一致的直线比例尺，如图 1 - 5 所示。直线比例尺是根据数字比例尺绘制的，方法如下：

（1）先在图上绘一条直线（单线或是双线），再把它等分成若干个 1 cm 或 2 cm 长的基本单位。

（2）把左边的一个基本单位又等分成十小等分，并在小等分和基本单位的分界处注以 0。

（3）从 0 分划线起，向左向右分别在各基本单位分点上标注不同线段长所对应的实地水平距离。

使用直线比例尺时，如图 1 - 5 所示，先张开分角规两脚尖，对准图上待测两点，然后移至直线比例尺上，使左脚尖落在 0 刻度左边的某小等分

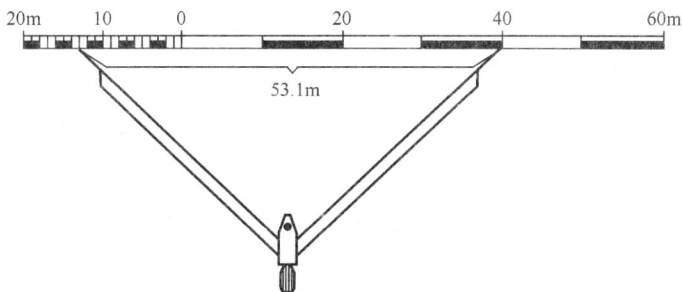

图 1-5 直线比例尺及其使用

内，同时使右脚尖正好落在某基本单位的分划线上，取两脚尖的读数之和，即为图上两点间相应的实地水平距离。图上所示水平距离为 53.1m。

三、比例尺精度

通常人眼只能在图上分辨出 0.1mm 的点或线。如果地面上某水平距离按比例尺缩小后长度短于 0.1mm 时，人眼不能分辨，当然在图上无法绘出。因此，我们把图上 0.1mm 长度所代表的实地水平距离称为比例尺精度。例如：测绘 1:2000 比例尺地形图时，实地量距精度只要达到 0.2m，小于 0.2m，在图上无法绘出；若实测的量距精度要求误差不能超过 0.5m，则所用测图比例尺不能小于 1:5000。

第三节　地图、平面图、地形图

测量工作的成果，常常是用各种图把它明显准确地表示出来，以利于规划设计或指导施工。测绘各种图时，都是将地面上的各种地物和地貌，按一定的投影关系，依一定的比例和统一规定的符号，绘制在图纸上。

一、地图

测绘大范围甚至整个地球的地面图形时，将球面上的图形按一定比例缩小后，展绘到平面上，就会发生形变。为了将形变控制在一定范围内，必须考虑地球的曲率，采用特殊的投影方法才能达到目的。这种利用特殊的地图投影方法，以一定的精度在平面图纸上绘制出的大区域或全国、全球的图形，称为地图，如全国地图、世界地图等。

二、平面图

当测区面积不大时，可把水准面当作平面。将地面上的地物沿铅垂方向投影到水平面上，再按一定的比例缩绘而成的图，称为平面图。平面图能反映实际地物的形状、大小以及地物之间的相对平面位置关系。

三、地形图

在平面图的基础上，把地貌用规定的符号表示出来，这样的图称为地形图。如图1-6，是以等高线表示地貌的地形图。地形图和平面图的区别在于地形图在图上表示出了地貌和地物的高低位置。

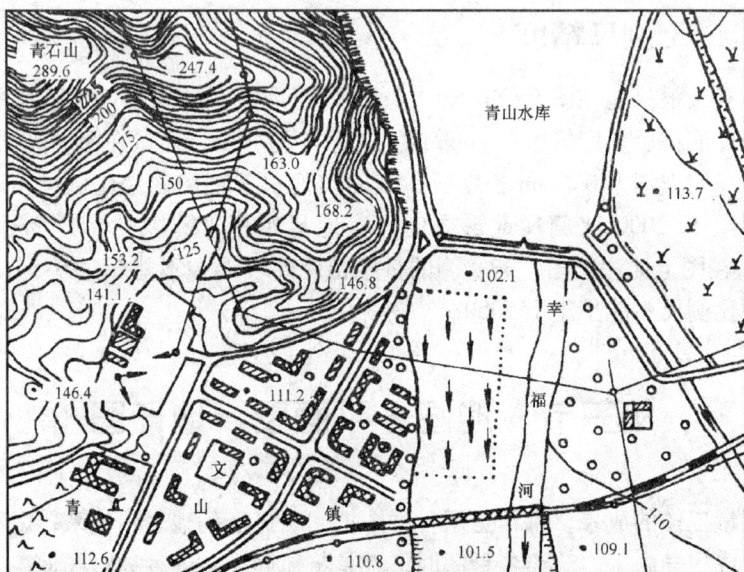

图1-6 地形图

第四节 测量工作的基本原则和要求

一、测量工作的基本内容

测量工作的实质是确定地面点的平面位置和高程。在实际测量工作中，使用传统仪器很难直接测出地面点的平面直角坐标（x，y）和高程 H，一般都是通过实地测量出待测点与已知坐标和高程的点的角度关系、水平距离关系和高差关系，再经过内业计算求出。如图 1 – 7 所示，已知 A 点和 B 点的坐标和高程，1 点和 2 点为待测点，只要测出水平距离 d_{B1} 和 d_{12}、水平角 β_1 和 β_2、高差 h_{B1} 和 h_2，就不难算出 1 点和 2 点的平面直角坐标和高程了。由此可见，距离、角度和高差是确定点位关系的三要素，因此，测距离、测角度和测高差是测量工作的基本内容。

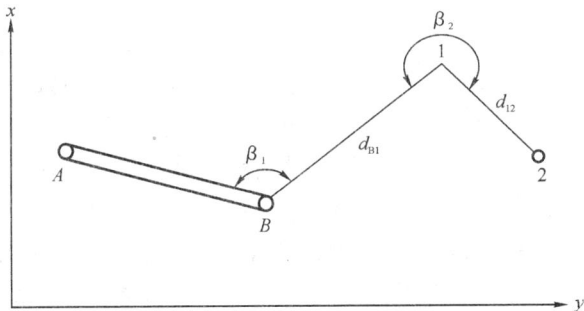

图 1 – 7　地面点间的位置关系

二、测量工作的基本原则

在测量工作中，误差是不可避免的，但测量成果是有严格的精度要求的。因此，保证高精度的测量，必须遵循"由整体到局部、由高精度到低精度、先控制后碎部"的原则。

当接受一项测量任务后，首先要从整体上考虑测区全面达到精度要求，因此在制定施测策略时，要使误差分散均匀，就要从整体出发。

在测量过程中，如果从一点开始，逐点依次递测，不加控制和检校，前一点的误差就传到后一点，后一点又产生新的误差，如此下去，误差会传递累积起来，因此，在测区内均匀布设恰当密度的一些点，使它们能构成附合或自行闭合，对它们所测的数据就能进行检验和校正，使它们的误差得到控制。这样的点常称为控制点，对之所进行的测量称为控制测量，控制点相对碎部点也是精度比较高的点，再由这样的点去测碎部的点。对碎部点所进行的测量称为碎部测量。

总之，遵循测量工作的基本原则，是提高精度的最好方法。近年来，现代化测绘仪器不断出现，高精度仪器使传统的测量方法受到冲击。用高精度电子全站仪等仪器可以同时进行控制测量和碎部测量。

三、测量工作的基本要求

测量工作是一项非常细致的工作，各个环节都是紧密相连的，无论是测还是算，必须有严格的校核措施，发现错误或不符合精度要求的观测数据，要查明原因，即时返工重测，把工作损失降到最低程度。

无论是操作仪器还是测量施工，都要严格按照操作规程和施测步骤进行。

测量记录是外业工作的成果，是评定观测质量、使用观测成果的基本依据。测量人员必须坚持严肃认真的科学态度，实事求是地做好记录工作，要求做到内容真实、完整，书写清楚、整洁，一般用铅笔记，如果记错了，不要用橡皮擦擦掉，而要用铅笔画掉，然后将正确的数据写在旁边，以保持记录的原始性，决不能随意涂改或伪造数据。

测量标志是测量工作的重要依据，要做好标志的设置工作，并应妥善保护。

测量工作不是个人能单独进行的工作，而是以队、组的形式集体进行的工作，既要合理分工，又要密切配合，才能把工作做好。测量工作总是外业多，常要跋山涉水，常有严寒酷暑，等等，测量工作人员要能吃苦耐劳，才能胜任。

复习思考题

1. 名词解释：水准面、大地水准面、子午线、绝对高程、相对高程、高差、比例尺、比例尺精度、平面图、地形图

2. 地面上某线段的水平距离是 149.682m，问在 1:500、1:1000 和 1:2000 的地形图上，其长度分别是多少 cm？

3. 1:1000 地形图的比例尺精度是多少？它有什么实际意义？

第二章　两点距离及方向的确定

本章提要

　　测量地面上两点间的距离和方向，是测量的基本工作。距离是地面上两点投影到水平面上的水平距离，而方向则是该两点组成的直线与基本方向间的角度关系。根据不同的精度要求，常用的量距工具和方法也不相同。确定某一直线的方向，通常用罗盘仪完成。本章主要介绍一般的量距工具及使用钢尺量距的一般方法和用罗盘仪测量方位角、罗盘仪的检验与校正等内容。

第一节　直　线　定　线

一、地面上点的标志

　　在进行测量工作之前，必须先在实地标定点位，并用适当的方法把标志固定下来。地面点的标志种类很多，根据用途不同及需要保存的期限长短，可分为临时性标志和永久性标志，如图2-1所示。

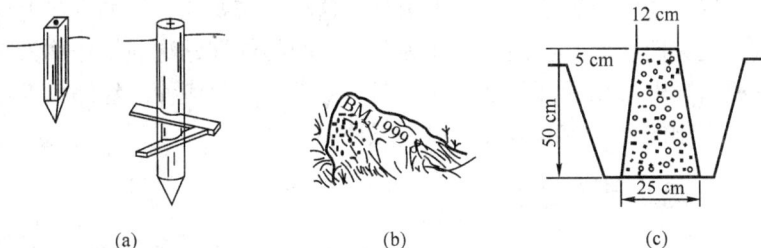

(a)	(b)	(c)

图2-1　地面点的标志

临时性标志，可用长20～30 cm、顶面3～6 cm见方的木桩打入土中，桩顶钉一小钉或画一"＋"字表示点位，如图2－1(a)所示。土质疏松时，木桩可适当加粗加长。如遇到岩石、桥墩等固定地物，也可在其上凿个"＋"字作为标志，如图2－1（b）所示。

永久性标志，一般采用石桩或混凝土桩，桩顶刻一"＋"字或将铜、铸铁、玻璃、瓷等做的标志镶嵌在顶面内，以标志点位，如图2－1（c）所示。标石的大小及埋设要求，在测量规范中有详细的说明。如点位布设在硬质的柏油或水泥路面上时，可用长约5～20 cm、粗0.5～1 cm、顶部呈半球形且刻"＋"字的铁桩打入地面。地面标志都应有编号、等级、所在地、点位略图及委托保管等情况。这种记载点位情况的资料称为点之记，如图2－2所示。

为了便于观测，应在点位上竖立标杆（也称花杆），有些还在杆顶系一彩色小旗，从远处看起来更为醒目，如图2－3所示。

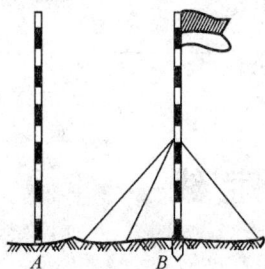

图2－2　点之记

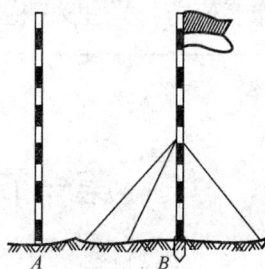

图2－3　标杆

二、直线定线的方法

量距时，如果两点间距离较长（超过一尺段长）或地势起伏较大，通视情况不好，均使沿直线丈量发生困难。这时，需要在直线的方向上标定若干个点，使它们在同一直线上，作为分段量距的依据，这项工作称为直线定线。一般情况下可用标杆目估定线，精确要求较高时应使用经纬仪等仪器进行定线。常用的目估定线方法有以下三种。

（一）两点间的定线

如图2－4中，A、B为地面上互相通视的两点，欲在A、B两点间的直线上目测标出a、b等点。先在A、B两点上各竖立一根标杆，甲站在A点标杆后约1m处，乙持标杆在b点附近，甲用手势指挥乙左右移动标杆，直

到甲从 A 点沿标杆的同一侧看到 A、b、B 三根标杆在一条直线上为止。同法可定出直线上的其他各点。

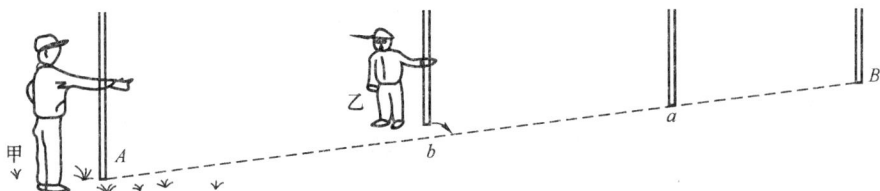

图 2-4　两点间目估定线

（二）过山头定线

如图 2-5 所示，地面上 A、B 两点被一山头隔于两侧，且互不通视，欲在 A、B 的连线上标定出 C、D 两点，这时可以采用逐渐接近法进行目估定线。定线时，在 A、B 两点上竖立标杆，甲、乙两人各持一根标杆于山顶部，分别选择能同时看到 A、B 两点的位置后，先由甲在 C_1 点立标杆，并指挥乙将其标杆立在 C_1B 方向上的 D_1 处；再由立于 D_1 处的乙指挥甲移动 C_1 上的标杆至 D_1A 方向上的 C_2 处，接着再由站在 C_2 处的甲指挥乙移动 D_1 上的标杆至 C_2B 方向上的 D_2 处，这样相互指挥、逐渐趋近，直到 C、D、B 杆在一直线上，同时 D、C、A 杆也在一直线上，则 A、C、D、B 四点即在同一条直线上。

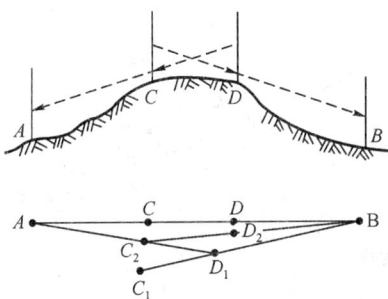

图 2-5　过山头定线

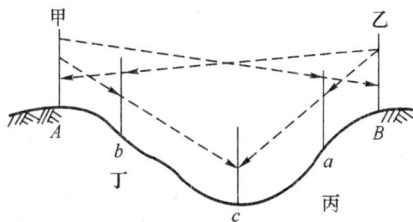

图 2-6　过山谷定线

（三）过山谷定线

如图 2-6 所示，由于山谷的地势低，由 A 看 B 时，很难能看到谷底处的标杆，因此，直线定线时，应由谷顶逐渐向谷底进行。即先在 A、B 处竖立标杆，观测者甲在 A 点处指挥丙在 AB 直线上的 a 点处插上标杆；观测者乙在 B 点处指挥丁在 BA 直线上的 b 点处插上标杆；然后再在 Ab 或 Ba 的延长线上定出 C 点位置。

第二节　距离测量

一、量距工具

根据量距精度要求不同，所采取的工具也各有所异，通常丈量距离的工具有钢尺、皮尺和辅助工具。

（一）钢尺

钢尺是用优质钢制成的带状尺，又称钢卷尺，其长度有 20 m、30 m、50 m 等数种。钢尺一般卷放在圆形金属盒内或金属架上，常称为盒式和手柄式钢尺。图 2−7（a）所示的为手柄式钢尺。

(a)　　　　　　　　　　　　　　(b)

图 2−7　钢尺与皮尺

钢尺的尺面一般每隔 1 cm 作一刻划，每 10 cm 作一注记，并常在 0~10 cm 的范围内，每隔 1 mm 作一刻划，每 1 cm 作一注记，如图 2−8 所示。也有的钢尺全长都刻有毫米分划。钢尺的零分划位置有两种形式：一种是零点位于尺端（拉环的外缘），称为端点尺；另一种有零分划线，且刻在钢尺前端，称为刻线尺，如图 2−8 所示。使用时应特别注意零点的位置以免发生量距错误。

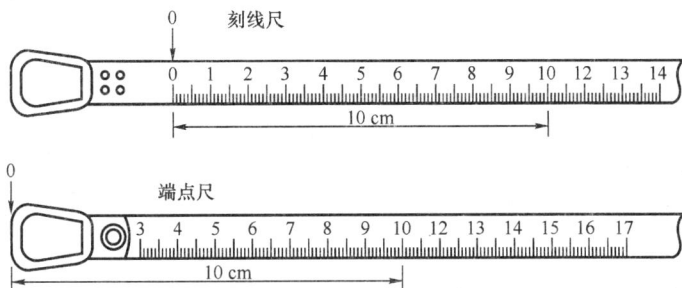

图 2-8　刻度尺与端点尺

（二）皮尺

皮尺是用麻线织成的带状尺，不用时卷入皮壳或塑料壳内，如图 2-7（b）所示。长度有 15 m、20 m、30 m 和 50 m 等数种。皮尺上基本分划为厘米，在分米处和整米处作注记，尺端铜环的外端为尺子的零点，如图 2-9 所示。由于皮尺耐拉力差，伸缩性较大，因此，只能用于较低精度的量距工作。

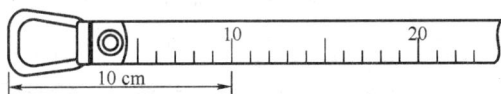

图 2-9　皮尺的分划

（三）玻璃纤维卷尺

高精度玻璃纤维卷尺是用玻璃纤维束和聚氯乙烯树脂等新材料、采用新工艺制造的新产品，其精度略高于钢卷尺，在劳动强度、工作效率、价格和使用寿命等方面也优于钢卷尺。

（四）距离丈量的辅助工具

1. 测钎

是用长 20～30 cm 的粗铁丝制成，如图 2-10 所

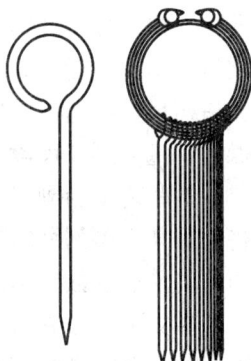

图 2-10　测钎

17

示。测量时，用作标定尺段端点位置和计算整尺段数，也可作为瞄准的标志。

2. 标杆

标杆长 2 ~ 3 m，用圆木或合金制成，杆身做成红白相间，每节长 20 cm，因此又称花杆。标杆下端还装有锥形铁脚。标杆主要用作标点定线。如图 2 -3 所示。

3. 垂球

用金属制成，上端系有细线，是对点、标点和投点的工具。此外，在精密丈量时还需要温度计和弹簧秤等工具。

二、平坦地面的量距

平坦地面上的量距工作可以在直线定线结束后进行，也可以边定线边丈量。如图 2 -11 中的 a、b、c、d 为两点间定线时标定出的点。距离丈量由两人进行，其中走在前面的称前司尺员，后面的则称后司尺员。

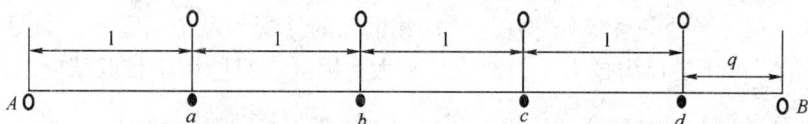

图 2 -11　平坦地面的量距

丈量时，后司尺员拿着钢尺的零点一端站立于起点 A 处，并在 A 点插上一根测钎，前司尺员拿着钢尺的末端和一组测钎，沿直线方向前进。前司尺员行至定线点 a 处时，后司尺员将钢尺的零分划对准起点 A，前司尺员控制钢尺通过地面上的定线点 a 后，两人同时将钢尺拉紧、拉平、拉稳后，立即将一根测钎对准钢尺整尺段处垂直地插入地面，这样就完成了第一尺段的丈量工作。然后，后司尺员拔起 A 处测钎，两人共同把尺子提离地面前进，当后司尺员到达前司尺员所插的测钎处停住，沿该测钎到 b 方向，重复上述操作。量完第二尺段，后司尺员拔起地上测钎，依次前进，直到终点。最后一段的距离不会刚好是一整尺段的长度，称为余长。丈量余长时，前司尺员将钢尺某一整刻划对准 B 点，由后司尺员利用钢尺的前端部位读出毫米数，两人的前后读数差即为不足一整尺的余长。

在丈量过程中，每量毕一尺段后，后司尺员都必须及时收拔测钎，量至终点时，手中的测钎数即为整尺段数（注意不含最后量余长时的一根测钎）。

地面上两点间的水平距离可按下式计算：

$$d' = nl + q \qquad (2-1)$$

式中 d' 为两点间水平距，l 为钢尺一整尺的长度，n 为丈量的整尺段数，q 为不足一整尺段之余长。

【例】　在图 2-11 中，$l = 30\ m$，$n = 4$，$q = 16.369\ m$，则

$$d'_{AB} = nl + q = 4 \times 30\ m + 16.369\ m = 136.369\ m$$

为了校核和提高丈量精度，一段距离至少要丈量两次。通常做法是用同一钢尺往返丈量各一次。如在图 2-11 中，由 A 量到 B 称为"往测"，由 B 量到 A 称为"返测"。在符合精度要求时，取往、返测距离的平均数作为最后结果。

距离丈量的精度用相对误差 K 来衡量。相对误差为往、返测距离差数（较差）的绝对值 $|\Delta d'|$ 与它们的平均值 $\overline{d'}$ 之比，并化为分子为 1 的分数，分母越大，说明精度越高。即

$$K = \frac{|\Delta d'|}{\overline{d'}} = \frac{1}{N} \qquad (2-2)$$

在平坦地区，钢尺量距的相对误差 K 值应不大于 1/3000；在量距困难地区，其相对误差也应不大于 1/1000。如果超出该范围，应重新进行丈量。

【例】　如图 2-11 所示，在平坦地区丈量 AB 长度。已知往测距离为 136.369 m，返测距离为 136.401 m，求 AB 丈量结果及其丈量精度。

解　往返测距离的平均值

$$\overline{d'} = \frac{d'_{往} + d'_{返}}{2} = \frac{136.369 + 136.401}{2}m = 136.385\ m$$

较差绝对值

$$|\Delta d'| = |d'_{往} - d'_{返}| = |136.369\ m - 136.401\ m| = 0.032\ m$$

则量距精度

$$K = \frac{|\Delta d'|}{\overline{d'}} = \frac{0.032}{136.385} = \frac{1}{4232} < \frac{1}{3000}$$

故 AB 的长度为 136.385 m。

三、倾斜地面的量距

（一）平量法

当地面倾斜，但尺段两端高差不大时，可将钢尺拉平丈量。丈量时，应

由高向低整尺段丈量或分段丈量，如图 2 – 12 所示。

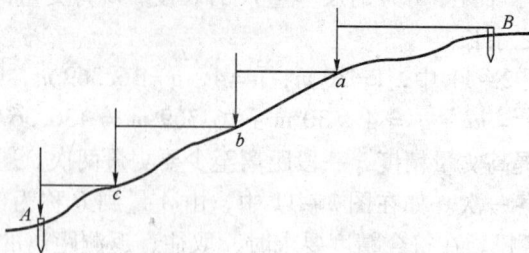

图 2 – 12 平量法

先将钢尺零点对准地面 B 点，另一端将钢尺抬高，目估使钢尺水平，并用垂球投点在地面上的 a 点处，尺上读数即为 Ba 的水平距离；同法丈量 ab 段、bc 段的水平距；在丈量 CA 时，应注意垂球尖对准 A 点；各段距离的总和，即为 AB 的水平距离。为使操作方便，返测时仍应由高向低进行丈量，如改为由低向高，则后司尺员既要使垂球尖对准已定的地面点，又须使尺子水平，这样不易做到准确。

（二）斜量法

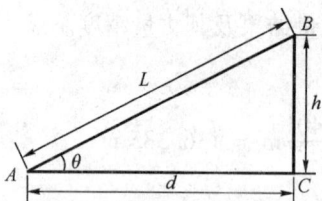

图 2 – 13 斜量法

当地面倾斜均匀且坡度较大时，如图 2 –13所示，可沿地面直接量出 AB 的斜距 L，用罗盘仪或经纬仪测出 AB 的倾斜角 θ，按下式将斜距改算成水平距离 d'。

$$d' = L\cos\theta \qquad (2 – 3)$$

如果未测倾斜角 θ，而是测定了 A、B 两点间的高差 h，则

$$d' = \sqrt{L^2 - h^2}$$

四、测距精度要求及注意事项

为了提高距离丈量的精度和避免错误产生，在距离丈量时应注意以下事项：

（1）钢尺使用前，要认真查看其零点、末端的位置和注记情况，以免用错。

（2）为了减少量距的误差，必须按照定线的要求去做。

（3）丈量时，直线定线要直，拉力要均匀，一定要将钢尺拉平、拉直、拉稳；测钎要插直、准确；钢尺整段悬空时，中间应有人将其托住，以减小垂曲误差；尺子不能有打结或扭折等现象。

（4）避免读错和听错数字，例如把"9"看成"6"，或把"4"和"10"听错了；丈量最后一段余长时，要注意尺面的注记方向，不要读错。

（5）记录要清晰不要涂改，记好后要回读检核，以防记错。

（6）使用钢尺时，钢尺不得在地面上拖行，更不能被车辆碾压或行人践踏；拉尺时，不要用力硬拉；收尺时，不能有卷曲扭缠现象，摇柄不能逆转；钢尺使用完毕后，要用软布擦去灰尘，如遇雨淋，要擦干后再涂一薄层机油，以防生锈。

第三节　直线定向

欲确定地面上两点在平面上的相对位置，除需要测量两点之间的距离外，还要测定两点连线的方向。一条直线的方向，是用该直线与基本方向线之间所夹的水平角来表示的，那么，确定一直线与基本方向间角度关系的工作则称为直线定向。

一、基本方向

（一）真子午线方向

通过地面上一点指向地球南北极的方向线，就是过该点的真子午线方向。地球上各点的经线就反映了该点的真子午线。真子午线北端所指的方向为真北方向，它可以用天文观测的方法来确定，在国家大面积测图中，将它作为定向的标准。

（二）磁子午线方向

地球表面某点上的磁针在地球磁场作用下，自由静止时其轴线所指的方向，称为该点的磁子午线方向。磁针北端所指的方向为磁北方向，可用罗盘仪测定，在小面积地形测量中常用它作为定向的标准。

（三）坐标纵轴方向

图 2-14 三北方向图

通过地面上某点平行于该点所处的平面直角坐标系的纵轴方向，称为坐标纵轴方向。坐标纵轴北端所指的方向为坐标北方向。

上述三种基本方向中的北方向，总称为"三北方向"，在一般情况下，它们是不一致的，如图 2-14 所示。

由于地球的南、北极与地球磁南、北极是不重合的，因此，地面上某点的真子午线方向和磁子午线方向之间有一夹角，这个夹角称为磁偏角，以 δ 表示。当磁子午线北端在真子午线以东者称东偏，δ 取正值；在真子午线以西者则称西偏，δ 取负值，如图 2-15 所示。地面上各点的磁偏角不是一个定值，它随地理位置不同而异。我国西北地区磁偏角为 $+6°$ 左右，东北地区磁偏角则为 $-10°$ 左右。此外，即使在同一地点，时间不同磁偏角也有差异。所以，采用磁子午线方向作为基本方向，其精度比较低。地球表面某点的真子午线方向与坐标纵轴方向之间的夹角，称为子午线收敛角，以 r 表示。凡坐标纵轴北端在真子午线以东者，r 取正值；以西者，r 取负值，如图 2-16 所示。地面上某点的坐标纵轴方向与磁子午线方向间的夹角称为磁坐偏角，以 δm 表示。磁子午线北端在坐标纵轴以东者，δm 取正值；反之，δm 取负值。

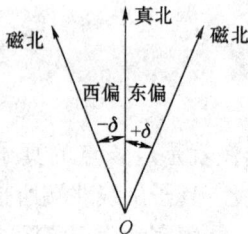

图 2-15 磁偏角的正负

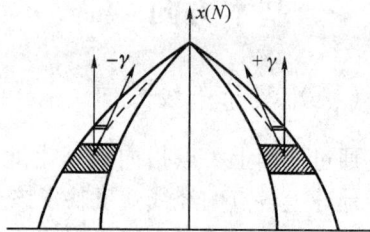

图 2-16 子午线收敛角

在测量工作中，直线方式的表示方法常采用方位角或象限角表示直线的方向。

二、方位角

由基本方向的北端起，沿顺时针方向到某一直线的水平夹角，称为该直线的方位角，其角值在 $0° \sim 360°$ 之间。

如图 2 – 17 所示，直线 0A、0B、0C、0D 的方位角分别为 30°、150°、210°、330°。根据基本方向的不同，方位角可分为：以真子午线方向为基本方向的，称为真方位角，用 A 表示；以磁子午线方向为基本方向的，称为磁方位角，用 Am 表示；以坐标纵轴为基本方向的，称为坐标方位角，用 a 表示。如图 2 – 18 所示，三种方位角之间的关系为

$$\left. \begin{array}{l} A = Am + \delta \\ A = a + r \end{array} \right\} \tag{2-4}$$

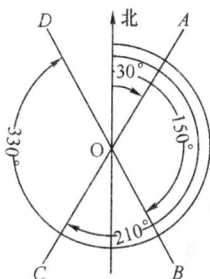

图 2 – 17　方位角

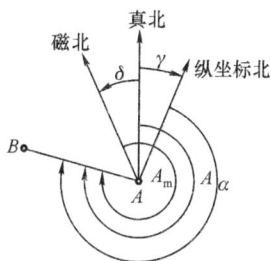

图 2 – 18　三种方位角的关系

【例】　已知直线 AB 的磁方位角 $Am = 72°12'$，A 点的磁偏角 δ 为东偏 $2°02'$，子午线收敛角 r 为西偏 $2°01'$，问直线 AB 的坐标方位角 a_{AB} 和磁坐偏角 δm 各为多少？

解：$a_{AB} = Am + \delta - r = 72°12' + 2°02' - (-2°01') = 76°15'$

$\delta m = 76°15' - 72°12' = +4°03'$

三、象限角

从基本方向的北端或南端起，到某一直线所夹的水平锐角，称为该直线的象限角，以 R 表示。象限角的角值在 $0° \sim 90°$ 之间。象限角不但要写出角值的大小，还要在角值之前注明直线所处象限的名称。如图 2 – 18 所示，直

线 0A、OB、0C、OD 的象限角分别为北东 300°或 NE30°、南东 30°或 SE30°、南西 30°或 SW30°、北西 30°或 NW30°。

象限角和方位角一样，由于采用的基本方向不同，可分为真象限角、磁象限角和坐标象限角三种。

四、方位角与象限角的换算

见表 2-1。

表 2-1　方位角与象限角之间的换算关系

象　限		限根据方位角 a 求象限角 R	根据象限角 R 求方位角 a
编号	名称		
I	北东（NE）	$R = a$	$a = R$
II	南东（SE）	$R = 180° - a$	$a = 180° - R$
III	南西（SW）	$R = a - 180°$	$a = R + 180°$
IV	北西（NW）	$R = 360° - a$	$a = 360° - R$

五、正反方位角的关系

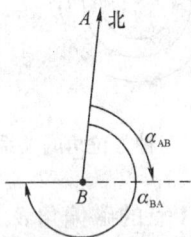

图 2-19　正反方位角

在测量工作中，我们把直线的前进方向叫正方向，反之，称为反方向。如图 2-19 所示，A 为直线起点，B 为直线终点，通过 A 点的坐标纵轴与直线 AB 所夹的坐标方位角 α_{AB} 称为直线的正坐标方位角，而 BA 直线的坐标方位角 α_{BA} 称为反坐标方位角。

由于任何地点的坐标纵轴都是平行的，因此，任何直线的正坐标方位角和它的反方位角均相差 180°，即

$$a_{正} = a_{反} \pm 180° \qquad (2-5)$$

若 $a_{反} > 180°$，公式中右端取"-"号；若 $a_{反} < 180°$，公式中右端取"+"号。在园林测量中常采用坐标方位角确定直线方向。

由于真子午线之间或磁子午线之间相互并不平行，所以正、反真方位角和正、反磁方位角不存在上述关系。但是当地面上两点间距离不远时，通过两点的子午线可视为是平行的，此时，同一直线的正、反真方位角（或正、

反磁方位角）也可以认为是相差180°。据此结论，罗盘仪可在小范围地区进行测量作业。

第四节　罗盘仪测量

罗盘仪是观测直线磁方位角或磁象限角的一种仪器，由于它的构造简单、使用方便，当测量精度要求较低时，在园林测量中也经常使用。罗盘仪由于构造不同有许多类型，园林上常用的是望远镜罗盘仪和手持罗盘仪。现将望远镜罗盘仪的构造介绍如下。

一、罗盘仪的构造

罗盘仪主要由磁针、刻度盘、望远镜和水准器等部分组成，如图2－20所示。

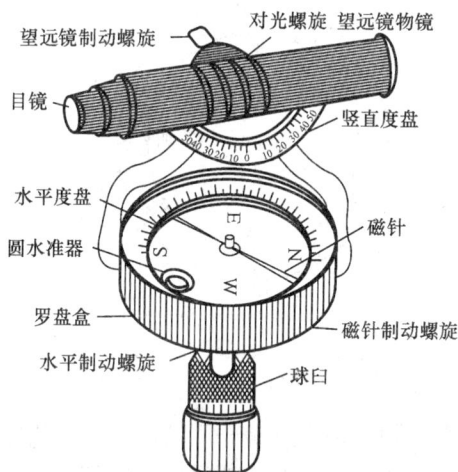

图2－20　望远镜罗盘仪　　　图2－21　罗盘盒剖面图

（一）磁针

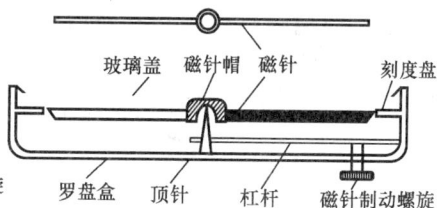

图2－21是罗盘盒剖面图。磁针是一个长条形的人造磁铁，置于圆形罗盘盒的中央顶针上，可以自由转动。不用时可以旋转磁针制动螺旋，将磁针

抬起而被磁针制动螺旋下面的杠杆压紧在圆盒的玻璃盖上，避免磁针帽与顶针尖的碰撞和磨损。磁针帽内镶有玛瑙或硬质玻璃，下表面磨成光滑的凹形球面。测量时，应松开磁针制动螺旋，使磁针在顶针尖上能灵活转动。

由于磁针两端受地球磁极的引力不同，使磁针在自由静止时不能保持水平，磁针的北端会向下倾斜与水平面形成一个角度，该角称为磁倾角。为了消除磁倾角的影响，保持磁针两端的平衡，常在磁针南端缠绕几周金属丝，这也是磁针南端的标志。

（二）刻度盘

刻度盘为一铝或铜制的圆环，安装在罗盘盒的内缘。盘上最小分划为1°或30′，并每隔10°作一注记。刻度盘的注记形式有两种，如图2-22（a）所示，0°~30°是按逆时针方向注记的，它可直接测出磁方位角，故称为方位罗盘；而在图2-22（b）中，由0°直径的两端起，分别对称地向左右两边各刻划注记到90°，它可直接测出磁象限角，故称为象限罗盘。

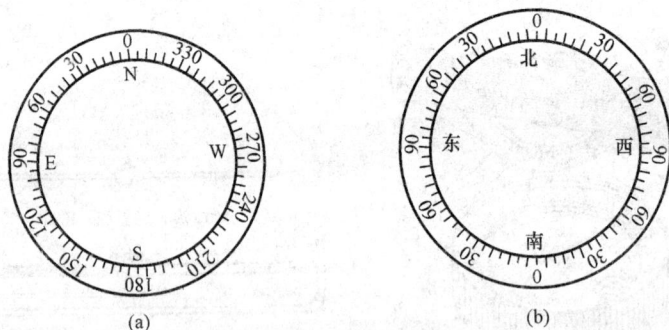

图2-22　刻度盘及注记形式

用罗盘仪测定磁方位角时，刻度盘是随着瞄准设备一起转动的，而磁针是静止不动的，在这种情况下，为了能直接读出与实地相符合的方位角，应将方位罗盘按逆时针方向注记，东西方向的注字与实地相反。

（三）望远镜

望远镜是罗盘仪的照准设备，是由物镜、目镜和十字丝分划板三部分构成的。图2-23为罗盘仪的外对光式望远镜剖面图。

物镜装在物镜筒的前端，物镜的作用是使被观测的目标成像于十字丝平

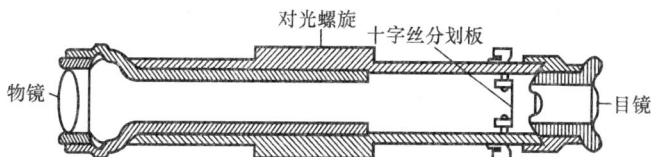

图 2 - 23　外对光式望远镜剖面图

面上。目镜装在目镜筒的末端作用是放大十字丝和被观测目标的像。十字丝装在十字丝环上，用四个校正螺钉将十字丝环固定在望远镜筒内，如图 2 - 24 所示。在十字丝横丝的上下还有对称的两根短横丝，称为视距丝，用作视距测量。十字丝交点与物镜光心的连线称为视准轴，视准轴的延长线就是望远镜的观测视线。

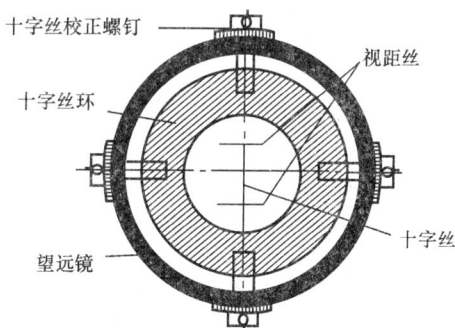

图 2 - 24　十字丝分划板

在望远镜旁还装有能够测量倾斜角的竖直度盘，以及用作控制望远镜转动的制动螺旋和微动螺旋。望远镜上还有对光螺旋，它可以调节物镜焦距，使被观测目标的影像清晰可见。

（四）水准器和球臼

在罗盘盒内装有一个圆水准器或两个互相垂直的水准管，当圆水准器内的气泡位于中心位置，或两个水准管内的气泡同时被横线平分时，称气泡居中，此时，罗盘盒处于水平状态。球臼螺旋在罗盘盒的下方，配合水准器可使罗盘盒处于水平状态；在球臼与罗盘盒之间的连接轴上安有水平制动螺旋，以控制罗盘的水平转动。

为了使用方便，罗盘仪还配有专业的三脚架，架头上附有对中用的垂球帽，旋下垂球帽就会露出连接仪器的螺杆。架头中心的下面有小钩，用来悬挂垂球。

二、罗盘仪测定磁方位角

欲测定一直线的磁方位角，可将罗盘仪安置在待测直线的起点上，对中、整平后放松磁针，用望远镜瞄准直线的另一端点，待磁针静止后，磁针北端（或南端）所指示的读数即为该直线的磁方位角。具体操作方法如下：

1. 对中

在三脚架头下方悬挂一垂球，移动三脚架使垂球尖对准地面点中心，称为对中。对中的目的是使罗盘仪水平度盘中心与地面点在同一铅垂线上。对中容许误差为2cm。

2. 整平

松开球臼螺旋，用手前后、左右仰俯刻度盘，使度盘内的水准器气泡居中，然后拧紧球臼螺旋，此时罗盘仪刻度盘便处于水平位置，该项工作称为整平。仪器整平后，便松开磁针制动螺旋，让磁针自由转动。

3. 瞄准目标

旋松望远镜制动螺旋和水平制动螺旋，转动仪器并利用望远镜上的准星和照门粗略瞄准目标后，将望远镜和水平两制动螺旋拧紧；转动目镜使十字丝清晰，再调节对光螺旋使物像清晰，最后转动望远镜微动螺旋并微动罗盘盒，使十字丝交点精确对准目标。

4. 读数

待磁针自由静止后，正对磁针并顺注记增大方向读出磁针北端所指的读数，即为所测直线的磁方位角。读数时，可直读1°，估读至30′，如图2-25(a)所示。若刻度盘上的0°分划线在望远镜的目镜一端，则按磁针南端读数，才是所测直线的磁方位角，如图2-25(b)所示。

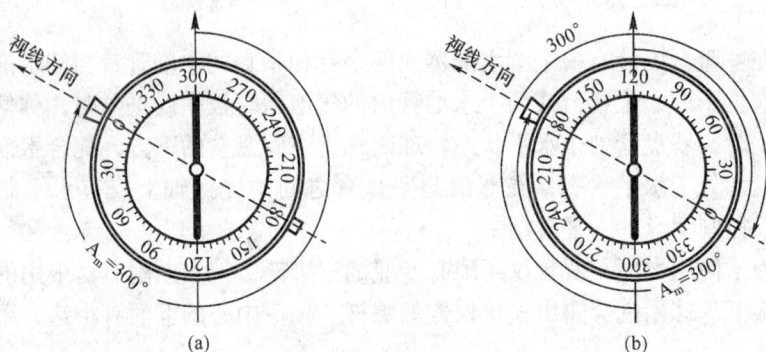

图2-25 磁方位角的读取

在倾斜地面的距离丈量中，需要测定地面两点连线的倾斜角，此时，将十字丝交点对准标杆上和仪器等高之处，然后在竖直度盘上读数即可。

罗盘仪是以磁针在地球磁场作用下自由静止时所指示的方向作为基本方向进行直线定向的，磁针性能的好坏，对于罗盘仪极为重要，所以必须保护好磁针。应用罗盘仪测量时，不要用小刀、钢尺、测钎等铁质物体接近仪器；同样，罗盘仪也不宜在铁桥、高压电线、铁轨及较大的其他钢铁物体旁边使用，因为它们都是导磁物体，会影响磁针的正常指向，最终影响读数精度。如果必须在上述物体附近测量，仪器至少也要离开它们 25 m 以上。此外，在磁力异常（小范围内磁偏角变化幅度很大）的地区，也不能使用罗盘仪进行测量。在观测完毕搬站之前，一定要随手拧紧磁针制动螺旋，将磁针固定好，避免顶针尖端磨损。如果罗盘仪测量，仅有个别测站出现磁力异常现象，可以根据一直线的正、反方位角的关系进行改正；在测站上测量两直线的夹角值不受磁力异常影响，所以也可根据水平夹角进行改正。

三、罗盘仪的检验和校正

在使用罗盘仪之前，应对仪器进行检验校正，使其满足应具备的条件。罗盘仪需要检查的主要项目有下列几个方面。

（一）磁针两端必须平衡

将罗盘盒置于水平位置，放松磁针待其静止后应平行于刻度盘的平面。如不平行，可移动套在磁针南端铜丝圈的位置使其平衡。

（二）磁针转动必须灵敏

检验时，整平仪器，放松磁针，待其静止后读记磁针北端（或南端）的读数，然后用小刀等铁质物件将磁针引离原来位置，迅速拿开小刀。如果磁针经过大幅度的摆动后能很快静止，而且指向原来的读数，则表示磁针的灵敏度高；如果磁针要经过较长时间的摆动后才能停在原来的位置上，说明磁针的磁性衰弱；若磁针在每次摆动后，停留在不同的位置上，则是顶针或玛瑙磨损。

校正方法：将磁针取出放于另一尖针上，此时若磁针转动灵敏，说明是顶针磨损，可用油石将顶针磨尖；如果磁针转动不灵敏，则是玛瑙磨损，需另换磁针；若是磁性衰弱，则应充磁。充磁时，可用磁铁的北极，从磁针的中央向磁针的南端顺滑若干次，重复滑动时只能顺滑不能逆滑，如图 2-26 所示。同法以磁铁南极自磁针中央向磁针北端顺滑若干次。此外，还可用电力进行充磁。

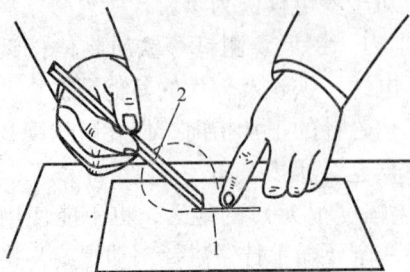

图 2-26　充磁
1. 磁针　2. 磁铁

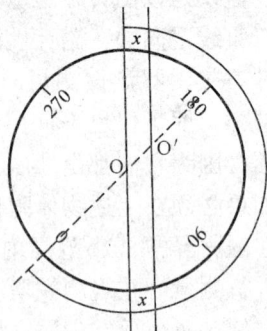

图 2-27　偏心差的检验

（三）磁针不应有偏心

磁针的顶针不与刻度盘中心重合的现象，称为磁针偏心。如果磁针没有偏心，也不弯曲，则磁针两端的读数对于方位罗盘应相差180°，对于象限罗盘两端读数应相等。

检验时，整平仪器，放松磁针，读取两端读数，轻轻转动仪器，不断读取两端读数，从一系列读数中分析原因。如果两端读数不相差180°（或不相等），在任何方向上其误差是一个常数，表明是磁针弯曲。如果磁针两端读数之差是一个变数，其误差随着刻度盘的转动而不断缩小，直到没有误差，再转动仪器误差又逐渐增大，这说明磁针有偏心差，如图2-27可以看出，磁针的顶针中心0′与度盘中心0不重合时，称为磁针偏心，00′称为离心线。从图中可以看出，存在磁针偏心将使磁针北针和南针读数不相差180°，其差值随磁针和离心线所交的角度大小而变化：当磁针和离心线重合时，南北两针读数相差180°，读数中不受偏心的影响；当磁针和离心线所交的角度由0°~90°时，差值由0°到最大值。图中所示为两者成交角时的情况，其中北针准确读数为（设北针和南针读数分别为 a' 和 b'）

$$a = a' + x \qquad\qquad\qquad (a)$$

南针准确读　　　　数为 $b = b' - x$ \qquad\qquad\qquad (b)

(a) 式加 (b) 式得　　　$a + b = a' + b'$ \qquad\qquad\qquad (c)

因 $b = a \pm 180°$，将左式代入 (c) 式得

$$a = \frac{d' + (b' \pm 180°)}{2} \qquad (2-6)$$

式中当北针读数大于 180° 时取 "＋" 号。由此可知，取南、北针读数的平均值，即可消除度盘偏心的影响。

校正方法：

1．若是磁针弯曲

可将磁针取下，用小木榫轻轻敲直，使两端读数相差恰为 180°（或相等）。

2．若是磁针偏心

（1）找出磁针两端读数差最大的地方，用扁嘴钳夹住顶针向中心纠正，反复试验，直至没有误差为止。

（2）用计算法来消除偏心差，其计算公式为（2-6）。

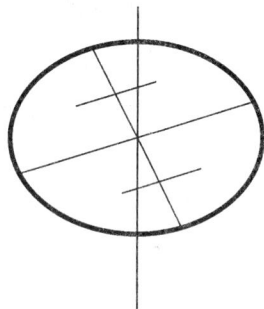

图 2-28　十字丝的检验

（四）十字丝应在正确位置

检验时，将罗盘仪整平，在仪器前面 20～30 m 远处悬挂一垂球，为使垂球不摆动，可将其浸入盛水的容器中。转动罗盘仪，用望远镜十字丝的纵丝对准垂球线，视其是否重合，若不重合则需校正。如图 2-27。

校正方法：松开十字丝环上任意两个相邻的校正螺丝，转动十字丝环，直至纵丝完全与垂球线重合为止，再旋紧十字丝环上的检验的校正螺丝。

（五）视准轴与度盘的 0°～180° 直径应在同一垂直面内

由这项条件不满足产生的视准差，在测量上称为罗差。可用下述方法进行检验：取一根 1m 左右长的细线，在两端结上垂球，将该线挂在罗盘上，并使细线与 ±0°～180° 连线重合；然后用望远镜照准 20～30 m 处竖立的标杆，拧紧水平制动螺旋。再通过两极铅垂细线照准标杆方向，若方向一致，则条件满足，否则需要校正。

校正方法：

（1）当两根铅垂细线方向未通过标杆时，可微微转动刻度盘，直至两根铅垂线标志的方向通过标杆为止。

（2）计算出罗差在观测值中进行改正。当此项条件不满足时，首先读

取磁针北端的读数 a ，松开水平制动螺旋，转动罗盘盒使两根铅垂细线标志的方向通过标杆，再读磁针北端的读数得 b ，设罗差为 x ，则

$$x = b - a$$

改正时，将观侧值加上罗差。此时应注意罗差的正、负号。

四、罗盘仪使用的注意事项

其一，罗盘仪是以磁针来测定方向的，磁针性能好坏，磁力强弱，对罗盘仪来说是极其重要的，所以必须保护好磁针。在观测完毕搬站之前，一定要将磁针固定好；长期在库里存放的罗盘仪，应将磁针松开。而且附近不得堆放导磁金属物体。

其二，在铁桥、高压线、较大的钢铁物体旁，不宜使用罗盘仪。若罗盘仪导线必须从其附近经过，测站至少要离开上述物体 20～30m 以外。

其三，在磁力异常（小范围内磁偏角变化幅度很大）的地区，不能使用罗盘仪测图。应改用经纬仪或平板仪测图，使其不受磁力异常的干扰。

其四，罗盘仪导线的个别测站出现磁力异常，可用下列方法进行改正。

（1）根据一直线的正、反方位角的关系进行改正。下表列出的为一闭合导线的磁方位角，其中个别测站出现磁力异常。

表2-2　罗盘仪导线方位角的改正

测站	目标	正方位角（。）	反方位角（。）	平均方位角（。）	距离	测站	目标	正方位角（。）	反方位角（。）	平均方位角（。）	距离
1	2	62	242	62		4	5	199	14	194	
2	3	126	303	126		5	6	255	75	255	
3	4	64	252	67		6	1	344	164	344	

注：平均方位角栏内所列数值是经改正后的正确值

表中列出的 1-2、5-6、6-1 三边的正、反方位角都相差 180°，说明其方位角是正确的，同时也说明与这三条边有关的 1、5、6 四个测站未受磁力异常的影响。很显然，问题是在 3、4 两个测站上，这也就引起了和这两个测站有关的三边（2-3、3-4、4-5）正、反方位角关系不符。这三边的正、反方位角中，也不是都受磁力异常的影响，其中在测站 2 测的 2-3 边的正方位角（126°）及在测站 5 测的 4-5 边的反方位角（14°）都是正确的。以同一直线上正确的方位角为依据，可以判断出受影响的差了多少

度。由于 2 - 3 的正方位角是正确的,。反方位角由于受了影响而少了 3°,即是说在测站 3 上由于受了磁力异常的影响把方位角都少测了 3°,因此在测站 3 上测的 3 - 4 边的正方位角（64°）亦应该加 3°才对。再分析 4 - 5 边的观测结果,由于 4 - 5 边的反方位角是正确的,在测站 4 上测的正方位角（199°）则多了 5°,因此应从这个测站所测的两个方位角中都减去 5°。经过上述处理后,三条有问题的边都符合了正、反方位角的理论关系,消除了磁力异常的影响。

（2）根据夹角进行改正。由于磁力异常对根据两直线的方位角计算出的夹角值没有影响,因此,就可以利用夹角和前一边未受磁力异常影响的方位角来推算正确的方位角。

复习思考题

1. 名词解释：直线定向、磁子午线、磁方位角、坐标方位角、磁坐偏角、象限角。

2. 扼要叙述用罗盘仪测定磁方位角的方法。

3. 今用同一钢尺丈量甲、乙两段距离,甲段距离的往、返测值分别为 126.782 m、126.682 m；乙段往、返测值分别为 357.231 m 和 357.331 m。两段距离、往返测量值的差数均为 0.100 m,问甲乙两段距离丈量的精度是否相等？若不等,哪段距离丈量的精度高？为什么？

第三章　水准测量

···**本章提要**·······························

　　高程测量指测定地面点位的高程，是测量的基本工作之一。在高程测量过程中，按控制等级施测的精度分为一、二、三、四等水准测量。普通水准测量属于等外水准仪测量，本章主要介绍普通水准测量所使用的仪器和施测方法，测量结果的运算及仪器的检验与校正。

第一节　高程测量的概述

　　地面上一点的高程是指该点到大地水准面的垂直距离，此距离称为绝对高程（或称海拔），以 H 表示；地面上一点到假定水准面的垂直距离，称为该点的相对高程（或称假定高程），也以 H 表示。地面上两点高程之差叫高差，以 h 表示。地面上点的高程一般指绝对高程。高程测量按所使用的仪器和施测的方法不同，主要有水准测量、三角高程测量和气压高程测量等方法，其中水准测量是最常用和精度较高的一种方法。

　　在高程测量工作中，假若测量的地面点位较少，精度要求不是很高，通常采用一般测量方法，即普通或复合水准测量，用微倾水准仪（DS_3、DS_{10} 等）即可满足精度要求；假若测量的地面点位较多，精度要求较高，往往要建立高程控制网，再根据高程控制点测定地面点的高程。所采用仪器大多为 $DS_{0.5}$、DS_1、DS_3、自动安平水准仪等精度较高仪器。高程控制测量采用的方法是水准测量和三角高程测量，近年来，电磁波测距仪的广泛使用，用电磁波测距仪进行三角高程测量（称为电磁波测距三角高程测量）得到大量运用。

　　为了科学研究、经济建设及测绘地形图的需要，我国已在全国范围内建立了统一的高程控制网，分成一、二、三、四个等级，一、二等称为精密水准测量。以精度来说，一等最高，四等最低，低一级受高一级控制。这些高程控制点都是用水准测量的方法测定，所以这些高程控制点亦称为水准点。国家高程控制网的布设方案，是遵循从"整体到局部，逐级控制，逐级加密"的原则，其测量过程遵循"先整体后局部"的原则。我国采用青岛的黄海平均水面作为高程起算面，并建立了青岛水准点（它比黄海平均海水面高 72.289m），作为我国水准点高程推算的依据。

除了国家等级水准测量外，为了满足局部范围内的工程建设和测图的需要，一些工程部门及城市勘测部门也进行一、二、三、四等工程水准测量。这些水准测量都是以国家水准测量的三、四等水准点为起始点，再布设加密水准点进行水准测量。上述各等水准点都可作为高程的基本控制点。有时在一个作业区内找不到国家水准点，就可以根据具体情况选定一个点，并给它假定一个高程，依次推算整个测区的高程。

第二节 水准测量的原理

水准测量的原理：是利用水准仪提供的水平视线配合水准尺测定地面点之间的高差，然后根据高差和已知点的高程，推算其他未知各点的高程。以图 3-1 来说明其原理，假定 A 点的高程为 H_A，要测量 B 点的高程，先在 A、B 两点上各立一根带有刻划的尺子，并在 A、B 两点间安置一台能提供水平视线的水准仪，通过观测就可计算 B 点高程。具体步骤如下：

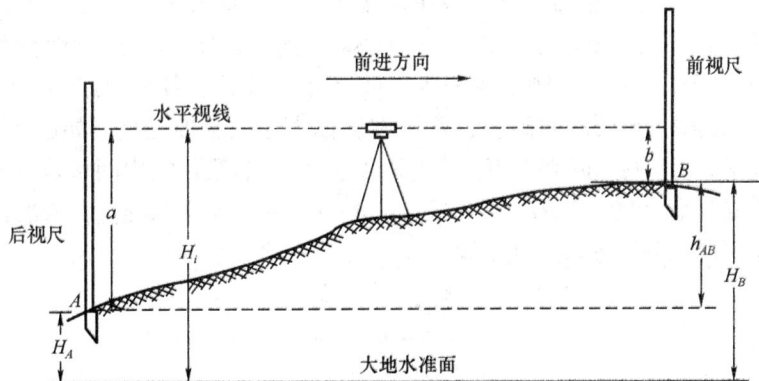

图 3-1 水准测量原理

一、测量 A、B 两点间高差

设水平视线在 AB 尺上的读数分别为 a、b，从图中可知 A、B 间高差为：

$$h_{AB} = a - b \tag{3-1}$$

如果测量工作是从 A 点向 B 进行的，则称 A 点为后视点，B 点为前视点，读数 a、b 分别称为后视读数和前视读数，A、B 两点间高差等于后视读数 a 减去前视读数 b。当 B 点高于 A 点（$a > b$）时，高差为正，反之则高差大小相等符号相反（为负）。

二、计算高程

由于 B 点高程已知，根据所测高差 h_{AB}，可用高差法计算 B 点高差：

$$H_B = H_A + h_{AB} = H_A + (a - b) \tag{3-2}$$

式中，后视点高程 H_A 与后视读数 a 的代数和就是视线高程，用 H_i 表示，则 B 点高程还可以用视线高法计算：

$$H_B = H_i - b = (H_A + a) - b \tag{3-3}$$

视线高法只需安置一次仪器就可测出多个前视点的高程。此法常用于施工测量中。

在实际水准测量中，A、B 两点间高差可能较大或相距较远，超过了允许的视线长度，安置一次水准仪（即一个测站）不能测定这两点间高差。此时可沿 A 点至 B 点的水准路线中间增设若干个必要的临时立尺点，称为转点（其作用是用来传递高程），根据水准测量的原理依次连续地在两个立尺点中间安置水准仪来测定相邻各点间高差，最后取各个测站高差的代数和，即求得 A、B 两点间高差，这种方法称为连续水准测量。如图 3-2 所示，欲求 A、B 两点间高差 H_{AB}，在 A 点至 B 点水准路线中间增设 $(n-1)$ 个临时立尺点（转点）$TP.1$、$\cdots$、$TP.n-1$，安置 n 次水准仪，依次连续地测定相邻两点间高差 $h_1 - h_n$，即

$$h_1 = a_1 - b_1$$
$$h_2 = a_2 - b_2$$
$$\cdots \quad \cdots$$
$$h_n = a_n - b_n$$

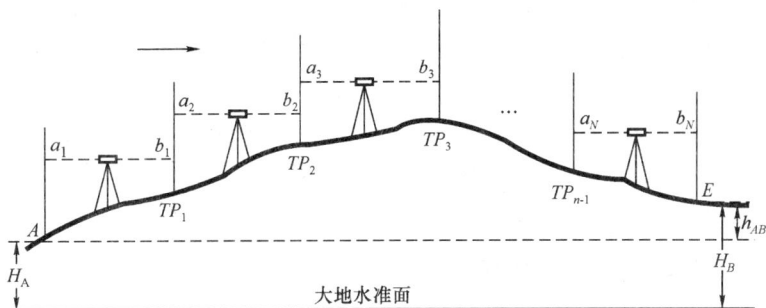

图 3-2 连续水准测量

则 $\qquad h_{AB} = h_1 + h_2 + \cdots + h_n = \sum h = \sum a - \sum b \qquad (3-4)$

式中，$\sum a$ 为后视读数之和，$\sum b$ 为前视读数之和，则未知点 B 的高程为

$$H_B = H_A + h_{AB} = H_A + \left(\sum a - \sum b \right) \qquad (3-5)$$

为了保证高程传递的正确性，在连续水准测量过程中，不仅要选择土质稳固的地方作为转点位置（需安放尺垫），而且在相邻测站的观测过程中，要保持转点稳定不动；同时要尽可能保持各测站的前后视距大致相等；还要通过调节前后视距离，尽可能保持整条水准路线中的前视视距之和与后视视距之和相等，这样有利于消除（或减弱）地球曲率和某些仪器误差对高差的影响。

第三节 水准仪和水准尺

水准仪是水准测量的主要仪器，按水准仪所能达到的精度分为 $DS_{0.5}$、DS_1、DS_3 和 DS_{10} 等几种。"D" 是我国对大地测量仪器规定的总代号，通常在书写时可以省略，"S" 是水准仪的代号，下标 05、1、3、10 是指各等级水准仪每千米往返测高差中数的中误差，以毫米（mm）计。目前，我国水准仪是按仪器所能达到的每千米往返高差中数的中误差这一精度指标划分的，可分为精密水准仪如 $DS_{0.5}$ 型和 DS_1 型水准仪，国外的有蔡司 004、007，威尔特 N_3 等，用于国家一、二等水准测量及其他精密水准测量；普通水准仪如 DS_3 和 DS_{10}，用于国家三、四等水准测量及一般工程水准测量。

如果按构造分，又可以分为：微倾水准仪，望远镜和水准器可在垂直面内作微小仰俯，通过观测水准气泡来判别望远镜视线是否水平；自动安平水准仪，它能半自动地提供水平视线，即当圆水准气泡居中后，望远镜的视线自动水平；激光水准仪，它安装有激光发射管，能发射一束可见的水平方向的激光，对建筑工地的施工测量极为方便。本节主要介绍 DS₃ 型水准仪、自动安平水准仪的构造及其使用。

一、DS₃ 微倾水准仪的构造

图 3-3 为 S₃ 型水准仪，它主要由望远镜、水准器、基座等几部分组成。仪器通过基座与三角架连接，支撑在三角架上。基座下面有三个脚螺旋，用来粗略整平仪器。基座上有托板，托板支撑望远镜和水准器。托板上装有圆水准仪器、微倾螺旋及水平制动螺旋和微动螺旋。望远镜旁装有水准管，旋转微倾螺旋可以使望远镜微微仰俯，水准管也随之仰俯。当水准管气泡居中时，望远镜的视线水平。仪器在水平方向的转动是由水平制动螺旋和水平微动螺旋来控制的。

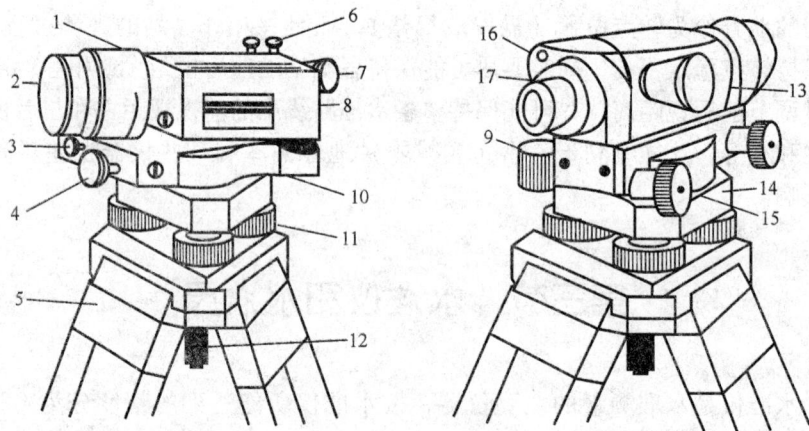

图 3-3 S₃ 水准仪

1. 准星；2. 物镜；3. 微动螺旋；4. 制动螺旋；5. 三角架；6. 照门；7. 目镜；8. 水准管；9. 圆水准器；10. 圆水准器校正螺旋；11. 脚螺旋；12. 连接螺旋；13. 物镜调焦螺旋；14. 基座；15. 微倾螺旋；16. 水准仪管气泡观测窗；17. 目镜调焦螺旋

（一）望远镜

望远镜是用来精确瞄准远处目标（标尺）和提供水平视线进行读数的设备，如图 3-4（a）所示。它主要由物镜、目镜、调焦透镜、对光螺旋及十字丝分化板等组成，图3－4（b）是从目镜中看到的经过放大后的十字丝分化板上的像。十字丝分化板是用来准确瞄准目标用的，中间一根长横丝称为中丝，与之垂直的一根丝称为竖丝，与中丝上下对称的两根短横丝称为

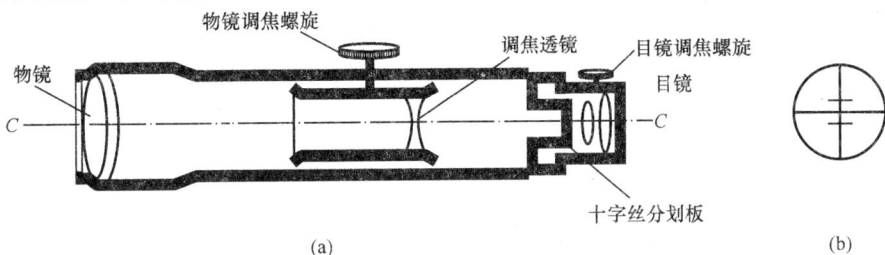

图3－4　望远镜

上、下丝（又称为视距丝）。在水准测量时，用中丝在水准尺上进行前后视读数，用于计算高差，用上、下丝在水准尺上读数，用于计算水准仪至水准尺上的距离（视距测量）。

（二）水准器

水准器是水准仪上的重要部件，它是利用液体受重力作用后使气泡居于最高处的特性，指示水准器的水准轴位于水平或竖直位置的一种装置，从而使水准仪获得一条水平视线。水准器分为圆水准器和管水准器两种。

（1）管水准器：它是内壁纵向磨成圆弧状的玻璃管，管上对称刻有间隔为2mm的分化线，管水准器内壁圆弧中心点为管水准器的零点O，过管水准器零点的切线LL平行于视准轴，如图3－5（a）所示。管内装有酒精和乙醚的混合液，加热密封冷却后形成一个小长气泡，因气泡较轻，故处于管内最高处。当气泡居中时，管水准器水平，此时若LL平行于视准轴，则视准轴也水平。通常根据水准气泡两端距水准管两端刻划的格数相等的方法来判断水准气泡是否精确居中，如图3－5（b）。

水准管上两相邻分化线间的圆弧（弧长2mm）所对的圆心角，称为水准管分化值τ''，用公式表示为：

$$\iota'' \frac{2}{R} = \rho'' \qquad (3-6)$$

式中：$\rho'' = 206265''$，表示一弧度所对应的角度秒值，即

$$\rho'' = \frac{180°}{\pi} \times 60 \times 60 = 206264.806'' \approx 206265''$$

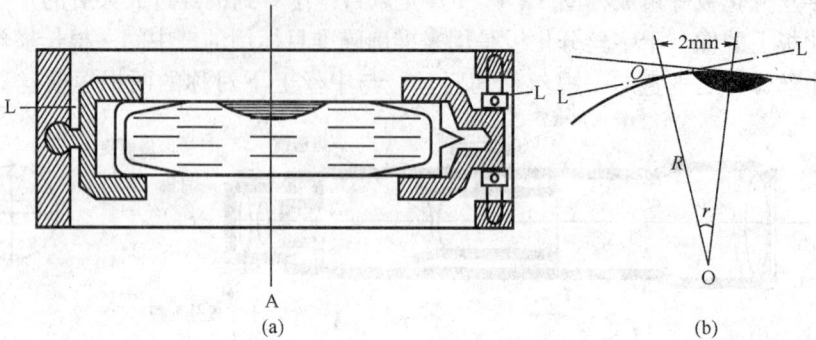

图 3-5　管水准器

R—水准管圆弧半径，单位：mm。

上式说明分化值 τ'' 与水准管圆弧半径 R 成反比。R 愈大，τ'' 愈小，水准管灵敏度愈高，则定平精度也愈高，反之定平精度就低。S_3 型水准仪的管水准器的分化值一般为 20″/2mm，表明气泡移动一格，水准管轴倾斜 20″。为提高水准仪管气泡居中精度，在水准仪管上方安装一组符合棱镜，如图 3-6。通过符合棱镜的反射作用，把水准管气泡两端的影像反映在望远镜旁的水准管气泡观测窗内，当气泡两端的两个半像复合成一个圆弧时，就表示水准管气泡居中，如图 3-6（a）所示；若两个半像错开，则表示水准管气泡不居中，如图 3-6（b）所示，此时可转动位于目镜下放的微倾螺旋，使气泡两端的半象严密吻合（即居中），达到仪器的精密置平。这种配有符合棱镜的水准器，称为符合水准器。它不仅便于观察，同时可以使气泡居中精度提高一倍。

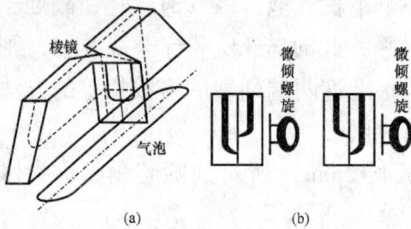

图 3-6　管水准器与符合水准器

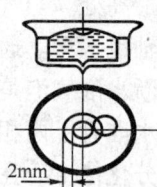

图 3-7　圆水准器

（2）圆水准器：它是用于粗略整平仪器的水准器，如图 3-7 所示。圆水准器顶面的内壁磨成圆球面，顶面中央刻有一个小圆圈，其圆心 O 成为圆水准器的零点，过零点 O 的法线 LL'，称为圆水准器轴。由于它与仪器的旋转轴（竖轴）平行，所以当圆气泡居中时，圆水准器轴处于竖直（铅垂）位置，表示水准仪的竖轴也大致处于竖直位置。S_3 水准仪圆水准器分化值一般为 $8'/2mm$。由于分化值较大，则灵敏度较低，只能用于水准仪的粗略整平，为仪器精确置平创造条件。

（三）基座

基座主要由托板（又叫轴座）、脚螺旋和连接螺旋组成。托板用来支撑仪器上部，即仪器的望远镜和水准器，连接螺旋用来连接仪器与三角架，通过调节脚螺旋可使圆水准气泡居中，从而整平仪器。

二、自动安平水准仪

自动安平水准仪目前已经广泛用于测绘和工程建设中，它的构造特点是没有水准管和微倾螺旋，而只有一个圆水准器进行粗略整平。当圆水准气泡居中后，尽管仪器视线仍有微小的倾斜，但借助仪器内补偿器的作用，视准轴在数秒内自动呈现为水平状态，从而对于施工场地地面的微小震动、松软土地的仪器下沉和风吹刮时的视线微小倾斜等不利情况，能够迅速自动地安平仪器，有效地减弱外界影响，有利于提高观测精度（见图 3-8）。

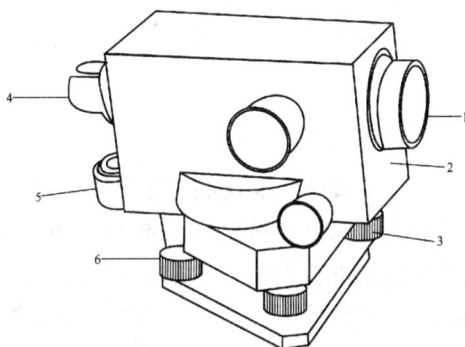

图 3-8　自动安平水准仪构造
1. 物镜　2. 对光螺旋　3. 微动螺旋
4. 目镜 5. 圆水准器　6. 脚螺旋

（一）视线自动安平的原理

如图 3-9 所示，视准轴水平时在水准尺上的读数为 a，当视准轴倾斜一个小角 α 时，此时视线读数为 a'（ a' 不是水平视线读数）。为了使十字丝中丝读数仍为水平视线的读数 a，在望远镜的光路上增设一个补偿装置，使通过物镜光心的水平视线经过补偿装置的光学元件后偏转一个 β 角，仍旧成像于十字丝中心。由于 α 和 β 都是很小的角度，当下式成立时，就能达到自动补偿的目的。即

$$f \times \alpha = d \times \beta \qquad (3-7)$$

式中：f 为物镜到十字丝分化板的距离；d 为补偿装置到十字丝分化板的距离。

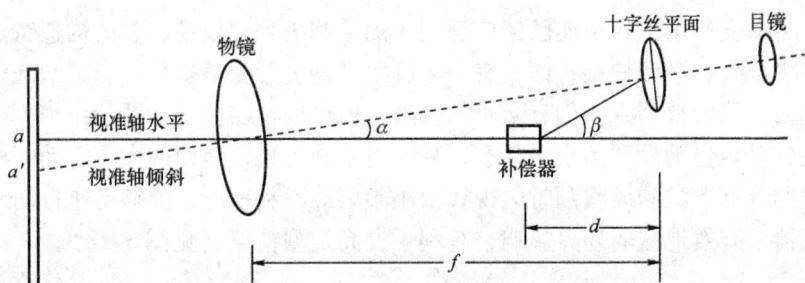

图 3-9　视线自动安平原理

（二）自动安平水准仪的使用

使用自动安平水准仪和微倾水准仪的方法大同小异。首先，用脚螺旋将圆水准器气泡居中（粗略整平），然后即可瞄准水准尺进行读数。国产的 DSZ$_3$ 型自动安平水准仪圆水准仪器的分化值为 $8'/2mm$，补偿器作用的范围是 $\pm 8'$，所以，只要使圆水准器气泡居中并不越出圆水准器中央的小黑圆圈范围，补偿器就会产生自动"安平"的作用。但使用自动安平水准仪仍应认真进行粗略整平。由于补偿器相当于一个重力摆，不管是空气阻尼还是磁性阻尼，其重力摆静止稳定约需过 $2''$，故瞄准水准尺约过 $2''$ 钟后再读数为好。有的自动安平水准仪配有一个键或自动安平钮，每次读数前应按一下键或按一下钮才能读数，否则补偿器不起作用。使用时应仔细阅读仪器说明书。

三、水准尺及尺垫

水准尺是水准测量的重要工具，其质量的好坏直接影响水准测量的精度，因此它是采用不易变形并且干燥的优良木材或玻璃钢制成，要求尺长稳定，刻划准确。水准尺常用的有塔尺和直尺两种，直尺又分为单面尺和双面尺（红黑面尺），如图3-10。

（一）直尺

直尺多用于较精密的水准测量，其长度为3~5m。在尺面上每隔1cm涂有黑白或红白间隔的分格，每分米处注有数字，数字一般是倒写的，以便观测时从望远镜中看到的是正像字。单面尺是在一面有刻划，而双面尺是在两面均有刻划。双面尺的一面是"黑面尺"（主尺），另一面是"红面尺"（辅尺）。通常用两根尺组成一对进行水准测量，两根黑面尺尺底均从零开始，而红面尺尺底固定数值为4687mm或4787mm开始，此固定数值称为零点差（或红黑面常数差），目的在于水准仪测量中，以校核读数正确，避免凑数而发生错误。

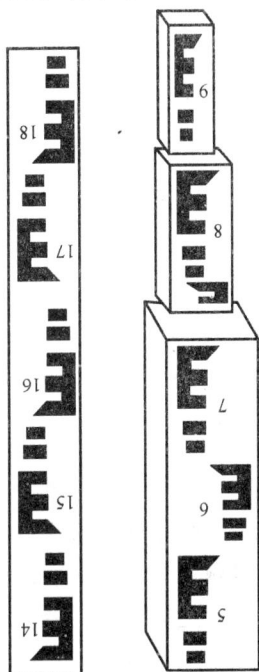

图3-10　水准尺

（二）塔尺

一般用于普通水准测量，长度为5m，它是由3段套接而成。尺的地部为零点，尺上分化为黑白（或红白）相间，每格宽度为1cm或0.5cm，每分米处注有数字，分米的正确位置有以字顶和字底为准两种。超过1m则在数字上加红点表示，如7表示1.7m，7表示2.7m。也有直接用1.7m、2.7m表示的。塔尺可以伸缩，携带方便，但接头处易损坏，影响尺的精度。

尺垫一般由三角形的铸铁制成，下面有三个尖脚，便于使用时将尺垫踩入土中，使之稳固。上面有一个突起的半球体（如图3-11

图3-11　尺垫

所示），水准尺竖立于球顶最高点。在普通水准仪测量中，转点处应放置尺垫，以防止观测过程中水准尺下沉位置发生变化而影响读数。

　　三角架是水准仪的附件，用以安置水准仪，由木质（或金属）制成，垫脚架一般可伸缩，便于携带及调整仪器高度，使用时用中心连接螺旋与仪器固紧。

第四节　水准测量方法

一、水准仪的使用

　　水准仪的操作使用包括安置仪器、粗略整平、瞄准目标、精确置平与读数等步骤。

（一）安置仪器

　　在测站上张开三角架，调节架脚长度使仪器高度与观测者身高相适应，目测架头大致水平，将仪器放在架头上，用连接螺旋将其与三角架连紧，并固定三只架脚。

（二）粗略整平（粗平）

　　粗平即粗略整平仪器，通过调节三个脚螺旋使圆水准器的气泡居中，从而使仪器的竖轴大致铅垂。具体做法如图3-12（a）所示，外围三个圆圈

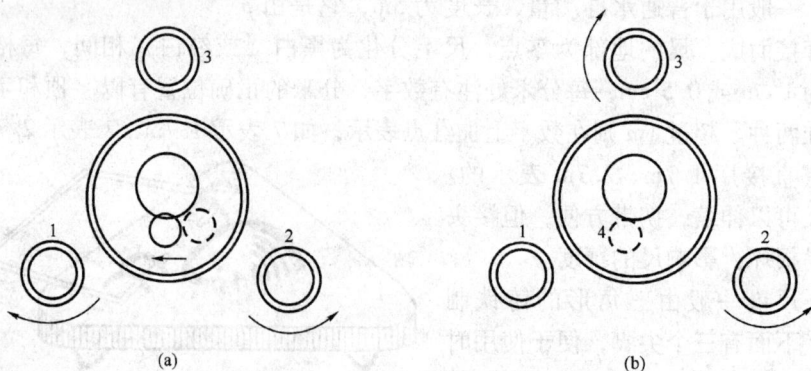

(a)　　　　　　　　　(b)

图3-12　圆水准器整平

为脚螺旋，中间是圆水准器，虚线圆圈代表气泡所在位置。首先用双手按箭头所指方向转动脚螺旋 1、2，使圆气泡移到两个脚螺旋连线方向的中间，然后再按图 3-12 (b) 中箭头所指方向，用左手转动脚螺旋 3，使圆气泡居中（即位于黑圆圈中央）。在整平的过程中，气泡移动的方向与左手大拇指转动脚螺旋时的移动方向一致。

（三）瞄准目标

首先将望远镜对着远处明亮的背景（如天空或明亮物体等），转动目镜调焦螺旋，使望远镜内的十字丝清晰；然后松开制动螺旋，转动望远镜，用望远镜筒上方的缺口和准星瞄准水准尺，粗略进行物镜调焦（即转动对光螺旋）使在望远镜内看到水准尺的影像，此时立即拧紧制动螺旋，转动水平微动螺旋，使十字丝的竖丝对准水准仪尺或靠近水准尺的一侧，如图 3-14 所示。再转动对光螺旋进行仔细对光，在对光时观测者眼睛靠近目镜上下微微移动，看十字丝交点是否在目标影像上相对移动，如有移动说明有视差出现，继续调节对光螺旋，直至消除视差。

（四）精确置平与读数

精确置平又称为精平，是指在读数前转动微倾螺旋使其与水准气泡符合，从而使视准轴达精确水平（自动安平水准仪没有精平这一工序）。它的做法是：转动位于目镜右下方的微倾螺旋，从气泡观察窗（目镜左下方）内看符合水准器的两端气泡半影像对齐（即管水准气泡居中）是否对齐，若对齐，则说明管水准气泡居中（如图 3-13）。由于气泡移动的惯性，因此在转动微倾螺旋时要缓慢而均匀。调节微倾螺旋的规律是向前旋为抬高目镜端，向后旋是降低目镜端。调节时，微动螺旋转动的方向与左半边气泡影像移动方向一致，或可由外部观测气泡偏离的位置，来决定旋转方向。

当仪器精平后，立即用十字丝的中丝在水准尺上读数。读数时应从小到大，由上而下进行读数，直接读米、分米、厘米，估读到毫米。如图 3-14 中，读数为 1.274m 和 0.560m。读数完毕后重新立即检查符合水准仪气泡是否仍旧居中，如仍居中，则读数有效，否则应重新使符合气泡居中后再读数。

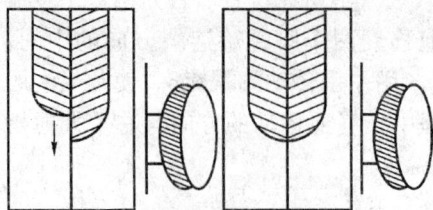

图 3-13　圆水准器整平　　　　　　图 3-14　瞄准目标与读数

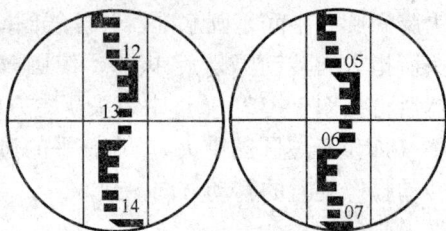

二、水准测量方法

（一）水准点

水准点就是用水准测量的方法测定的高程控制点。水准点按水准仪测量的等级，根据地区气候条件与工程的需要，每隔一定的距离埋设不同类型的永久性或临时性水准标志或标石，水准标志或标石应埋设于土质坚实、稳固的地面或地表以下合适的位置，必须便于长期保存，有利于观测与寻找。国家等级永久性水准点埋设形式如图 3-15 中左上方图所示，一般用钢筋混凝土或石料制成，深埋到地面冻结线以下。标石顶部嵌有不锈钢或其他不易锈蚀的材料制成的半圆形标志，标志最高处（球顶）作为高程起点基准。有时永久性水准点的金属标志也可以直接镶嵌在坚固稳定的永久性建筑物的墙脚上，称为墙上水准点，如图 3-15 中右上方图所示。

各类建筑工程中常用的永久性水准点一般用混凝土或钢筋混凝土制成，如图 3-15（a）所示，顶部设置半球形金属标志。临时性水准点可用木桩打入地下，如图 3-15（b）所示，桩顶面钉入一个半圆球形铁钉，也可以直接把大铁钉（钢筋头）打入沥青路面或在桥台、房基石、坚硬岩石上刻上记号（用红油漆示明）。

为了便于寻找，水准点要进行编号，编号前一般冠以"BM"字样，并绘出水准仪点与附近固定建筑物或其他明显地物关系的草图，称为"点志记"，作为水准测量的成果一并保存。

（二）普通水准测量方法

当地面上两点相距较远或高差较大时，在其间安置一次仪器无法测出高差，而需要连续施测若干站，才能测出高差，这种水准测量称为复合水准仪

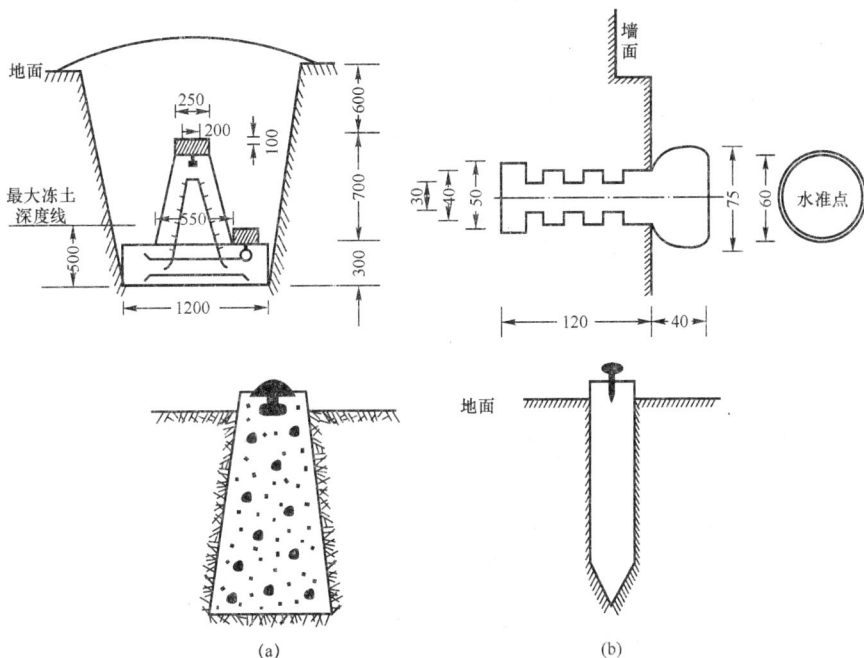

图 3 – 15　各种水准点

测量。如图3 – 16所示，欲测 A、B 两点高差，必须在 A、B 两点选择若干个临时立尺点如1、2、3……依次测定各相邻两点的高差，最后计算 A、B 两点的高差 h_{AB}。观测步骤如下：

（1）在 A 点及路线前进方向选定的临时立尺点1上，分别竖立水准尺 a 和 b，在 A、1 两点之间位置安置水准仪，利用脚螺旋使圆水准气泡居中。

（2）照准 A 点水准尺，精平，用中丝读取后视读数 a_1。

（3）转动望远镜照准1点的水准尺，精平，按中丝读取前视读数 b_1。

该测站高差为：$h_1 = a_1 - b_1$。以上为一个测站的观测程序。

（4）按图3 – 16中的箭头方向，将 A 点的水准尺立于2点（前视点），1点水准尺的尺面翻转过来，由第一站的前视点变为第二站的后视点，在1点、2点的中间位置安置水准仪，依上述方法观测第二站，其高差为：$h_2 = a_2 - b_2$。

如此继续施测，直至终点 B 为止，设共安置了 n 次仪器，就可以测出一个总高差。依据水准测量原理（公式3 – 4），A、B 两点间高差为：

$$h_{AB} = h_1 + h_2 + \cdots + h_n$$
$$= (a_1 + a_2 + \cdots + a_n) - (b_1 + b_2 \cdots + b_n)$$

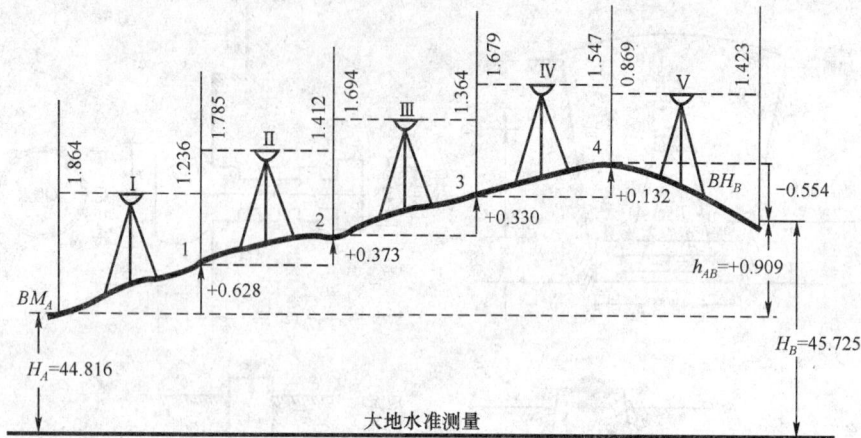

图 3 - 16　复合水准仪测量

$$= \sum a(后视读数总和) - \sum b(前视读数总和)$$

如果 A 点高差已知，则 B 的高差（公式 3 - 5）为：

$$H_B = H_A + h_{AB}$$

【例】　欲测定 A、B 两点之间高差，已知 A 点（编号 BM_A）的高程 H_A = 44.816m，求 B 点（编号 BM_B）的高程 H_B，用图 3 - 16 来说明其测算过程。

利用前面介绍的水准仪测量的方法，从 A 点测到 B 点，将每一点测出的数值填入表 3 - 1 相应栏内，然后根据公式(3 - 4)、公式(3 - 5)计算。结果见表 3 - 1。

对观测记录手簿每一页上的高差和高程都要进行校核计算。表 3 - 1 中的计算校核方法是根据公式（3 - 5）进行的，即：

$$\sum a(后视读数总和) - \sum b(前视读数总和)$$

$$= \sum h(各段高差总和)$$

$$= H_{终}(终点高差) - H_{始}(始点高程)$$

表 3-1　普通水准测量观测表

测区＿＿＿＿＿＿＿　仪器型号＿＿＿＿＿＿＿　观测者＿＿＿＿＿＿＿
时间＿＿＿＿＿＿＿　天　气＿＿＿＿＿＿＿　记录者＿＿＿＿＿＿＿

测站	点号	水准尺读数/m		高差/m		高程	备注
		后视	前视	+	-		
1	BM_A	1.864		0.628		44.816	已知
	TP.1		1.236			45.444	
2	TP.1	1.785		0.373			
	TP.2		1.412			45.817	
3	TP.2	1.694		0.330			
	TP.3		1.364			46.147	
4	TP.3	1.679		0.132			
	TP.4		1.547			46.279	
5	TP.4	0.869			0.554		
	BM_B		1.423			45.725	已知
计算校核	$\sum$	7.891	6.982	1.463	0.554	$H_{终}-H_{始}=$ +0.909	已知
	$h_{AB}=\sum a-\sum b=+0.909$			$\sum h=+0.909$			

上述三项相等，说明计算正确。如果不相等，说明计算有错，应重新计算，到符合上述公式为止。应当指出的是，这项计算校核只能反映计算过程中是否有错，而不能说明测量成果的正确程度。

第五节　水准测量的校核方法

一、水准测量的精度要求

在水准测量中，由于的仪器本身存在着检验校正后的残余误差、水准尺的长度误差、观测过程中水准气泡不居中误差、读数误差、水准尺倾斜误差、外界自然环境条件和观测时天气状况等的影响，使测得的高差数据总是不可避免地存在着误差。在研究产生误差的规律及总结实践经验的基础上，规定了误差的容许范围（即精度要求），以 $f_{h容}$ 表示。如果测量成果的误差小于容许误差，就认为精度符合要求，成果可以使用，否则需要查明原因进行重测。不同等级的水准测量所规定的精度要求也不同，对于普通水准测量（等外级水准测量）的精度要求是：

$$f_{h容} = 5 \pm 40 \sqrt{L} \text{mm} \qquad (3-8)$$

或

$$f_{h容} = \pm 10 \sqrt{10} \text{mm} \qquad (3-9)$$

式中 L 水准路线全长，以 km 为单位；n 为测站数。当每千米测站数多于 15 个时才用 (3-9) 式。

（一）水准测量的校核方法与平差

为了能及时发现和纠正错误，使观测成果达到规定的精度要求，水准测量必须进行校核。校核的方法分为测站校核和水准路线成果校核两种。

1. 测站校核

对每一测站的高差进行校核称为测站校核。其方法是：

（1）双仪高法：在一个测站上用不同的仪器高度测出两次高差。即在测得第一次高差后，改变仪器高度 0.1m 以上，再测一次高差。当两次所测高差之差 ≤10mm 时，认为观测值符合要求，取其平均值作为该测站高差的结果。若超限，则应再改变仪器高度重测，直至符合要求为止。

（2）双面尺法：测时不改变仪器高度，采用双面尺的红、黑两面两次测量高差，进行校核。若红、黑两面尺测量的两次高差数值之差值 ≤10mm 时，观测值符合要求，取其平均值作为该测站高差的数值。

2. 水准路线校核与平差

由于测站校核难以发现立尺点变动的错误、外界自然环境条件引起的误差、人为误差、仪器误差等，而每一个测站的误差还会在水准路线测量中积累，积累的结果使最终误差超限，所以必须进行水准路线成果校核与平差。因此，水准测量外业结束后，还要对水准路线的高差测量成果进行校核计算。

测量上把水准路线高差观测值与理论值之差叫水准路线高差闭合差。在不同的水准路线上，高差闭合差的计算公式是不同的。

（1）水准路线。水准路线是指由已知水准点开始或在两已知水准点之间按一定形式进行水准测量的测量路线。根据测区已有水准点的实际情况和测量的需要以及测区条件，水准路线可以布设成单一路线状、网状或环状（如图 3-17 (d) 所示），单一路线状一般常见的布设有以下几种形式：

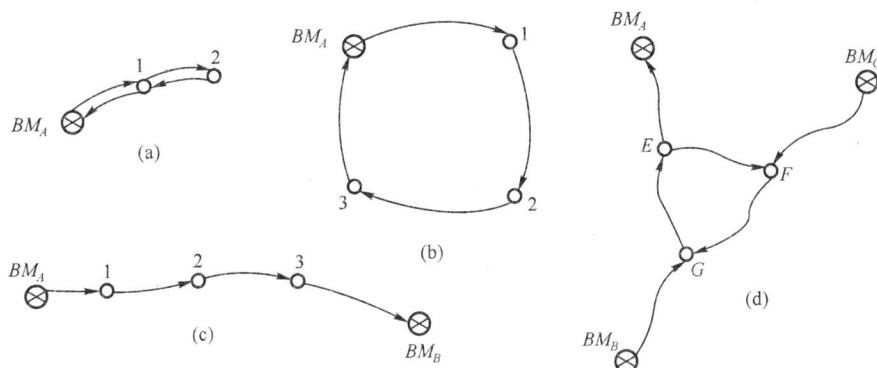

图 3-17 水准仪路线

①附合水准路线：从一个已知高程的水准点 BM_A 开始，沿待定高程的 1、2、3 等点进行水准测量，最后再连测到另一个已知高程的水准点 BM_B，这种路线叫附合水准路线，如图 3-17（c）所示，在图中，n_1、n_2、n_3、n_4、$\cdots$、n_n 为各个测段的测站数，h_1、h_2、h_3、h_4、$\cdots$、h_n 为各测段的高差。其高差闭合差的计算公式为：

$$f_h = [h_1 + h_2 + h_3 + h_4 \cdots + h_n] - [H_{BM_B} - H_{BM_A}] = \sum h_测 - (H_B - H_A)$$

$$(3-10)$$

②闭合水准路线：从一个已知高程的水准点 BM_A 开始，沿环形路线测定 1、2、3 等点高程进行水准测量，最后仍回到起始水准点 BM_A，这种路线叫闭合水准路线，如图 3-17（b）所示。

$$f_h = (h_1 + h_2 + h_3 + h_4 \cdots + h_n) = \sum h_测 \qquad (3-11)$$

③支水准路：从已知高程的水准点 BM_A 开始，沿待测的高程点 1、2、3 等点进行水准测量，最后既没有闭合到原水准点，也没有符合到另一个已知水准仪点，这种路线叫支水准路线，如图 3-17（a）。

$$f_h = |h_往| - |h_返| \qquad (3-12)$$

（2）水准路线的校核与平差。水准路线的校核与平差包括内容有：水准路线高差闭合差的计算与校核；高差闭合差的分配和计算改正后的高差；计算各点改正后的高程。

①附合水准路线：从图 3-17（c）可以看出，该路线是从一个已知高

程的水准点 BM_A 开始，经过若干点高程的测量后，符合到另一个已知高程的点 BM_B 上，A、B 这两个点之间的高差 h_{AB} 是一个固定值。即 $h_{AB} = H_B - H_A$。

附合水准路线在观测中应满足的条件是：各段高差的总合（$\sum h_{测}$），应等于两已知点的高程之差（$H_B - H_A$）即：$\sum h_{测} = \sum h_{理} = (H_B - H_A)$

但是，在测量的过程中，由于仪器误差、观测误差、外界自然条件影像造成的误差等综合影响，使得测量结果和理论值不符合，由此产生高差闭合差（高差闭合差实质就是水准仪测量中各种误差的综合反映）其值为：$f_h = \sum h_{测} - \sum h_{理}$ 普通水准测量高差闭合差的容许值可按（3-8）或（3-9）式计算。若高差闭合差在容许范围内，即 $|f_h| \leq |f_{h容}|$，便可以进行闭合差的调正和计算高程。

水准测量高差闭合差的分配，在平坦地区，应按路线的长度成正比例进行分配；而在山区应按测站数的多少成正比例分配，因为山区地形复杂，进行水准仪测量时，安置仪器的测站数较多，闭合差由于测站数的增多而增加，因此闭合差的分配要按测站数成比例分配。

在同一条水准路线上，可以认为观测条件是基本相同的（即各测站产生的误差是相等的）。故在调整闭合差时是将闭合差以相反的符号，按与测站数或距离成正比例的原则分配于各段的高差中，即：

$$某一段的改正数 = -\left[\frac{高差闭合差}{测站数（或路线全长）} \times \frac{某测段的}{测站数（或某测段距离）}\right]$$

$$(3-13)$$

将各测段的高差加改正数，就得到改正后的高差。再依改正后的高差和起点高程，推算出各个中间测点的高程。

【例】 如图 3-18，为一附合水准路线观测成果示意图，各测段的测站数和高差均注于图上，求 1、2、3 各点的高程。其计算过程如下，结果见表3-2。

A. 计算 f_h：先分别计算出 $\sum n = 54$，$\sum h_{测} = +2.741\mathrm{m}$，$\sum h_{理} = 59.039 - 56.345 = +2.694\mathrm{m}$，然后根据公式（3-9）求出 $f_h = +2.741 - 2.694 = +47\mathrm{mm}$，并将计算结果填入表 3-2 中。

B. 计算 $f_{h容}$：$f_{h容} = \pm 10\sqrt{n} = \pm 10\sqrt{54} = \pm 73\mathrm{mm}$，填入表 3-2 中的辅助计算中。

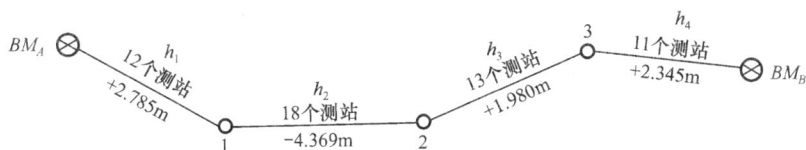

图 3-18 附合水准路线观测示意图

C. 高差闭合差调整：经过以上的计算，可以看出：$+47\,mm < +73\,mm$（即 $|f_h| < |f_{h容}|$），因此可以用公式（3-13）计算出每站的高差改正数，将结果填入表 3-2 中。最后，将所有的改正数合计，它的数值应是与高差闭合差相等，符号相反。

表 3-2 附合水准仪路线高差调整及高程计算表

点号	测站数	观测高差（m）	改正数（mm）	改正后高差（m）	高程（m）	备注
BM_A	12	+2.785	-10	+2.775	56.345	已知
1					59.120	
	18	-4.369	-16	-4.385		
2					54.735	
	13	+1.980	-11	+1.969		
3					56.704	
	11	+2.345	-10	+2.335		
BM_B					59.039	已知
$\sum$	54	+2.741	-47	+2.694		
辅助计算	$f_h = \sum h_测 - \sum h_理 = \sum h_测 - (H_{BM_B} - H_{BM_A}) = 2.741 - (59.039 - 56.345)$ $= +47\,mm$ $\sum n = 54$ $f_{h容} = \pm 10\sqrt{n} = \pm 10\sqrt{54} = \pm 73\,mm$ $\quad |f_h| \leqslant |f_{h容}|$					

D. 计算各点高程：先计算出各测段改正后的高差，改正后高差 h' 各段实测高差加各段高差改正数，然后用公式 $\sum H_{BM_B} - H_{BM_A}$ 进行校核，确认无误后，根据 BM_A 点高程和各测段改正后高差分别计算各待测点高程，并将结果填入表中，最后用再计算 BM_B 点高程以作校核。

②闭合水准路线：从图 3-17（b）中可以看出，闭合水准路线高差理论值 $\sum h_理$ 应等于其观测值 $\sum h_测$，故其高差闭合差理论上应等于零，但实质上不等于零，其值为：

$$f_h = \sum h_{测} - \sum h_{理} = \sum h_{测}。$$

高差闭合差容许值的计算和闭合差的调整均与附合水准路线相同。

③支水准路线：如图3-17（a）所示，支水准路线一般无法直接校核，只有采用往返观测进行校核，往返观测闭合差的理论值为零，其高差闭合差为：

$$f_h = \sum h_{往} - \sum h_{返} = |h_{往}| - |h_{返}|$$

高差闭合差的容许值的计算同于前边附合水仪路线。当高差闭合差在在容许范围内时，则分段取往返测高差的平均值，用往测高差的符号，作为改正后高差，再从起点沿往测方向推算各点高程。

二、水准测量的注意事项

在水准测量工作中常会由于读数、仪器操作、外界条件下影响等不可避免产生误差。因此，在工作中，为了杜绝可以避免的错误，减少工作中的误差，提高观测精度和工作效率，我们先简单分析一下测量误差的来源，在此基础上，对水准测量工作提出一些注意事项。

（一）水准测量误差来源

水准测量误差主要来源于观测仪器、观测者和观测时的外界条件。

1. 仪器误差

仪器误差包括仪器校正后残余误差和水准尺误差。

（1）残余误差：由于仪器校正不完善，校正后仍存在部分误差，如 i 角误差等。这个 I 角残余误差对高差的影响为 $\triangle h$，即

$$\Delta h = x_1 - x_2 = \frac{i^n}{\rho^n}D_A - \frac{i^n}{\rho^n}D_B = \frac{I^n}{\rho^n(D_A - D_B)} \tag{3-14}$$

式中：$(D_A - D_B)$ 为前后视距之差；$x_1 - x_2$ 为角残余误差对读数的影响。

（2）水准尺误差：由于水准尺刻划不准、尺长变化、弯曲等原因影响测量成果精度，因此水准尺要经过检验后才能使用。

2. 观测误差

观测误差是人为原因造成，经过注意后可以减少此类误差。

（1）气泡居中误差：气泡居中的条件在读数的前、后瞬间都应该满足，以保证视线在读数过程中处于水平位置。符合水准器的气泡居中误差与水准管分化值 τ''、视线长度 D 成正比，$m_i = \pm 0.15\frac{\tau''}{2\rho}D$，当 $\tau'' = 20''$，$D = 100m$ 时，

气泡居中误差为0.73mm。

（2）读数误差：在水准尺上估读毫米的误差与观测者眼睛的分辨率（一般为60″）及视线长度成正比、与望远镜的放大倍数（v）成反比，。$m_1 = \pm \dfrac{60°}{V} \cdot \dfrac{D}{\rho^n}$。当$v=30$，$D=100$m时，读数误差为0.97mm。

（3）水准尺倾斜误差：根据水准测量的原理，水准尺必须立在水准点上，否则总会使水准尺上的读数增大。这种影响随着视线的抬高（即读数增大），其影响也随着增大。水准尺的前后或左右倾斜，也会产生读数或大或小的误差。如水准尺倾斜3°（α）时，在尺上2m处读数将产生2.7mm误差，如果水准尺上读数大于1m，观测误差将超过2mm。即误差为：

$$m_\sigma = 2000(1 - \cos\alpha) = 2000(1 - \cos3°) \approx 2.7\text{mm}$$

因此扶尺者操作时要尽量使水准仪尺扶直，假若水准尺上有圆水准器，则使水准气泡居中，若没有圆水准气泡，可使尺子前后缓缓倾斜，当观测者读取最小读数时，即为水准尺竖直时的读数。水准尺左右倾斜可由仪器观测者指挥使尺子竖直。

（4）视差的影响：观测时，由于调焦不当所产生的视差也会影响读数，从而产生读数误差。

3. 外界条件影响

包括土质、温度、地球曲率及大气折光等。

（1）仪器下沉：仪器下沉使视线降低，引起高差误差，观测时可以采用一定的观测程序或用在尺子下垫尺垫来减弱其影响。

（2）尺垫下沉：尺垫下沉将增大下一站的后视读数，引起高差误差，观测时可采用往返观测并取其平均值的方法来减弱其影响。

（3）地球曲率及大气折光的影响：用水平面（线）代替大地水准面在水准尺上读数自然会产生高差误差，大气折光也会使视线弯曲，改变水准尺的读数，对此均可采用前后视距相等的方法消除其影响。

（4）温度的影响：温度变化不仅引起大气折光变化，而且会影响管水准管气泡的移动，产生气泡居中误差。

减少（3）、（4）类误差的方法是尽量避开不良气候和一天中极端温度时间段。

（二）水准测量注意事项

水准测量是一项集体测量工作，只有全体参加人员认真负责，按规定要求仔细观测和操作，才能取得良好效果。同时，测量小组成员间要注意互相配合，提高工作效率。归纳起来其注意事项有：

1. 观测

（1）进行观测前水准仪和水准尺必须经过检验校正后才能使用。

（2）仪器应安置在坚固的地面上，并尽可能使前后视距离相等，操作时手不能压在仪器或三角架上，以防仪器下沉。

（3）每次读数前要注意消除视差，使水准气泡严格居中后，才能读数，并且读数要准确迅速、果断、不得出错，估读毫米时要认真，不能马虎大意。

（4）注意保护和爱惜测量仪器和工具，使之安全。当晴好天气或下小雨时，仪器要打伞保护。操作时应认真细心，螺旋不应拧的太紧或太松，超过仪器忍受限度。观测结束后，脚螺旋和微动螺旋要旋止到中间位置。

（5）只有当一测站记录、计算完全合格后方能迁站，搬站时一手扶托仪器，一手握住脚架，防止仪器从三角架上脱落，摔坏仪器。

2. 记录

（1）认真记录，边计边复报数字，准确无误地记入记录手簿相应栏内，严禁伪造和转抄数字。

（2）字体要端正、清楚，不准连环涂改数字，不准用橡皮擦改，如按规定可以改正时，应在原数字上划线后再在上方重写。

（3）每站应当场计算，检查符合要求后，才能通知观测者搬站。

3. 扶尺

（1）司尺员应认真竖立水准尺，注意保持水准尺上的圆水准气泡居中。

（2）转点应选择土质坚实处，并将尺垫踩实。

（3）水准仪搬站时，应注意保护好原前视点尺垫位置不受碰动。

第六节　微倾水准仪的检验与校正

水准仪在出厂前虽然进行了严格的检验与校正，但经过长途运输和长期使用，各个轴线之间的几何关系会逐渐发生一些变化，若不对其进行检验校正，所测结果会产生较大误差。微倾水准仪有四条轴线，即望远镜的视准轴、管水准器轴、圆水准器轴、仪器旋转的竖轴。如图3-19所示，各个轴线之间需要满足以下条件：

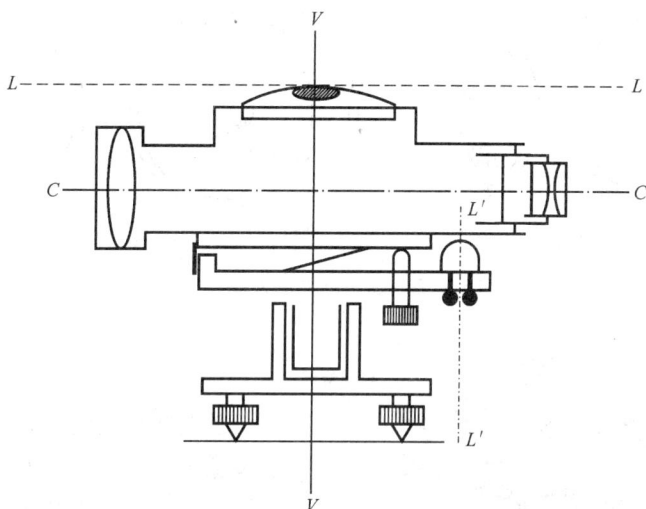

图 3-19 微倾水准仪几何轴线之间的关系

（1）圆水准器轴平行于仪器竖轴（$L'L'/\!/VV$）；

（2）十字丝的横丝应垂直于仪器的竖轴（中丝应水平）；

（3）视准轴应平行于管水准器轴（$LL/\!/CC$）。

水准仪检验实质是检查仪器各轴线是否满足应有的几何条件，校正是当仪器不满足各几何条件时对仪器进行调整使其满足相应的几何条件。

一、圆水准器应平行于竖轴

（一）检验与原理

1. 检校目的

检极的目的是使圆水准器轴平行于仪器竖轴。因为，这样可以使仪器竖轴处于垂直位置，仪器旋转至任何方向都易于导致水准仪气泡居中，从而可以迅速安平仪器，提高作业效率。

2. 检验的方法

（1）安置仪器后，转动脚螺旋使水准仪气泡居中，如图 3-20 所示；

（2）松开水平制动螺旋，将仪器（即望远镜）旋转 180°，若气泡居中，说明条件满足（即圆水准器应平行于竖轴）；否则，气泡中点就会偏离零点，说明两轴是不平行的。

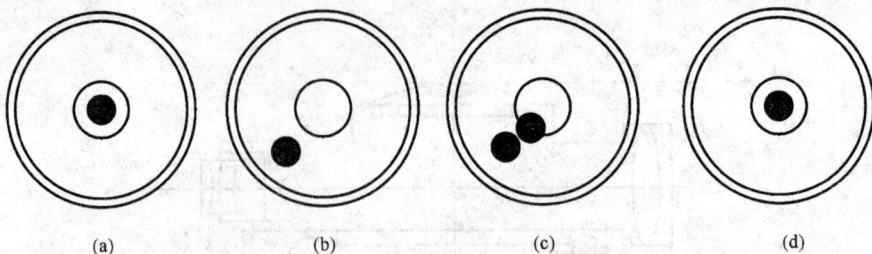

(a)　　　　　　(b)　　　　　　(c)　　　　　　(d)

图 3 - 20　圆水准器的检验与校正

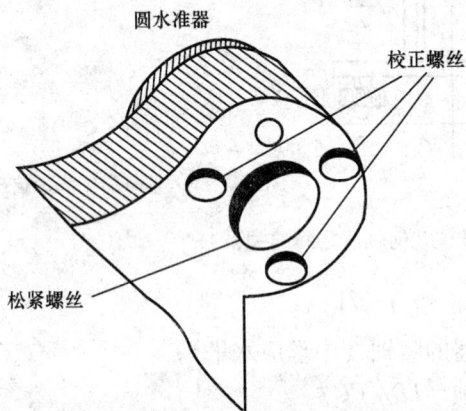

圆水准器

校正螺丝

松紧螺丝

图 3 - 21　圆水准器背面

（二）校正的方法

在上述检验的基础上，首先转动脚螺旋使气泡回到偏离零点的一半位置，此时仪器竖轴处于铅垂位置，如图 3 - 20（c）所示，然后用校正针先松动一下圆水准仪器底下中间一个大一点的连接螺丝，再分别拨动圆水准器下的校正螺旋（见图 3 - 21 所示），使气泡居中，此时，圆水准器轴与竖轴平行如图 3 - 20（d）所示。校正完毕后，应记住把中间一个连接螺旋再旋紧。

二、十字丝横丝应垂直于竖轴

（一）检校目的

使十字丝横轴垂直于仪器竖轴。

（二）检验方法

安置仪器并整平后，用横丝一端对准远处一明显标志点，如图 3 - 22 所示，固定水平制动螺旋，缓缓转动水平微动螺旋。若标志始终沿着横丝上移动，则说明十字丝横丝垂直于竖轴，否则应进行校正。

（三）校正方法

校正方法因十字丝装置的形式不同而异。如图 3 - 23 所示的形式，旋下

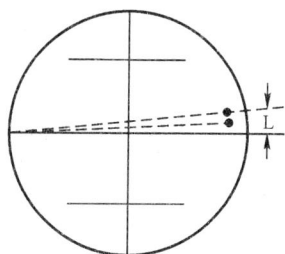

图3-22 十字丝的检验

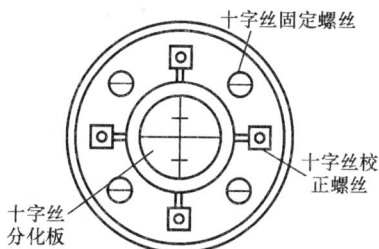

图3-23 十字丝的校正

目镜端的十字丝护罩，用螺丝刀放松十字丝的4个固定螺旋，按中丝倾斜的反方向小心地微微转动十字丝环，使横丝水平，再重复检验，最后拧紧固定螺旋，旋回护罩。若此项误差不明显时，一般可不校正，外业观测时用十字丝的中央部位读数即可。

三、水准管轴应平行于视准轴

（一）检验

1. 检校目的

检校的目的是使水准管轴平行于视准轴，读数准确。

2. 检验的方法

（1）选择场地：在平坦地面上选择大致成直线的 A、O、B 三点，并使 AO 和 OB 均等于相距大约50m，用木桩或尺垫作好标志。

（2）测出 A、B 两点间正确高差：在 O 点安置仪器，用双面尺法或双仪高法连续两次测出 A、B 两点高差。若这两个高差不大于3mm，取平均值作为正确高差 h_{AB}

$$h_{AB} = (a_1 - x_1) - (b_1 - x_2) = a_1 - b_1 \tag{3-15}$$

因为，$x_1 = \dfrac{i^n}{\rho^n} D_{AD}$，$x_2 = \dfrac{i^n}{\rho^n} D_{OB}$，$D_{AO} = D_{OB}$，故其误差 x_1 和 x_2 相等。

（3）计算正确读数：在 B 点附近大约5m或10m处安置仪器，精平后读数 a_2 和 b_2，因仪器距离B点很近，读数 b_2 中的误差可忽略不计，因此，A 尺上的正确读数应为 $a'_2 = h_{AB} + b_2 = （a_1 - b_1）+ b_2$。$a_2 = a'_2$，说明两轴平行，否则存在误差（测量上习惯于称为 i 角）。进行普通水准测量时，若 a_2 与 a'_2 相差大于4mm（即 $i < 20'''$），一般要进行校正。若 a_2 与 a'_2 相差小于

4mm（即 $i > 20'''$），一般不需要进行校正。

（二）校正的方法

水准仪不动，先计算视线水平时 A 尺（远尺）上应有的正确读数 a'_2，即

$$a'_2 = b_2 + (a_1 - b_1) = b_2 + h_{AB} \qquad (3-16)$$

$$i'' = (a_2 - a'_2)/D_{AB} \times \rho'' \qquad (3-17)$$

当 $a_2 > a'_2$，说明视线向上倾斜；反之向下倾斜。瞄准 A 尺，旋转微动螺旋，使十字丝中丝对准 A 上的正确读数 a'_2，此时符合水准气泡就不居中，但视线已处于水平位置。用校正针拨动目镜端的水准仪管上下两个校正螺丝，如图 3-25 所示，使符合水准气泡严格居中。

校正时，应先松动左右两个校正螺旋，再根据气泡偏离情况，遵循"先松后紧"的规则，转动上下两个螺丝，使符合气泡居中，校正完毕后，再重新固紧左右两个校正螺丝。

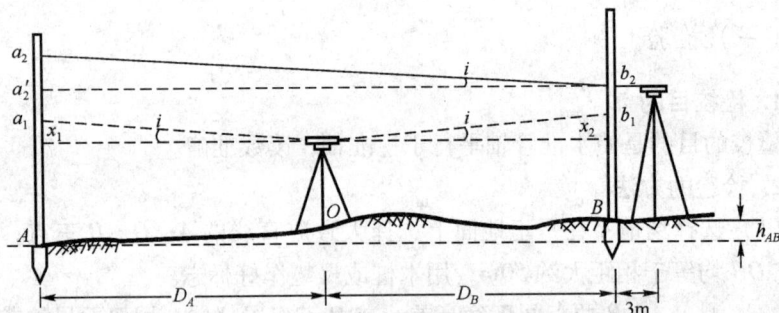

图 3-24 水准仪管平行于视准轴的检验

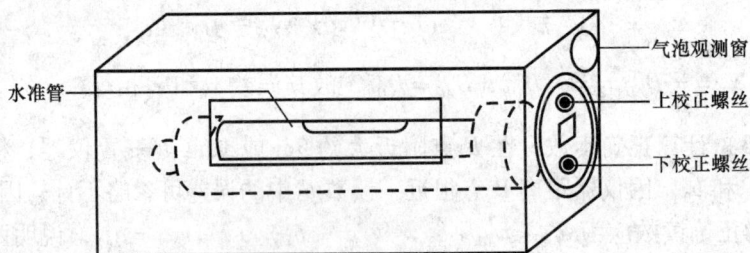

图 3-25 水准管轴的校正

【例】 如图 3 – 24 所示，取 AB 之长为 80m，第一次安置仪器于 AB 中间的 O 点处得读数 $a_1 = 1.321m$，$b_1 = 1.117m$；第二次安仪器在 B 点附近 5m 处，又得 $a_2 = 1.695m$，$b_2 = 1.466m$。两次高差分别为：h_{AB} = + 0.204m，h'_{AB} = +0.229m，两次高差不相等，同时 $a'_2 = b_2 + h_{AB} = 1.670m$，$a_2 \neq a'_2$，说明存在 i 角误差，$i'' = (a_2 - a'_2)/D_{AB} \times \rho'' = 64''$，超过误差限度 ($i'' < 20''$)。$a_2$ 与 a'_2，之差为 +25mm，也超过误差限度 (4mm)，因此需要校正。

正确读数 $a'_2 = b_2 + h_{AB} = 1.670m$，校正时，仪器位置不动，应该降低视线使其在 A 尺读数由原来的 1.695m 下降到 1.670m（正确读数），然后调节水准管上的校正螺丝使气泡居中。

复习思考题

1. 名词解释

高程测量：高差：水准点：高差闭合差

2. 简答并绘图题

（1）转点的作用是什么？为什么说转点很重要？

（2）绘出在视场中读数为 1.457 和 6.585 的示意图。

3. 计算题。

已知 A 点的高程 $H_A = 489.454m$，A 点立尺读数为 1.446m，B 点读数为 1.129m，C 点读数为 2.331m，求此时仪器视线高程是多少？H_B 和 H_C 各为多少？

第四章 经纬仪及其使用

本章提要

　　本章将介绍光学经纬仪的种类，重点介绍 J_6 级光学经纬仪的构造和使用方法。学习水平角、竖直角的测量原理和使用经纬仪测量的方法，经纬仪的检验与校正方法，使用经纬仪测量角时应注意的事项，学习用经纬仪进行视距测量的方法。

第一节 光学经纬仪的构造

　　光学经纬仪具有精度高、体积小、重量轻、密封性好和使用方便等优点，并采用玻璃度盘和光学测微装置，故有读数准确和使用方便等优点，已普遍取代了精度低、使用金属度盘及游标读数的游标经纬仪。

　　光学经纬仪有很多类型，按精度系列可分为 J_{07}、J_1、J_2、J_6、J_{15}、J_{60} 等 6 个等级，"J"是经纬仪的代号，下标数字为该仪器一测回方向中误差，单位为秒。下面着重介绍适用于地形测量和一般工程测量中常用的 J_6 级经纬仪。

一、J_6 级光学经纬仪的构造

　　主要由照准部、水平度盘和基座三部分组成，如图 4-1 为杭州红旗光学仪器厂生产的 CJH-1 型 J_6 级经纬仪。

（一）照准部

　　为经纬仪上部可转动的部分，由望远镜 3、横轴、竖盘、支架、竖轴 17、水平度盘水准器 7 以及光学读数系统等组成。

　　望远镜在支架上可绕横轴做仰俯转动，并由望远镜制动板钮 11 和微动

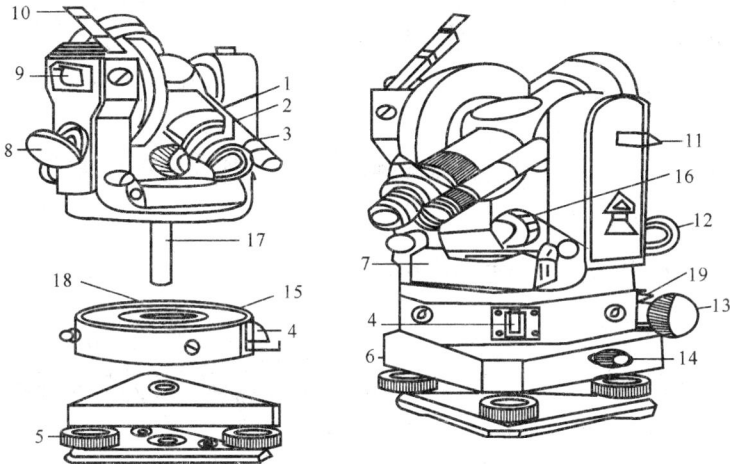

图 4 - 1 CJH - 1 型 J₆ 级经纬仪

1. 读数显微镜 2. 瞄准架 3. 望远镜 4. 度盘离合扳钮 5. 脚螺旋
6. 三角座 7. 水平度盘水准器 8. 反光镜 9. 竖盘指标水准管 10. 长反光镜
11. 望远镜制动板钮 12. 望远镜微动螺旋 13. 照准部微动螺旋 14. 轴座固定螺旋
15. 水平度盘 16. 竖盘指标水准管微动螺旋 17. 竖轴 18. 中轴套 19. 照准部制动扳钮

螺旋 12 控制。竖直度盘、横轴与望远镜连成一体，随望远镜一起转动。在竖直度盘同侧支架上设有竖盘指标水准管 9，用以指示竖盘指标的标准位置，可用竖盘指标水准管微动螺旋 16 进行调节。照准部下端的竖轴 17 插入中轴套 18 内，中轴套下端与轴座固连，置于基座内，用轴座固定螺旋 14 紧固，使用仪器时切勿松动该螺旋，以防仪器分离坠落。照准部可绕竖轴在水平方向旋转，并由水平制动板钮 19 和微动螺旋 13 控制其转动。为了整平仪器，照准部上设有水平度盘水准器 7。

（二）水平度盘

水平度盘 15 是用优质玻璃制成，盘上按顺时针方向刻有从 0°～360° 的分划，度盘分划值为 1°，用来测量水平角。水平度盘与一金属的空心轴套（称外轴）结合，套在中轴套 18 之外。通常水平度盘 15 是静止的，不随照准部一起转动。若要它转动，可按下水平度盘离合板钮（也称复测板钮）4，使水平度盘与照准部结合在一起，这样，水平度盘能随照准部一起转动。如不需要度盘一起转动时，可将离合板钮 4 板上，使水平度盘和照准部脱离。有许多经纬仪不设水平度盘离合板钮4，而设置一个水平度盘变位手轮，转动手轮，水平度盘即随之转动。

（三）基座

基座上有三个用作整平仪器的脚螺旋5。基座借助中心螺旋与三脚架头连接。

二、J₆级光学经纬仪的读数方法

J₆级光学经纬仪的水平度盘和竖直度盘的分划线通过一系列的棱镜和透镜作用，成像于望远镜旁的读数显微镜内，观测者用读数显微镜读取读数。J₆级光学经纬仪的读数方法可分为下列两种。

（一）分微尺测微器及其读数法

图4-2为CJH-1型光学经纬仪读数系统光路图。光线经反光镜1反射进入进光窗2后光分两路：一路经照明棱镜3照亮了竖盘4的分划，经转向棱镜5和竖盘物镜组6以及转向棱镜7将竖盘分划线成像在刻有分微尺的指标镜8的平面上，再经过转向棱镜9和转象透镜10在读数显微镜目镜的焦平面上成像；另一路光线经转向棱镜12的折射，透镜13的聚光，照亮水平度盘14，经转向棱镜15，和水平度盘物镜组16，以及转向棱镜17，将水平

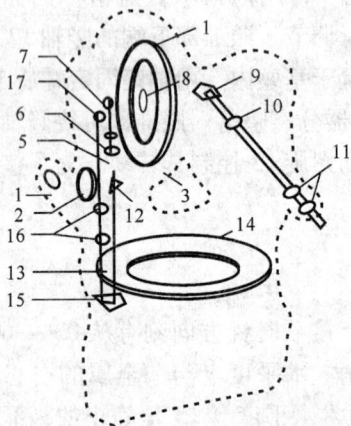

图4-2　CJH-1型经纬仪光路图　　　　图4-3　分微尺测微器读数窗视场

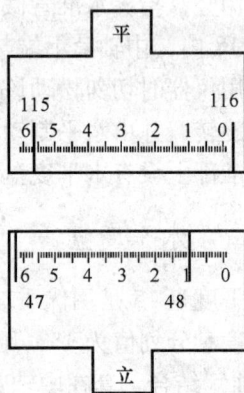

度盘的分划线也成像在指标镜 8 上，此后的光路与竖盘光路相平行。如图 4-3 所示，度盘分划值为 1°，图中 115 和 116 两根分划线为水平度盘的象，47 和 48 的两根分划线为竖盘的像。分微尺为以 1° 弧长分成 60 格，因此，分微尺最小分划值为 1′，可估读至 0.1′。

读数时，先调节读数显微镜目镜，使度盘和分微尽分划线均很清晰，然后先读出位于分微尺中的度盘分划线的注记度数，再以度盘分划线为指标，在分微尺上读取分数，估读秒数，两者相加即得度盘读数。如图 4-3 中水平度盘读数为 115°56′0″，竖盘读数为 48°09′0″。

采用上述读数方法的除我国多数厂家生产的 J_6 级经纬仪外，还有蔡司 030、020、意大利 T4150 等光学经纬仪也都采用这种读数方法。

（二）单平板玻璃测微器及其读数方法

北光 DJ_6-1 光学经纬是采用这种读数方法，图 4-4 是它的读数系统光路图。从图中可以看出，与分微尺测微器在构造上不同的地方是：经过竖盘的光线先折向水平度盘，然后与水平度盘的光线一起转向指标镜 1；在光路系统中增设一块可以偏转的平板玻璃 2，和一块与平板玻璃构造上相连的扇形测微分划板 3，转动测微手轮 4，平板玻璃 2 和测微分划板 3 就绕同一轴转动一角度，使通过平板玻璃的光线平行移动一段微小的距离。其移动量可从测微分划板的摆动幅度得出。转动测微手轮时，在读数显微镜中可以看到度盘分划象和测微分划板上测微尺的象，同时相对于指标镜上的指标线移动。度盘分划象移动一格，恰好是测微尺的象移动整尺段。故度盘上不足一个分划的读数可以根据测微尺读取。该仪器度盘最小分划值为 30′，注记至度。测微尺上最小分划值为 20′，估读 1/4 格（5″），每 5′ 一注记，整尺段为 30′。

读数时，先转动测微手轮，使度盘上某一分划线精确地夹在双丝

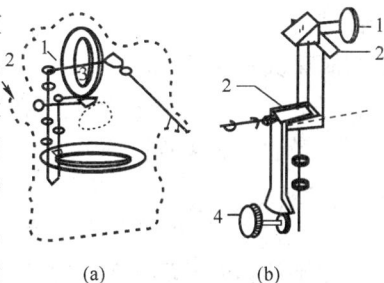

图 4-4 DJ-1 经纬仪光路图
1. 指标镜 2. 平板玻璃
3. 测微分划板 4. 测微手轮

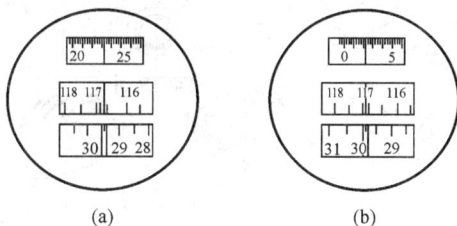

图 4-5 单平板玻璃测微器读数视场

指标的中间并读取该分划的度盘读数，然后再加上单丝指标处的读数。如图 4-5（a）中，水平度盘读数为 $29°30' + 23'20'' = 29°53'20''$；图 4-5（b）中，竖直读数为 $117° + 02'10'' = 117°02'10''$。

三、经纬仪的使用

经纬仪的基本操作为：对中、整平、瞄准和读数。

（一）对中

对中的目的是使仪器中心与测站点位于同一铅垂线上。其操作步骤为：

（1）张开脚架，调节脚架腿，使其高度适宜，并通过目估使架头水平、架头中心大致对准测站点。

（2）从箱中取出经纬仪安置于架头上，旋紧连接螺旋，并挂上锤球。如锤球尖偏离测站点较远，则需移动三脚架，使锤球尖大致对准测站点，然后将脚架尖踩实。

（3）略微松开连接螺旋，在架头上移动仪器，直至锤球尖准确对准测站点，最后再旋紧连接螺旋。

（二）整平

整平的目的是调节脚螺旋使水准管气泡居中，从而使经纬仪的竖轴竖直，水平度盘处于水平位置。其操作步骤如下：

（1）旋转照准部，使水准管平行于任一对脚螺旋〔图 4-6（a）〕。转动这两个脚螺旋，使水准管气泡居中。

（2）将照准部旋转 90°，转动第三个脚螺旋，使水准管气泡居中〔4-6（b）〕。

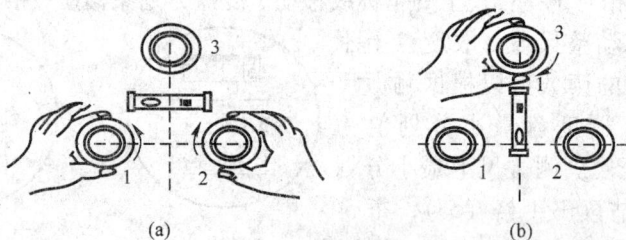

（a）　　　　　　　　（b）

图 4-6　整平

（3）按以上步骤重复操作，直至水准管在这两个位置上气泡都居中为止。使用光学对中器进行对中、整平时，首先通过目估初步对中（也可利用锤球），旋转对中器目镜看清分划板上的刻划圆圈，再拉伸对中器的目镜筒，使地面标志点成像清晰。转动脚螺旋使标志点的影像移至刻划圆圈中心。然后，通过伸缩三脚架腿，调节三脚架腿的长度，使经纬仪圆水准器气泡居中，再调节脚螺旋精确整平仪器。接着通过对中器观察地面标志点，如偏刻划圆圈中心，可稍微松开连接螺旋，在架头移动仪器，使其精确对中，此时，如水准管气泡偏移，则再整平仪器，如此反复进行，直至对中、整平同时完成。

（三）瞄准

瞄准目标的步骤如下：

（1）目镜对光：将望远镜对向明亮背景，转动目镜对光螺旋，使十字丝成像清晰。

（2）粗略瞄准：松开照准部制动螺旋与望远镜制动螺旋，转动照准部与望远镜，通过望远镜上的照门和准星对准目标，然后旋紧制动螺旋。

（3）物镜对光：转动位于镜筒上的物镜对光螺旋，使目标成像清晰并检查有无视差存在，如果发现有视差存在，应重新进行对光，直至消除视差。

（4）精确瞄准：旋转微动蚴旋，使十字丝纵丝准确对准目标。

（四）读数

读数前应调整反光镜的位置与开合角度，使读数显微镜视场内亮度适当，然后转动读数显微镜目镜进行对光，使读数窗成像清晰，再按上节所述方法进行读数。

第二节　水平角测量

一、水平角测量原理

观测水平角是确定地面点位的基本工作之一。空间相交的两条直线在水平面上的投影所夹的角度叫水平角。如图 4 - 7 所示，通过地面上 AO、BO

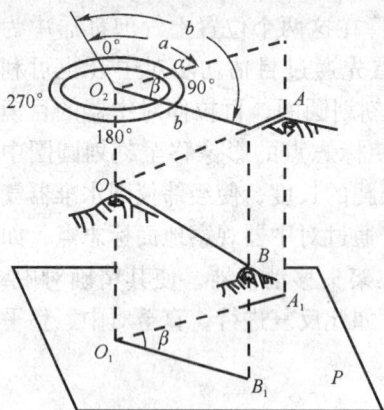

图4-7 水平角观测原理

的垂直面投影到水面 P 上为 A_1O_1、B_1O_1，则 $\angle A_1O_1B_1 = \beta$，便是地面上 OA 与 OB 两方向间的水平角。

为了测出水平角 β，可在过 O 点铅垂线上任一点 O_2 处，放置一个有刻度的水平圆盘，使其中心与 O_2 重合，则过 OA、OB 两竖直面与圆盘交线上的读数设为 a 和 b，如圆盘上的分划为顺时针方向注记，则得水平角：

$$\beta = b - a$$

二、水平角的测量方法

水平角观测的方法常用的有测回法和全圆测回法两种。

(一) 测回法

测回法适用于观测两个方向之间的单角，如图4-8所示为采用测回法观测水平 $\angle MON$ 的操作步骤：

在测站 O 点安置经纬仪，以盘左位置（竖盘在望远镜视准方向的左侧）照准目标 M，读取水平度盘读数$_左$，以顺时针方向转动照准部照准目标 N，读取水平度盘读数$_左$，则盘左所测的角值为：$\angle MON_左 = n_左 - m_左$

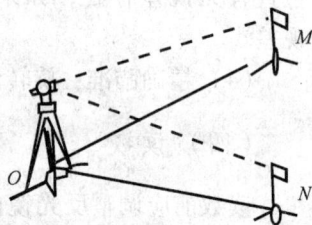

图4-8 水平角观测

以上完成了上半个测回。为了检核及消除仪器误差对测角的影响，应该以盘右位置再作下半个测回。作下半测回时，先照准左目标 N，逆时针方向转动照准部照准目标 M，设水平度盘读数分别为 $n_右$、$m_左$，则下半测回角值：

$$\angle MON_右 = n_右 - m_右$$

用 J_6 级经纬仪观测水平角上、下两个半测回角值差（称不符值）应 $\leqslant \pm 40''$。达到精度要求取平均值作为一测回的结果，即

$$\angle AOM = \frac{1}{2}(\angle AOM_左 + \angle AOM_右)$$

表4-1是测回法水平角观测手簿。

表4-1 水平角观测手簿（测回法）

测点	竖盘位置	目标	水平度盘读数	半测回角值	一测回去角值	各测回平均角值	备　注
0	左	M	0°01′30″	68°05′42″	68°05′45″	68°05′44″	
		N	68°07′12″				
	右	M	180°01′42″	68°05′48″			
		N	248°07′30″				
	左	M	90°02′36″	68°05′36″	68°05′42″		
		N	158°08′12″				
	右	M	270°02′48″	68°05′48″			
		N	338°08′36″				

为提高角度观测的精度，往往需观测几个测回。为了减少度盘分划不均匀误差对测角的影响，要求每个测回之间将度盘变换$\frac{180°}{n}$（n 为测回数）。如 $n=2$ 时，各测回起始方向的度盘读数应相差90°。为了操作和计算方便，应使第一测回起始方向的度盘读数常略大于0°，如表4-1为进行两个测回的观测记录，第一测回起始方向（盘左位置）度盘读数为0°01′30″，第二测回起始方向的度盘读数应为90°略多，表中为90°02′36″。为此，对于设有水平度盘离合报钮或设有水平度盘变换手轮的仪器，则应使用水平度盘离合报钮或水平度盘变换手轮，使各测回起始方向的度盘读数等于所需要设置的读数。

在计算角值时，如右目标度盘读数小于左目标度盘读数时，则应在右目标度盘读数中加360°再减左目标度盘读数。

（二）全圆方向观测法

在一个测站上，当观测方向在三个以上时，如图4-9，一般采用全圆方向观测法（在半测回中如不归零称方向观测法），即从起始方向顺次观测各个方向后，最后要回测起始方向，即全圆的意见。最后一步称为"归零"，这种半测回归零的方法称为"全圆方向法"，如图中 OA 为起始方向，

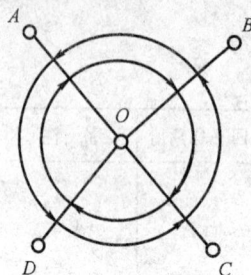

图4-9 全圆方向
观测法

也称零方向。

1. 观测步骤

（1）安置仪器于 O 点，盘左位置且使水平度盘读数略大于0°时照准起始方向，如图中的 A 点，读取水平度盘读数 a。

（2）顺时针方向转动照准部，依次照准 B、C、D 各个方向，并分别读取水平度盘读数为 b、c、d，继续转动再照准起始方向，得水平度盘读数为 a'。这步观测称为"归零"，a' 与 a 之差，称为"半测回归零差"。J_6 级经纬仪为24″。如归零差超限，则说明在观测过程中，仪器度盘位置有变动，此半测回应该重测。

以上观测过程为全圆方向法的上半个测回。

（3）以盘右位置按逆时针方向依次照准 A、D、C、B、A，并分别读取水平度盘读数。以上为下半个测回，合起来称为一测回。

每次读数都应按规定格式记入表4-2中。

2. 全圆方向观测法的计算与限差

（1）两倍照准误差 $2C$ 的计算：在同一测回内同一方向的两倍照准误差为

$$2C = 盘左读数 - （盘右读数 ± 180°）$$

同一测回内各方向 $2C$ 值之间互差（变动范围），对 J_6 级不应大于25″。

（2）一测回内各方向平均读数的计算：同一方向的平均读数 $=1/2$［盘左读数 + （盘右读数 ± 180°）］，填入表中第7栏。起始方向有两个平均读数，应再取其平均值，将算出的结果填入同一栏的括号内，如第一测回中的（0°01′15″）。

（3）归零方向值的计算：将各个方向的平均读数减去起始方向的平均读数，即得各个方向与起始方向之间的角值，称为归零方向值；显然起始方向归零后的值为0°00′00″，见表中8栏。

（4）各测回归零后方向值平均值的计算：当各测回同一方向的归零方向值之差，对于 J_6 级如不大于24″，则可取其平均数作为该方向的最后结果。相邻两方向值之差即得水平角。

对于上述各项限差，不同精度的仪器有不同的规定。当观测误差超限时，应进行重测。

表4-2　全圆方向法观测手簿

测站	测回数	目标	读数 盘左	读数 盘右	$2C=$ 左-(右±180°)	平均读数 $=\frac{1}{2}$[左+(右±180°)]	归零后之方向值	各测回归零方向值之平均数	略图及角值
			° ′ ″	° ′ ″	° ′ ″	° ′ ″	° ′ ″	° ′ ″	
1	2	3	4	5	6	7	8	9	10
0	1	A	0 01 00	180 01 18	-18	(0 01 15) 0 01 09	0 00 00	0 00 00	
		B	91 54 06	271 54 00	+6	91 54 03	91 52 48	91 52 45	
		C	153 32 48	333 32 48	0	153 32 48	153 31 33	151 31 33	
		D	214 06 12	34 06 06	+06	214 06 09	214 04 54	214 05 00	
		A	0 01 24	180 01 18	+06	0 01 21			
	2	A	90 01 12	270 01 24	-12	(90 01 27) 90 01 18	0 00 00		
		B	181 54 00	1 54 18	-18	181 54 09	91 52 42		
		C	243 32 54	63 33 06	-12	243 33 00	153 31 33		
		D	304 06 36	124 06 30	+6	304 06 33	214 05 06		
		A	90 01 36	270 01 36	0	90 01 36			

略图（列10）：
A
90°52′45″B
D 69°38′48″
62°33′27″C
D″

第三节　竖直角测量

一、竖直角的概念

在同一竖直面内，倾斜视线与水平线之间的夹角，称为竖直角（竖角）。如倾斜视线在水平视线之上为仰角，符号为正，如图4-10中的 +7°41′；如倾斜视线在水平视线之下为俯角，符号为负，如图中的 -12°32′。竖直角的角值从 0°~±90°。

在同一铅直面内，从天顶方向与倾斜视线之间的夹角，称为天顶角。从天顶到天底，角值为

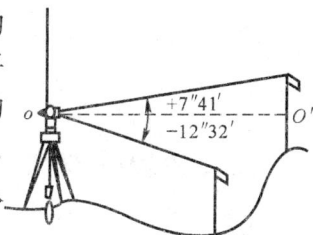
图4-10　竖角

0°～180°。天顶角一盘用 Z 表示，如图 4－10 中两倾斜视线的天顶角分别为 82°19′和 102°32′。

二、竖直度盘的构造

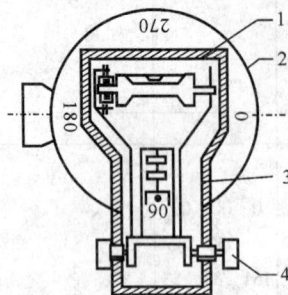

图 4－11 竖盘构造示意图
1. 竖盘指示水准许管　2. 竖盘
3. 读数指标　4. 竖盘指标水准管微动螺旋

图 4－11 是 J_6 级光学经纬仪竖盘结构的示意图。主要包括竖盘、竖盘指标、竖盘指标水准管和竖盘指标水准管微动螺旋。竖盘固定在望远镜横轴的一侧，随望远镜在竖直面内同时上、下转动；竖盘读数指标不随望远镜转动，它与竖盘指标水准管连结在一起微动架上，转动竖盘指标水准管微动螺旋，可使竖盘读数指标在竖直面内作微小移动。当竖直指标水准管气泡居中时，指标应处于正确位置。所谓正确位置，即当望远镜视准轴和竖盘指标水准管轴同时水平时，在读数窗上指标所指竖盘读数为一特定的度数，该数通常为 0°或 90°的整倍数，此读数即为视线水平时的竖盘读数。

竖盘刻划注记形式很多，常见的光学经纬仪都为全圆式刻划，如图 4－12 所示。其中分顺、逆时针两种注记。盘左位置水平视线时竖盘读数均为 90°，盘右位置水平视线时竖盘读数均为 270°。多数 J_6 级经纬仪采用的是顺时针注记竖盘。

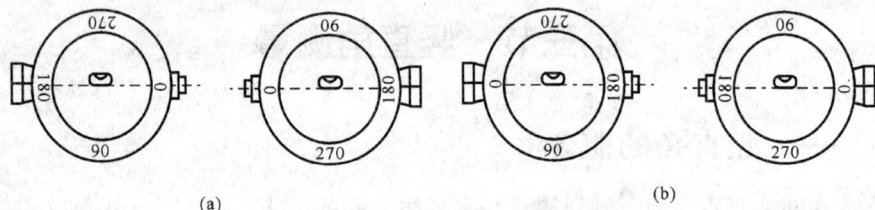

(a)

(b)

图 4－12　全圆式竖盘

三、竖角的观测

在测站安置经纬仪，盘左位置照准目标，一般是以十字丝切于目标上某一位置；转动竖盘水准管微动螺旋，使竖盘水准管气泡居中，读取竖盘读数，记入观测手簿表 4－3 中；同法以盘右位置再作一次观测。

表4-3　竖直角观测手簿

测站	目标	竖盘位置	竖盘读数	竖直角	指标差	平均竖直角	备　注
0	A	左	75°30′06″	+14°29′54″	+12″	+14°30′06″	
		右	284°30′18″	+14°30′18″			
	B	左	101°17′30″	-11°17′30″			
		右	258°42′54″	-11°17′06″	+12″	-11°17′18″	

四、竖角的计算

根据竖角的基本概念，它是在竖直面内目标方向与水平方向间的夹角。不过任何注记的竖盘形式，当视线水平时，其盘左、盘右时的读数都是个定值，所以测定竖角时只需读取照准目标时的竖盘读数即可。将两数相减便得竖角角值。至于究竟以哪个读数作为被减数、哪个读数作为减数，应根据竖盘注记形式而定。为此，对所用仪器必须把望远镜放在大致水平位置时观察读数，如当望远镜上倾时观察读数是增还是减，便可确定竖角的计算公式。

（1）当望远镜上倾时，如竖盘读数增加，则竖角 α =（照准目标时的读数）-（视线水平时的读数）；

（2）当望远镜上倾时，如竖盘读数减少，则竖角 α =（视线水平时的读数）-（照准目标时的读数）。

今以 J_6 级经纬仪的竖盘注记形式为例，如图4-13。盘左，视线水平时的读数为90°，当望远镜上倾时，读数减少；盘右，视线水平时的读数为270°，当望远镜上倾时，读数增加。

根据上列的竖角计算公式可得上图中竖盘的竖角计算式为：

$$\alpha_L = 90° - L$$

$$\alpha_R = R - 270°$$

或

$$\alpha = \frac{1}{2}(\alpha_L + \alpha_R) = \frac{1}{2}[(R - L) - 180°] \qquad (4-1)$$

【例】　设图4-13中，当照准一高处目标 A 时，$L = 75°30′06″$，$R = 284°30′18″$，试求竖角的角值。

$$\alpha = \frac{1}{2}[(284°30′18″ - 75°30′06″) - 180° = 14°30′06″]$$

式（4-1）同样适用于俯角的计算。例如，算得表4-3中 OB 倾斜方向线的竖角为：

$$\alpha = \frac{1}{2}\left[258°42'54'' - 101°17'30'') - 180°\right] = -11° - 17'18''$$

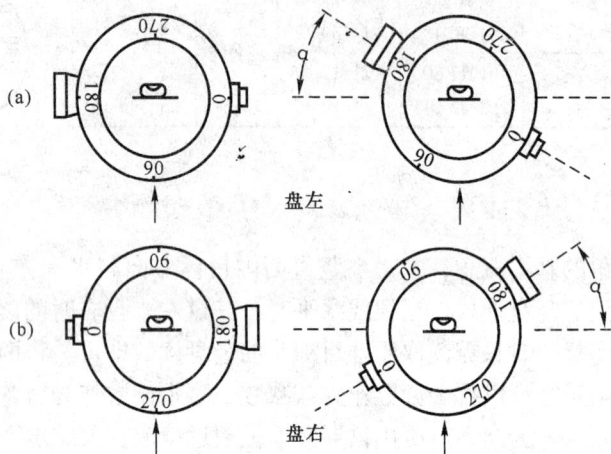

图 4 - 13　竖角计算示意图

第四节　经纬仪的检验与校正

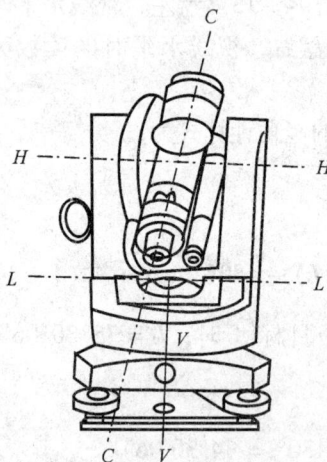

图 4 - 14　经纬仪各轴线间
的关系

为了能精确地测得水平角，要求经纬仪各主要轴线之间必须满足一定的几何条件，如图4 - 14 图所示。经纬仪的主要轴线和相互间应满足的几何条件如下：

照准部水准管轴应垂直于竖轴（$LL \perp VV$）；

视准轴应垂直于横轴（$CC \perp HH$）；

十字丝纵丝应垂直于横轴；

横轴应垂直于竖轴（$HH \perp VV$）

竖盘指标应处于正确的位置，即指标差等于零。

上述条件在仪器出厂时一般是能满足要求的。但由于在使用和搬运过程中的磨损和震动等影响，上述条件可能发生变动，因此，在使用仪器前，必须进行检验和校正。其方法步骤如下：

一、水准管轴应垂直于竖轴 $(LL \perp VV)$

（一）检验

先将仪器大致整平，转动照准部使水准管平行于任意一对脚螺旋的连线，即 $ab /\!/ AB$，如图 4 - 15（a），调节脚螺旋 A 和 B，使气泡居中；转动照准部，使水准管 $ab /\!/ AC$，（应注意 a 端与 A 在同一侧，旋转脚螺旋 C（此时不能转动脚螺旋 A），使气泡居中，见图 4 - 15（b），这时 B、C 两脚螺旋已等高；转动照准部使水准管 $ab /\!/ CB$，见图 4 - 15（c），若水准管气泡仍居中，则条件满足，否则应进行校正。

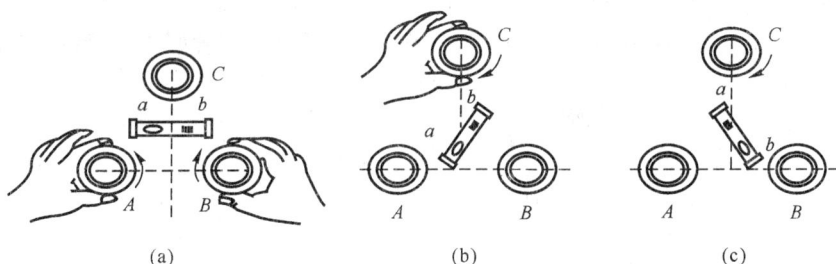

（a）	（b）	（c）

图 4 - 15　照准部水准管的检验和校正

（二）校正

用拨针拨动水准管校正螺丝，使气泡精确居中。校正时，不能转动脚螺旋 B、C，因经过（a）、（b）两步骤操作后，B、C 脚螺旋已等高。

再重复进行几次，直至照准部转到任何位置，气泡偏离零点位置不超过一格为止。

二、十字丝纵丝应垂直于横轴

（一）检验

整平仪器，从十字丝纵丝一端照准一清晰的固定点，固定照准部和望远镜的制动螺旋，微动望远镜微动螺旋，使望远镜上下微动，如果所照准的点始终不离纵丝，则条件满足，否则应进行校正。

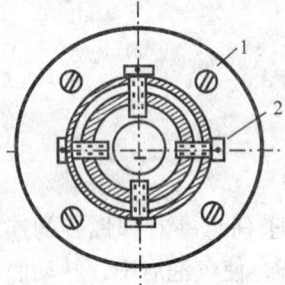

图 4 - 16　十字丝分划板
校正设备
1. 固定螺丝　2. 校正螺丝

（二）校正

卸下目镜端护盖，如图 4 - 16，为十字丝分划板校正设备，松开四只十字丝分划板套筒压环固定螺丝，转动十字丝套筒，使十字丝纵丝处于正确位置后，固紧压环固定螺丝。

三、视准轴应垂直于横轴

（一）检验

安置经纬仪，盘左照准一清晰的固定点，读水平度盘读数设为 a_1；盘右位置照准同一点，读水平度盘读数设为 a_2；如 $a_1 = a_2 \pm 180°$，则条件满足，如不相差 $180°$，计算盘右位置照准目标的平均读数 a，即

$$\alpha = \frac{1}{2}\left[a_2 + (a_1 \pm 180°)\right]$$

（二）校正

微动照准部微动螺旋，使水平度盘读数等于 a，此时十字丝交点已偏离所照准的固定点。然后用拨针拨动十字丝环上的左右两只校正螺丝，见图 4 - 16，一松一紧水平移动使十字丝交点对准所照准的固定点为止。

四、横轴应垂直于竖轴（$HH \perp VV$）

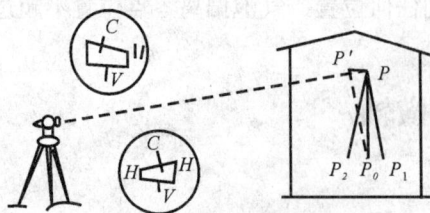

图 4 - 17　横轴垂直于竖轴的检验与校正

（一）检验

将仪器安置在离墙 20～30m 处，盘左位置照准墙上高处一固定点 P，如图4 - 17，选择 P 点时应使仰角大于 $30°$，且使视线尽量正对墙面为宜，照准 P 点后，用水平视线在墙上定出一点 P_1；以盘右位置照准 P

点，再用水平视线在墙上定出一点 P_2；如 P_1、P_2 两点重合，则条件满足，否则需进行校正。

（二）校正

因为盘左与盘右位置的照准面是向着相反的方向各偏了一个角度 i，所以 P_1、P_2 两点的中点 P_0 和高处的 P 点是在同一铅垂线上。校正时，照准 P_1P_2 中点 P_0 后，仰视 P 点，因为横轴不垂直于竖轴，此时十字丝交点必然落到 P 点一侧的 P' 点。调节横轴一端的高低，使十字丝交点对准 P 点。

横轴的校正方法因仪器构造不同而异。图 4-18 所示为 DJ_6 级光学经纬仪常见的横轴校正装置。校正时，打开仪器右支架护盖，放松三个偏心支承板固定螺丝 1，转动偏心支承板 2，即可使横轴右端升降。

图 4-18 偏心板校正
1. 偏心轴承板校正螺丝
2. 偏心轴承板

光学经纬仪的横轴是密封的，出厂时此条件已有保证。通过检查，如必须校正时，应由有经验的仪器检修人员进行或送厂修理。

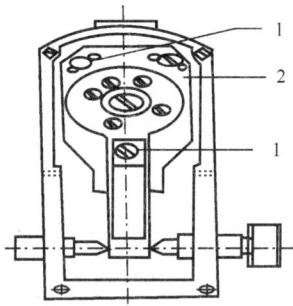

第五节 水平角度测量的误差和注意事项

一、角度测量的误差

水平角测量的主要误差来源有以下几个方面：

（一）仪器误差

1. 由于仪器检校不完善所引起的误差

其中望远镜视准轴不严格垂直于横轴、横轴不严格垂直于竖轴所引起的误差，可以采用盘左、盘右观测取平均的方法来消除，而竖轴不垂直于水准管轴所引起的误差则不能通过盘左、盘右观测取平均或其他观测方法来消除，因此，必须认真做好仪器此项检验、校正。

2. 由于仪器制造加工不完善所引起的误差

例如照准部偏心差与水平度盘分划误差等。经纬仪照准部旋转中心应与水平度盘中心重合，如果两者不重合，即存在照准部偏心差，在水平角测量中，此项误差影响也可通过盘左、盘右观测取平均的方法来消除。水平度盘分划误差的影响一般较小，当测量精度要求较高时，可采用各测回间变换水平度盘位置的方法进行观测，以减弱这一项误差影响。

（二）安置仪器的误差

1. 对中误差

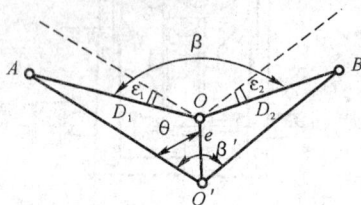

图 4 – 19

如图 4 – 19，设 O 为测站点，A、B 为目标点，由于仪器存在对中误差，仪器中心偏至 O' 点，OO' 的距离称为测站偏心距，以 e 表示。由图可知，实测角度 β' 与正确角值 β 的之间的关系式为：

$$\beta = \beta' + (\varepsilon_1 + \varepsilon_2)$$

2. 整平误差

整平误差不能用观测方法来消除，此项误差的影响与观测目标时视线竖直角的大小有关，当观测目标与仪器视线大致同高时，影响较小；当观测目标时，视线竖直角较大，则整平误差的影响明显增大，此时，应特别注意认真整平仪器。当发现水准管气泡偏离零点超过一格以上时，应重新整平仪器，重新观测。

（三）目标偏心误差

如图 4 – 20，O 为测站点，B 为目标点，由于设置观测标存在误差，使标志中心与 B 点不在同一铅垂线上，而偏离至 B'，BB' 的距离称为目标偏心距，以 e_1 表示，则目标偏心误差对所测水平角的影响为：

$$\delta = \frac{e_1 \sin\theta'}{D}\rho'' \qquad (4-2)$$

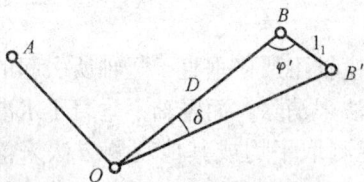

图 4 – 20

式中 D：OB 的水平距离；

θ'：观测方向与目标偏心方向之间的夹角。

为了减少目标偏心对水平角观测的影响，当用目标作为观测标志时，标杆应竖直，且尽量瞄准标杆的底部。当仪器至目标的距离较短时，最好用锤球线或测钎作为观测标志。

（四）观测误差

1. 照准误差

照准误差主要与望远镜放大倍率 V 有关，也受到对光的视差，观测标志的形式以及大气温度、透明度等外界因素的影响。一般可用下式来计算，

$$m_照 = \pm \frac{60''}{u}$$

DJ$_6$级经纬仪的望远镜放大倍率一般为 26 ~ 30 倍，故照准误差约为 2″10 ~ 2″30。

2. 读数误差

读数误差主要与经纬仪所采用的读数设备有关。DJ$_6$级经纬仪上读数设备的读数中误差为 ±6″。

（五）外界条件的影响

外界自然条件的影响比较复杂，一般难以由人力来控制，如强风、松软的土质会影响仪器的稳定；受地面辐射热的影响，物象会跳动，大气的透明度会影响照准精度，温度的变化影响仪器的整平，等等。因此，只有选择有利的观测时间和条件，尽量避开不利因素，使其对观测的影响降低到最小的程度。

二、水平角观测注意事项

用经纬仪测角时，往往由于疏忽大意而产生错误，如测角时仪器没有对中整平，望远镜瞄准目标不正确，度盘读数读错，记录记错和拧错制动旋钮等，因此，测角时必须注意下列几点：

（1）仪器安置的高度要合适，脚架要踩实。在观测时不要手扶或碰动三脚架，转动照准部和使用各种螺旋时，用力要轻。

（2）如观测的两个目标高低相差较大，更须注意仪器整平。

（3）对中要准确，测角精度要求越高或边长越短时，对中要求越严格。

（4）尽量用十字丝交点瞄准标杆底部或木桩上的小钉。

（5）一定要按观测目标的顺序记录水平度盘的读数，记录要清楚，发现错误，立即重测。

（6）在一个测回的水平角观测过程中不得再调整照准部水准管。如气

泡偏离中央太多时，须再次整平仪器，重新观测。

第六节　视距测量

视距测量是根据光学原理，利用望远镜中十字丝分划板上的两条视距丝在标尺上截取的长度和倾斜角、间接测定两点间的水平距离和高差的一种方法。此法不受地形起伏限制，操作简便迅速，广泛应用于地形测量中。在任何仪器的望远镜中装上视距丝，都可进行视距测量。

一、视距测量的原理

（一）视线水平时的测距原理

设欲测定 A、B 两点间的水平距离 D，如图 4-21 所示。在 A 点安置仪器，从望远镜水平视线照准 B 点所竖立的标尺。设视距丝的上丝 m 和下丝 n 分别截于标尺上的 M 和 N 处，M 和 N 间的长度称视距尺间隔（简称尺间隔），用 l 表示，p 为两视距丝在分划板上的距离，F 为物镜焦点，f 为物镜焦距，δ 为物镜至仪器中心的距离。由图可知，因视线水平并与标尺垂直，$\Delta MFN - \Delta m'Fn'$，则

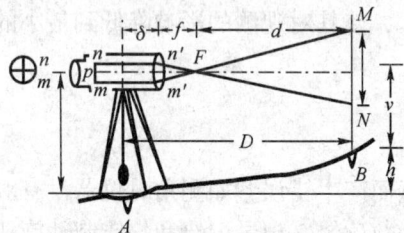

图 4-21　平视距原理

$$\frac{d}{f} = \frac{l}{p}$$

$$d = \frac{f}{p} \cdot l$$

因

$$D = d + f + \delta$$

设

$$K = \frac{f}{p}, C = f + \delta$$

则

$$D = Kl + C \qquad (4-3)$$

式中 K 称为乘常数，通常为 100；C 为加常数，虽因 δ 是个变数，但变动范围很小，C 值一般不超过 0.3 m。

公式（4-4）是外对光望远镜计算平距的公式。

对于内对光望远镜在设计时使加常数 C 近于零，因此，在视线水平时计算水平距离的公式为

$$D = Kl \qquad (4-4)$$

从图中可知，与水准测量一样，A、B两点间的高差为：

$$h = i - v$$

i为仪器高，是标志中心到仪器横轴中心的距离；v为十字丝横丝（中丝）在标尺上的读数。

（二）视线倾斜时计算距离和高差的公式

上述视距公式是视线与标尺垂直的前提下导出的。因地形起伏及通视条件，往往必须使视线倾斜后才能读取尺间隔。由图4-22可知，为了仍使用公式（4-4）先计算A、B两点间的斜距$L = Kl'$，然后根据竖角α，即可求得水平距离D和高差h。因此，必须将视线与标尺斜交时的尺间距l换算成垂直相交时的尺间隔l'。

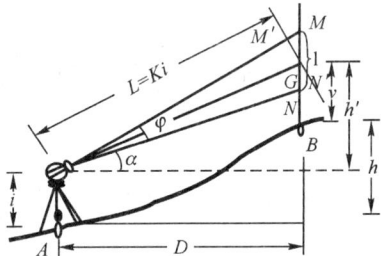

图4-22　斜视距原理

由于Q角很小，约为$34'$，故可把$\angle GM'M$和$\angle GN'N$近似地视为直角，且因$\angle M'GM = \angle N'GN = \alpha$，故可得出$MN$（$l$）与$M'N'$（$l'$）的下列关系：

$$M'N' = M'G + GN' = MG \cdot \cos\alpha + GN \cdot \cos\alpha$$
$$= (MG + GN) \cdot \cos\alpha = MN \cdot \cos\alpha$$

即
$$l' = l \cdot \cos\alpha$$

对于内对光望远镜并根据公式（4-5）可得斜距

$$L = Kl' = Kl \cdot \cos\alpha$$

式中Kl称为视距，L称为斜距。

A、B两点间的水平距离为

$$D = Kl \cdot \cos\alpha \cdot \cos\alpha = Kl \cdot \cos^2\alpha \qquad (4-5)$$

由图中可知，A、B两点间的高差为

$$h = h' + i - v = Kl \cdot \cos\alpha \cdot \sin + i - v$$

即
$$h = \frac{1}{2}Kl \cdot \sin2\alpha + i - v \qquad (4-6)$$

式（4-5）和式（4-6）为视线倾斜时测定平距和高差的公式。实际工作中，可使照准高v等于仪器高i，则得

$$h = \frac{1}{2}Kl \cdot \sin2\alpha \qquad (4-7)$$

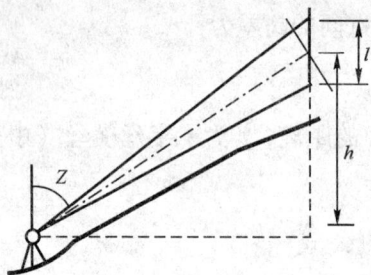

图 4 – 23　根据天顶角计算
平距和高差

上面两式算出的高差其称号与 α 角的符号相同。

用视距法进行碎部测量时，一般都用盘左一个位置进行；又像 J_6 级光学经纬仪在盘左时竖盘读数为天顶角，因此，应直接按天顶角计算平距和高差，这样可减少再按读数计算竖角的麻烦。

根据天顶角计算平距和高差的公式如下：

因在盘左时天顶角和竖角 α 有下列关系，即：

① $\alpha > 0$ 时，即 $Z < 90°$，则

$$\alpha = 90° - Z \qquad (a)$$

② $\alpha < 0$ 时，即 $Z > 90°$

$$-\alpha = 90° - Z \qquad (b)$$

以（a）或（b）两式分别代入公式（4 – 5）和（4 – 6），都可得出下列两个公式，即

$$D = Kl \cdot \sin^2 Z \qquad (4 - 8)$$

$$h = \frac{1}{2}Kl \cdot \sin 2Z + i - v \qquad (4 - 9)$$

当 $Z > 90°$ 时，即 $\alpha < 0$，算出的高差为负值。

二、视距测量方法

（一）视距测量的观测步骤

如图 4 – 22 所示，安置仪器于 A 点，量出仪器高 i，使竖盘指标水准管气泡居中（在地形测量中，气泡调节居中后，观测其他碎部点时不必每次再转动竖盘指标水准管微动螺旋）照准 B 点标尺，为了提高观测速度，减少估读毫米数的麻烦，可使下丝切于附近整厘米分划上。根据尺间隔 i 和竖盘读数代入式（4 – 8）和式（4 – 9）即可算得水平距离 D 和高差 h。

【例】　使用 J_6 级经纬仪并在盘左位置测得尺间隔为 1.03m，中丝读数为 2.40m，$i = 1.54$m，竖盘读数为 75°39′，求平距 D 和高差 h。

因盘左竖盘读数 L 等于天顶角 Z，代入公式（4 – 9）和式（4 – 10），则得：

$$D = Kl \cdot \sin^2 Z = 103 \times \sin^2 75°39' = 96.67\text{m}$$

$$h = \frac{1}{2} \times \sin 2Z + i - v$$

$$= \frac{1}{2}103 \times \sin(2 \times 75°39') + 1.54 - 2.4 = +23.87\text{m}$$

如根据竖盘读数算出 α 角，并代入公式（4-8）和式（4-9）算出的结果相同。

（二）视距常数的测定

仪器经过长期使用或拆洗后，视距常数可能会发生变化，所以使用一段时期后应加以测定。因目前大部分光学仪器的望远镜都是内对光望远镜，加常数都近于零，故只需测定乘常数即可。对于乘常数 K 值的测定要细心，因其误差的存在，将对观测结果产生很大的影响。测定方法如下：

在平坦的地面上选择一条线，如图4-24所示。在 A 点打一木桩（在水泥路面上可用粉笔作标志），从该点起沿直线方向依次量取20m、40m、

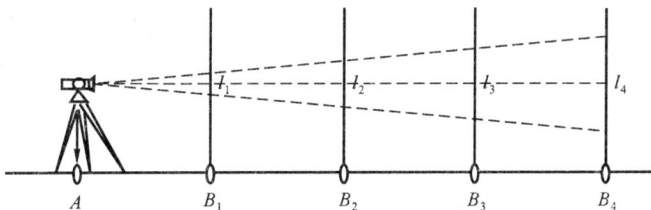

图 4-24　测定视距常数

60m、80m 等距离得 B_1、B_2、B_3、B_4 各点，并做上标志。安置仪器于 A 点，用水平视线依次照准 B_1、B_2、B_3、B_4 各点上的视距尺，并读得各点尺间隔为 l_1、l_2、l_3、l_4。根据这些读数和所量的距离，按（4-5）式可算得：

$$K_1 = \frac{20}{l_1}, K_2 = \frac{40}{l_2}, K_3 = \frac{60}{l_3}, K_4 = \frac{80}{l_4}$$

取其平均值作为所求的乘常数 K，即：

$$K = \frac{1}{4}(K_1 + K_2 + K_3 + K_4)$$

按下式计算 K 值的精度，即

$$精度 = \frac{K - 100}{100} = \frac{1}{M}，一般要求达到 \frac{1}{1000}。$$

如测出的 K 值不符要求，应按实际 K 值进行平距和高差的计算。

复习思考题

1. 什么叫水平角？用经纬仪照准一竖直面内不同高度的两个点，水平度盘上读数是否相同？测站与不同高度的两点所组成的夹角是不是水平角？

2. 试述用测回法与全圆方向观测法测量水平角的操作步骤。

3. 测量水平角时，为什么要用盘左和盘右观测并取其平均值？为什么要改变每一个测回的起始读数？若测回数为3，各测回起始读数应是多少？

4. 在水平角的观测过程中，盘左、盘右照准同一目标时，是否要照准目标的同一高度？为什么？

5. 经纬仪安置包括哪些内容？目的是什么？如何进行？

6. 为了计算方便，观测水平角时，要使某一起始方向的水平度盘读数为 0°00′00″，应如何进行操作？

第五章 电子全站仪与 GPS

本章提要

本章介绍索佳 500 电子全站仪的构造，仪器的使用方法、角度测定、距离测量、面积计算、三维坐标测量、后方交会测量和放样测量及索佳 500 全站仪使用注意事项；GPS 概述、GPS 测绘原理、GPS 定位、导航技术、GPS 的应用。

第一节 索佳 500 电子全站仪的构造

一、仪器构造

索佳 500 电子全站仪的构造

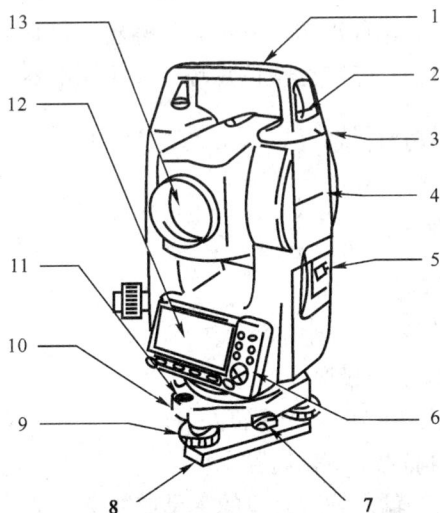

①提柄；②提柄固紧螺旋；③数据输入输出端口（位于提柄下）；④仪器标志高；⑤电池护盖；⑥操作板面；⑦三角基座制动控制杆；⑧底板；⑨脚螺旋；⑩水准器校正螺旋；⑪圆水准器；⑫显示窗；⑬物镜；⑭管式罗

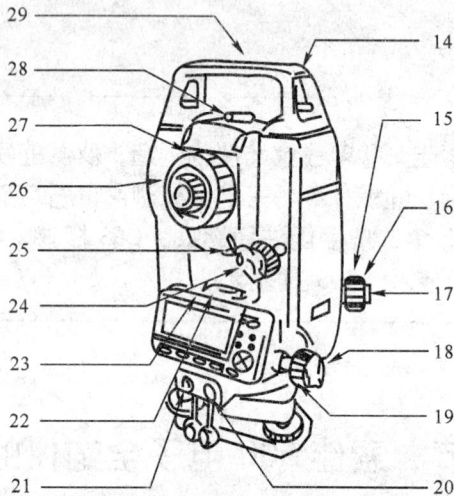

图5-1 索佳500电子全站仪主机图

盘插口；⑮光学对中器调焦环；⑯光学对中器分划板护盖；⑰光学对中器目镜；⑱水平制动钮；⑲水平微动手轮；⑳数据输入输出插口；㉑外接电源插口；㉒照准部水准器；㉓照准部水准器教正螺丝；㉔垂直制动钮；㉕垂直微动手轮；㉖望远镜目镜；㉗望远镜调焦环；㉘粗照准器；㉙仪器中心标志。

二、功能键的用途

（一）功能键

ON—电源开关键

{ESC}　　取消输入的数据内容

{SFT}　　字母大小写转换

{BS}　　删除光标左边的一个字符

{FUNC}　　取消输入的数据内容

{F₁} - {F₄}　　输入软键对应的字母或数字

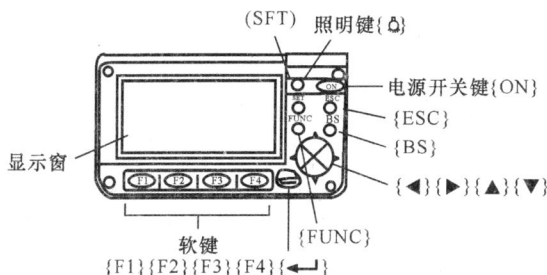

图 5 - 2　操作面板

{回车键}　　选取或接收输入的内容

(二) 定义到软键上的功能

[DIST]　　距离测量

[▲ SHV]　　测量类型选择（*S*：斜距，*H*：平距，*V*：高差）

[0SET]　　水平角置零

[COORD]　　坐标测量

[REP]　　水平角重复测量

[MLM]　　对边测量

[S - O]　　放样测量

[OFFSETRE]　　偏心测量

[REC]　　进入存储数据菜单

[EDM]　　进入 EDM（电子测距）参数设置

[H. ANG]　　将水平角设为已知值

[TILT]　　倾角显示

[MENU]　　进入菜单模式（即进行坐标测量、放样测量、偏心测量、重复测量、对边测量、悬高测量、后方交会测量、面积测算等）

[REM]　　悬高测量

[RESEC]　　后方交会测量

[R/L]　　左/右水平角测量，HAR：右角，HAL 左角

[ZA/%]　　坡度类型选择（天顶距或% 坡度），ZA：天顶距（天顶时为 0）VA：垂直角（水平时为 ±90，盘左为 90，盘右 270）

[HOLD]　　水平角锁定和解锁

[RCL]　　显示最新测量数据

[D - OUT]　　将观测值输出到计算机等外部设备

［AIM］　　测距信号检测

［AERA］　面积测量

［F/M］　距离单位转换（米或英尺）

测量模式

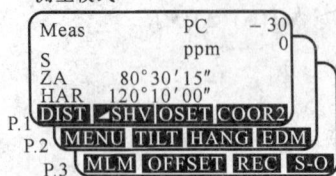

状态显示

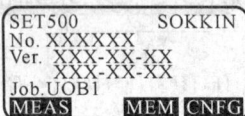

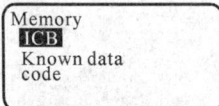

存储模式

(a)　　　　　　　　　　(b)　　　　　　　　　　(c)

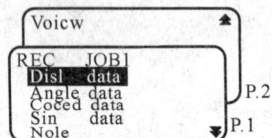

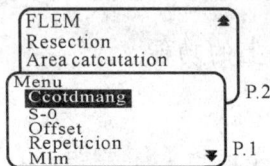

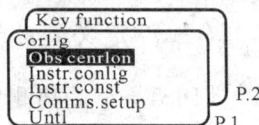

"REC"菜单　　　　　　"MENU"菜单　　　　　设置模式

(d)　　　　　　　　　　(e)　　　　　　　　　　(f)

图 5 - 3　模式显示

［HT］　　仪器高和目标高设置

［…］　　尚未进行功能定义

索佳 500 电子全站仪电子是一种精度 ±5″（ISO/DIS12875 - 2）级电脑型电子全站仪，角度最小显示为 1″/5″，测距精度为 ±（3 + 210^{-6} × D）mm，距离最小显示为 0.001m。

第二节　索佳 500 电子全站仪的使用

一、电池充电

1. 充电步骤

电池出厂时未进行充电，使用前必须充电。充电步骤如下：

（1）将充电器插头插入 100 ~ 240V 交流电插座内。

（2）将电池槽对准充电器推入，充电指示灯闪动表示开始充电。

（3）充电指示灯不闪动表示充电结束，充电时间约为 2 小时。

（4）拔出充电器插头，取出电池。

注意：电池长期不使用应每月充一次电，不要在电量完全耗尽后再充电。

2. 电池的安装步骤

（1）向下按动电池护盖开关钮，打开电池护盖。

（2）插入电池，向下按动并听到卡嗒声响。

（3）合上电池盖，向下按动开关钮听到喀哒声响，完成电池安装。

注意：卸下电池前必须关闭电源。电池护盖未关闭时开机，仪器发出响声，合上护盖仪器返回前一屏幕显示。

二、安置仪器及使用

1. 仪器安装与对中步骤

（1）架设三脚架使架腿等长，架头位于测点上近似水平，三脚架腿牢固地支撑在地面上。

（2）将仪器放置三脚架架头上，一只手握住仪器，另一只手旋紧中心螺旋。

（3）通过光学对中器目镜观察，旋转对中器的目镜至分划板十字丝看得最清楚，再旋转对中器调焦环观看地面点，调整仪器对中。

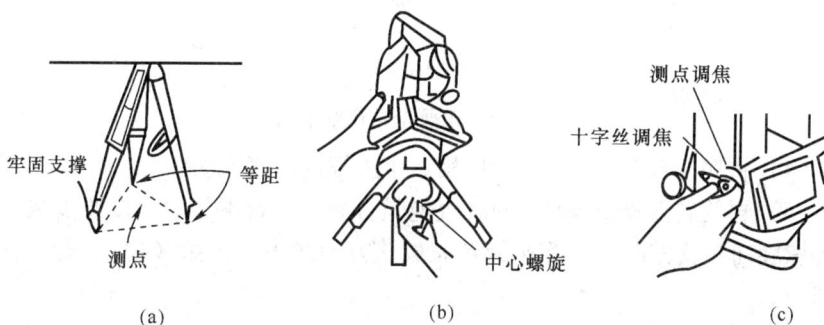

图 5-4 电子全站仪安置图

2. 整平

仪器整平可以通过屏幕显示的电子气泡完成。其操作步聚如下：

（1）调整脚螺旋使测点位于光学对中器十字丝中心。

（2）调节三脚架腿使气泡居中，此项工作需要重复多次进行。

（3）松开水平制动钮转动照准部，使照准部水准器轴平行于任意两个脚螺旋的连线，相对旋转该两个脚螺旋，使气泡居中（气泡向顺时针旋转的脚螺旋方向移动）。

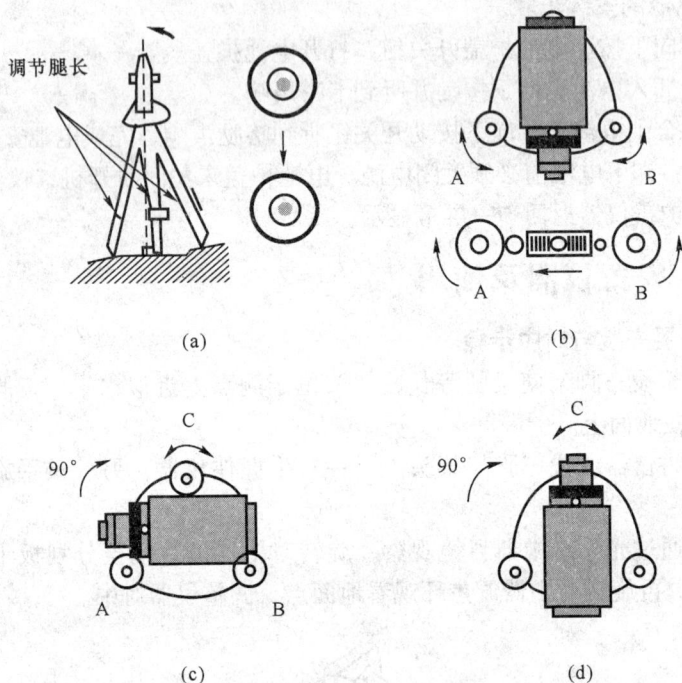

图 5 – 5　电子全站仪整平图

（4）将照准部旋转 90°，利用第三个脚螺旋使气泡居中。

（5）再旋转照准部 90°，检查气泡是否居中。若不居中，按照步骤（3）将脚螺旋向相反方向相对等速旋转完成该方向居中，按照（4）进行，使气泡居中。

3. 开机和关机

按下 ｛on｝ 键开机，按下 ｛on｝ 后同时按住 ｛灯｝ 键关机。开机后，松开水平制动钮，旋转仪器照准部一周，听到一声鸣响后，水平度盘指标自动设置完毕。松开垂直自动钮，纵转望远镜一周，听到一声鸣响后，垂直度盘指标自动设置完毕，此时，仪器处于测量模式。若仪器给出 "Out of range" 提示，表明仪器尚未整平好，需要重新整平仪器。仪器在无任何操作 30 分钟后将自动关机。

```
0 SET
ZA      OSET
HAR     OSET


OSET
     Take F1
ZA      V
HAR 0°00'00"
                OS
```

```
Meas            PC        30
S               ppm        0
ZA      80°30'15"
HAR    120°10'00"        P1
DIST  ◢SHV  DSET  COORD
```

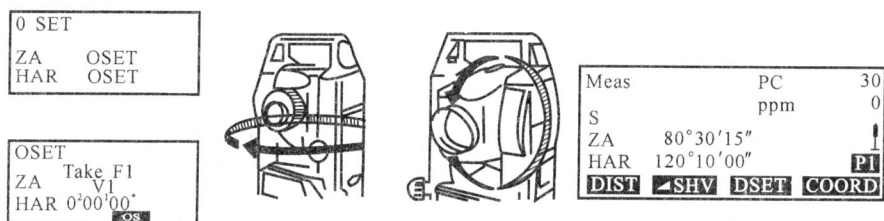

图 5 - 6　度盘指标设置

4. 数值的输入

输入方位角，如：125°30′00″（操作时输入 125. 3000）。操作步骤如下：

（1）在测量模式第 2 页（P. 2）菜单下按［H. ANG］。

（2）按回车键选取"Hangee"。

（3）分别按下［1］键入"1"，［2］键入"2"，［5］键入"5"，. 按｛FUNC｝至［.］所在页显示。

（4）用同样的方法键入余下的数字后按回车键输入。

注意：输入字母或数字时，按 ｛FUNC｝ 至所需字母或数字所在页显示后选取。

5. 任选项的选取

任选项的选取，利用移动光标上下左右并用回车键确定。

6. 模式转换

［CNFG］　　由状态模式转为设置模式。

［MEAS］　　由状态模式转为测量模式。

［MEM］　　由状态模式转为存储模式。

｛ESC｝　　由各模式返回状态模式。

7. 其他操作

｛ESC｝：返回前一显示。

8. 调焦与照准步骤

（1）目镜调焦，用望远镜观察一明亮无地物的背景。将目镜顺时针旋转到底，再反时针方向慢慢旋转，十字丝成像最清晰。目镜调焦工作不需要经常进行。

（2）照准目标，松开垂直和水平制动钮，用粗照准器瞄准目标使其进入视场后固定两制动钮。

（3）物镜调焦，用垂直和水平微动手轮使十字丝精确照准目标（微动手轮要顺时针方向旋转）。

（4）再次进行调焦，使目标与十字丝间不存在视差。

第三节　索佳500电子全站仪的应用

一、角度测量

索佳500型电子全站仪在OSET的测量模式下可以进行水平角和垂直角测量。将仪器安置在测站上，完成整平和对中工作，利用水平制、微动螺旋，垂直制、微动螺旋，对水平角和垂直角同时观测。

（一）两点间角度测量

利用水平角置零功能"OSET"测定两点间的夹角，该功能可将任何方向的值设置为零。假定 O、A、B 三点（不在同一条直线上），O 点为测站，A、B 两点为目标点，利用索佳500全站仪测定 AOB 的水平角。操作步骤如下：

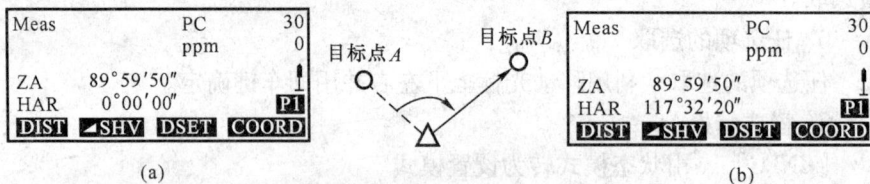

图5-7　角度测量显示

（1）旋转照准部，照准目标点 A。

（2）在测量模式第1页（P1）菜单下按［OSET］，在［OSET］闪动时再次按下该键。此时测站与目标点 A 方向值已设置为零。

（3）旋转照准部，照准目标点 B。显示屏显示的"HAR"右侧的角度值即为两目标点 A、B 间的水平角。

（二）已知方向的设置

利用水平角设置功能"H. ANG"可将照准部方向值设置为所需值，然后再进行角度测量。

当在一已知点瞄准另一已知点时，该方向的坐标方位角为已知值，此刻，可设置水平度盘读数为已知方位角值，该项操作为水平度盘定向。此后，瞄准任何方向水平度盘显示的读数为该方向的方位角之值。该方法适用于极坐标法的点位测定。

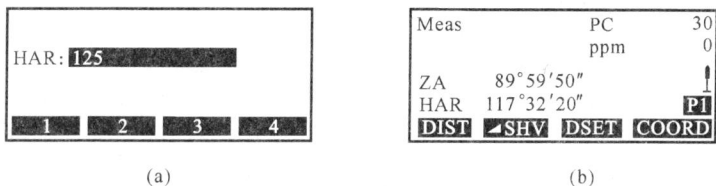

图 5-8　已知方向设置显示

（三）水平角重复测量

该方法重复多次测定同一夹角，可得到更高精度的水平角测量结果。

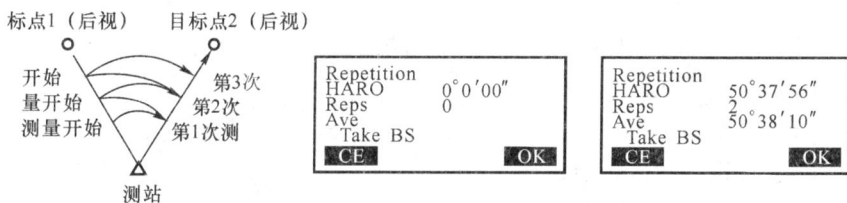

图 5-9　水平角重复测定

操作步骤如下：

（1）"REP"功能定义到测量模式下的功能软键上。

（2）按［REP］此时方向值显示为0°。

（3）照准目标点 A 后按［OK］。

（4）照准目标点 B 后按［OK］。

（5）第2次照准目标点 A 后按［OK］。

（6）第2次照准目标点 B 后按［OK］。

显示的内容：

HARp：重复测量角之和

Reps：重复测量的次数

Ave：重复测量角度均值

（7）重复步骤（4）、（5）继续后面的测量。

（8）完成测量后按〔ESC〕结束。

注意：如果未将"REP"功能定义到功能软键上，也可以在测量模式的第2页菜单下按〔MENU〕后选取"Repetition"进行水平角重复测量。重复测量最大次数为10次。

（四）度测量数据输出

角度测量数据输出就是将角度测量数据输出到计算机等外部设备中。操作步骤如下：

（1）将"D – OUT"功能定义到测量模式下的功能软键上。

（2）照准目标点。

（3）按〔D – OUT〕后选取"Angle Data"，将角度测量数据输出到计算机内。

二、距离测量

在距离测量前，对仪器要完成以下设置：

（1）测距模式；

（2）反射镜类型；

（3）棱镜常数改正值；

（4）气象改正值；

（5）距离测量需要对棱镜返回的信号进行检测。

操作步骤如下：

（1）将"AIM"功能定义到测量模式软键上。

（2）精确照准目标。

（3）返回信号的强弱由右图计量条表示。

计量条中黑色部分越长表示返回的信号越强。

显示的"＊"号表示返回的信号足以测距。

不显示的"＊"号表示返回的信号不足以测距，需重新照准目标。

按〔BEEP〕打开蜂鸣路，当返回信号足以测距时仪器发出蜂鸣声，按〔OFF〕关闭蜂鸣器。

按〔DIST〕开始距离测量。

（一）距离和角度测量

电子全站仪可以同时距离和对角度进行测量。其操作步骤如下：

（1）将仪器照准目标。

（2）在测量模式第1页菜单下按［DIST］开始距离测量。

测距开始后，仪器闪动显示测距模式、棱镜常数改正值、气象改正值等信息。一声短响后屏幕上显示出距离"S、"垂直角"ZA"和水平角"HAR"的测量值。

（3）按［STOP］停止距离测量。

（4）按［▲SHV］可使距离值的显示在斜距"S"、平距"H"和高差"V"之间转换。

注意：若测距模式为单次精测，每次测距完成后测量自动停止。

若测距模式为平均精测，测量完成后在S－A行上显示距离的平均值。

距离和角度最新测量值自动寄存在内存中，随用随调，关机后被清除。

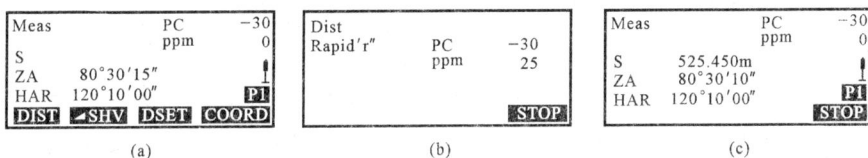

图5－10　角度与距离测定显示

（二）调阅测量数据

经过测量的数据包括距离、垂直角、水平角和坐标观测值可随时在显示屏上调阅，距离值能够在斜距、平距和高度之间转换。

操作步骤如下：

（1）将"RCL"功能定义到测量模式下的软键上。

（2）按［RCL］屏幕上显示出最新寄存的测量数据。按［▲SHV］可使距离值按指定的斜距、平距或高差显示。

（3）按｛ESC｝返回测量模式。

（三）距离测量数据输出

操作步骤如下：

（1）将"D－OUT"功能定义到测量模式下的软键上。

（2）照准目标。

（3）按［D－OUT］后选取"Dist Data"将测量数据输出到计算机内。

（4）按［STOP］停止数据输出，返回测量模式。

三、悬高测量

悬高测量主要解决在无法设置棱镜的物体上进行的高度测量。

高度计算公式：$Ht = h_1 + h_2$

$$h_2 = S\sin\theta_{z1} \times \cot\theta_{z2} - S\cos\theta_{z1}$$

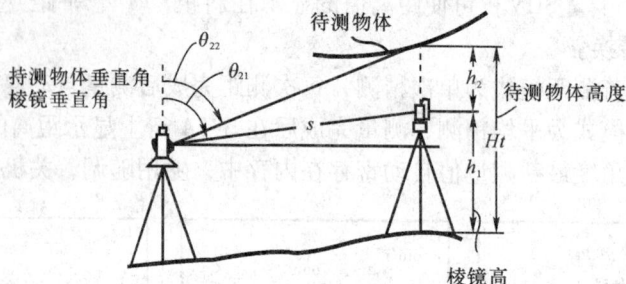

图 5-11　悬高测量

操作步骤如下：

（1）将"REM"功能定义到测量模式下的软键上。

（2）将棱镜架设在待测物体的正上方或正下方，量取镜高。

（3）输入棱镜高并照准棱镜。

在测量模式第1页菜单下按［DIST］测距。屏幕上显示出距离"S"垂直角"ZA"和水平角"HAR"的量测值。按［STOP］停止测距。

（4）照准待测物体后按［REM］后开始悬高测量。仪器显示地面点至待测物体的高度"Ht"

（5）按［STOP］停止测量。

（6）按｛ESC｝结束悬高测量，返回测量模式。

```
REM
Ht.        6.255m
S         13.120m
ZA        89°59′50″
HAR      117°32′20″
                    [STOP]
```
(a)

```
REM
Ht.        6.255m
S         13.120m
ZA        89°59′50″
HAR      117°32′20″
          [REV]    [STOP]
```
(b)

图 5-12　悬高测量显示

注意：如果未将"REM"功能定义到软键上，在测量模式的第2页菜单下按［MENU］后选取"REM"进行悬高测量。

四、坐标测量

在全站仪上输入测站点的坐标、仪器高、目标高和后视坐标方位角后，用坐标测量功能可以测定目标点的三维坐标。

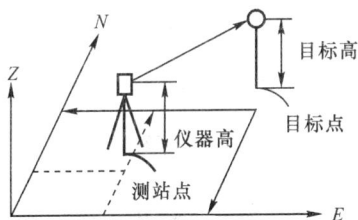

图 5-13　坐标测量

（一）输入测站数据

进行坐标测量前，将测站坐标、仪器高和目标高等数据输入仪器中。

1. 操作步骤

（1）量取仪器高和目标高。

（2）在测量模式第 1 页菜单下按〔CO-ORD〕进入〈Coord〉屏幕。

（3）选取"Stn dta"后按〔EDIT〕输入测站坐标、仪器高和目标高。也可以调用内存中已知坐标数据。

（4）按〔OK〕完成输入。如果存储测站数据按〔REC〕。

图 5-14　输入测站数据显示

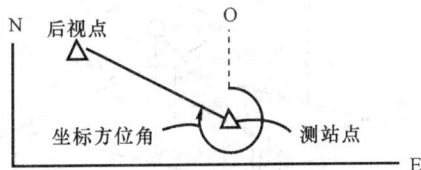

图 5-15　设置后视坐标方位角

2. 调用内存中已知坐标数据的方法

（1）在输入测站数据时按{READ}。屏幕上显示已知坐标数据表。Know：存储于内存中的坐标数据。Crd./stn：当前工作文件中的坐标数据。

（2）将光标移至所需点号上，按上下光标键或翻页键选择所找的点号。

```
Set H angle/BS              Set  H angle
NBS:        170.000         Take BS
BBS:        470.000         ZA     89°59′55″
ZBS:        100.000         HAR    117°32′20″

  1     2     3     4                      NO   YES
```
(a)   (b)

图 5 - 16　后视坐标方位角显示

（二）设置后视坐标方位角

后视坐标方位角由测站点坐标和后视点坐标反算得到。操作步聚如下：

（1）在〈Coord〉屏幕下选取"Set H. angle"。

（2）选取"Back sight"后按［EDIT］输入后视点坐标。也可以利用［READ］调用内存中的数据。

（3）按［OK］。屏幕上显示出测站点的坐标。

（4）按设置测站坐标。

（5）照准后视点后按［OK］设置后视点方位角。

（三）三维坐标测量

三维坐标测量是利用极坐标法测定点的平面坐标，利用三角高程法测定点的高程。在全站仪中用 N、E 表示平面坐标，用 Z 表示高程。在设立完测站后视点坐标方位角后即可测定目标点的三维坐标。

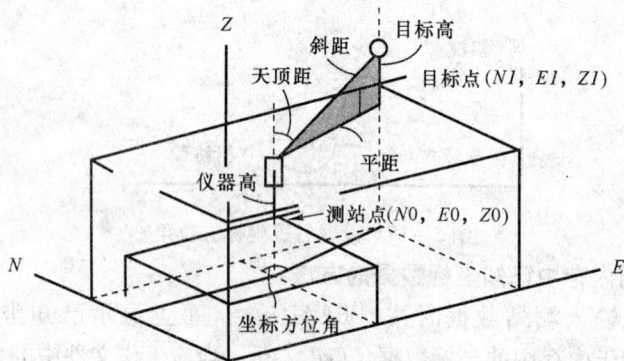

图 5 - 17　三维坐标测量

1. 目标点计算公式

$$N1 = N0 + S \times \sin\theta_z \times \cos\theta \times h$$

$$E1 = E0 + S \times \sin\theta_z \times \sin\theta \times h$$

$$Z1 = Z0 + Mh + S \times \cos\theta_z \times \cos\theta_z - ph$$

式中：

N0：测站点 N 坐标　　　　S：斜距　　　　Mh：仪器高

E0：测站点 E 坐标　　　　θh：天顶距　　　Ph：目标高

Z0：测站点 Z 坐标　　　　θZ：坐标方位角

2. 操作步骤

（1）照准目标点上的棱镜。

（2）在〈Coord〉屏幕下选取"Observation"开始坐标测量，在屏幕上显示出所测目标点的坐标值后按［STOP］停止测量。按［HT］可重新输入测站数据。当待测目标点的目标高不同时，在开始观测前先将目标高输入到仪器中。

（3）照准下一目标点后按［OBS］开始测量。用同样方法对所有目标点进行测量。

（4）按｛｝结束坐标测量，返回〈Coord〉屏幕。

```
N            240.490
E            340.550
Z            305.740
ZA       89°42'50"
HAR     180°30'20"
OBS    HT              REC
```

图 5 – 18　三维坐标显示

五、后方交会测量

在某一测站上，通过对两个以上的已知点观测，以求得待定点的坐标，在全站仪上称为后方交会。如果对已知点仅观测水平方向，则至少应观测三个已知点。

输入值和观测值　　　　　　　　　　　输出值

已知点坐标（Xi，Yi，Zi）＋水平角观测值 Hi　　测站点坐标（X_0，Y_0，Z_0）

垂直角观测值 Vi

距离观测值 Di

操作步骤如下：

（1）将［RESEC］功能键定义到测量模式下的软键上。

（2）按［RESEC］开始后方交会测量。

（3）按［EDIT］输入已知点数据每输完一点后按｛光标键｝进入下一点。当所有已知点输入完毕后按［MEAS］。若返回上一点按｛光标返回键｝。

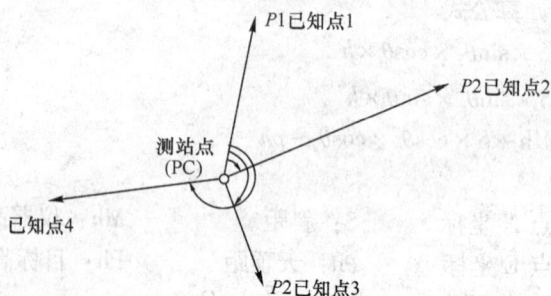

图 5 – 19　后方交会测量

（4）照准第 1 已知点后按［DIST］开始测量。屏幕上显示测量结果。

（5）按［YES］确认第已 1 知点的测量结果。

（6）重复步骤（4）～（6）顺序观测已知点。当观测量足以计算测站点坐标时屏幕上将显示出［CALC］。

（7）观测完所有已知点按［CALC］或［YES］进行测站点的坐标计算。当某已知点围被观测或需要增加新的已知点时按［ADD］。存储测量结果按［REC］。

（8）按［OK］结束后方交会测量。按［YES］将已知点 1 作为后视点设置后视方位角。按［NO］不设置后视点坐标方位角，返回测量模式下。

注意：如果未将"RESEC"功能定义到软键上，也可在测量模式的第 2 页菜单下按［MENU］后选取"RESECTION"进行后方交会测量。经过软件计算得出计算结果。

六、放样测量

用全站仪在实地上测定出测量工程所需求的点位即为放样测量。索佳 500 电子全站仪能够进行角度和距离放样、坐标放样、悬高放样。

（一）角度和距离放样测量

角度和距离放样是依据相对于某参考方向转过的角度和至测站点的距离测设出所需点位。

操作步骤如下：

（1）设立测站。

（2）照准参考点后按两次［OSET］将参考方向置零或者输入角值为所

需值。

（3）在测量模式第3页菜单下按［S－O］进入〈S－O〉屏幕。

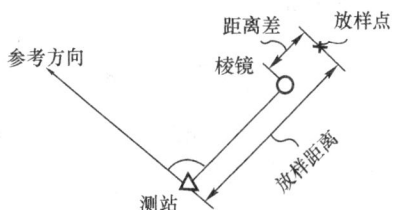

（4）选取"S－O data"后按［EDIT］对下列各值进行设置：

①测站点至放样点的距离"SO dist"。

②放样方向与参考方向间的夹角"SO hang"。

图5－20　放样测量

（5）按［OK］完成放样值的设置。

（6）转动仪器照准部实现似的"dHA"的值为"0"，指挥将棱镜设立到所照准方向上。

（7）按｛▲S－0｝选择显示方式。每按一次［▲S－0］显示在"S－0H"（平距放样）→"S－0S"（斜距放样）→"S－0V"（高差放样）→"S－0"（坐标放样）→"S－0Ht"（悬高放样）间进行切换。

（8）按［DIST］开始放样测量。屏幕上显示出距离实测值与放样值之差"S－0H"。

（9）在照准方向上将棱镜移向或远离测站使"SH"的值为"0"。当"S－0H"的值为正，棱镜向测站移动；为负值时远离测站。若按［←→］，屏幕上会显示出棱镜移动的方向：

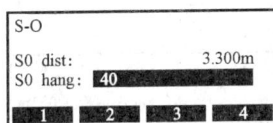
(a)

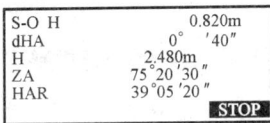
(b)

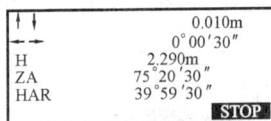
(c)

图5－21　放样测量显示

→　将棱镜右移

←　将棱镜左移

↑　将棱镜远离测站

↓　将棱镜移向测站

当差值小到一定范围时，屏幕显示出全部四个箭头符号。

（10）按｛ESC｝结束放样返回〈S－0〉屏幕。

注意：在测量模式第页菜单下按［MENU］后选取"S－0"也可进行

放样测量。

（二）坐标放样测量

如果放样点的坐标已知，仪器能够自动计算出放样的角度和距离，利用角度和距离放样功能可测设出放样点的位置。操作步骤如下：

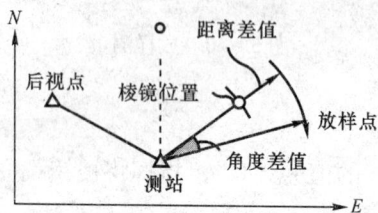

图5-22　坐标放样

步骤：

（1）在测量模式第3页菜单下按［S-O］进入〈S-O〉屏幕。

（2）选取"stn data"后按［EDIT］，输入测站数据并按［OK］。

（3）选取"Set H angle"。设置后视方向的坐标方位角。

（4）选取"S-O data"，按［COORD］后在按后在按［EDIT］并输入放样点坐标值。如果按［READ］可直接调用内存中的数据作为放样点的坐标。

（5）按［OK］屏幕上显示出放样角度值和距离值。

（6）按［OK］。

（7）按［▲S-O］使之显示"S-O"（坐标放样）。

（8）按［COORD］开始坐标放样测量。移动棱镜测出放样点的位置。

（9）按｛ESC｝结束放样返回〈S-O〉屏幕。

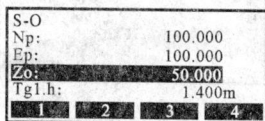

(a)

(b)

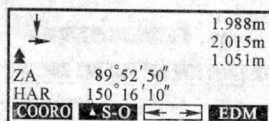

(c)

图5-23　坐标放样显示

（三）悬高放样测量

悬高放样测量的目的是解决由于测设位置过高或过低而无法在其位置上设置棱镜的放样点的点位。其操作步聚如下：

（1）将棱镜放置在放样点的正上方或正下方，用带尺量取棱镜高（棱镜中心至地面点的距离）。

（2）在测量模式第3页菜单下按［S－O］进入〈S－O〉屏幕。

（3）选取"Sta data"后按［EDIT］输入以下各值：①仪器高；②棱镜高。

（4）按［OK］返回〈S－O〉屏幕。

（5）选取"S－O data"后按［EDIT］在"SO dist"处输入放样高度，即放样点至地面点的高度。

（6）按［OK］。

（7）按［▲S－O］使之显示"S－O Ht"（悬高放样）。

（8）按［REM］开始悬高放样测量。向上或向下转动望远镜测定放样点的点位。

（9）使第一行处显示值为"Om"则所照准处为放样点点位。按〔ESC〕结束放样返回〈S－O〉屏幕。

七、对边测量

在不搬动仪器的情况下，直接测量多个目标点与某一起始点（P1）间的斜距、平距和高差常常使用对边测量方法。最后则量的点可以设置为后面测量的起点。任一点目标与起点间的高差也可用坡度来显示。

多点间距离测量步骤：

（1）照准起始点，在测量模式第1页菜单下按［DIST］开始测量，待显示出测量值后按［STOP］停止测量。

（2）照准目标点，在测量模式第3页菜单下按［MLM］对目标点进行测量。屏幕上显示各值，S：目标点与起始点为斜距；H：目标点与起始点为平距；V：目标点与起始点为高差。

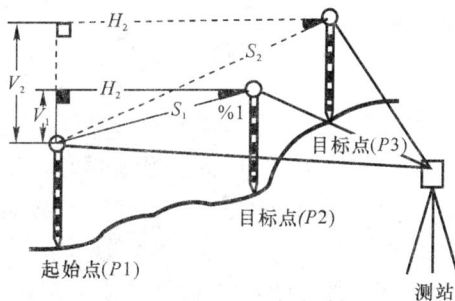

图 5－24　对边测量

（3）照准下一目标点并按［MLM］对目标点进行测量。用同样的方法测量各目标点与起始点间的斜距、平距、高差。

按［S/%］可显示出目标点与其始点间的坡度。照准起始点后按［OBS］可对起始点重新进行测量。观测完某目标点后按［MOWE］可将该点设置为后面测量的起始点。

（4）按｛ESC｝结束对边测量。

八、面积计算

面积计算可以通过输入或调用仪器内存中三个或多个点的坐标数据，计算出由这些点的连线封闭而成的图形面积（计算面积的点数应为 3～30个）。

坐　标：　$P1\ (N1,\ E1)$　　　　面积：S

（已知值）$P2\ (N2,\ E2)$　　　　（计算值）

　　　　　$P3\ (N3,\ E3)$

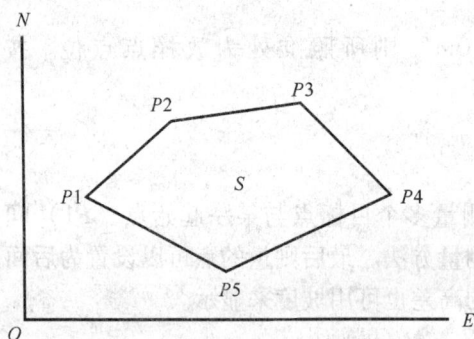

图 5－25　闭合导线坐标

1. 利用测量点计算面积的步骤

（1）将"AREA"功能定义到测量模式下的软键上。

（2）按［AREA］开始面积计算。

（3）照准待计算面积图形第1个边界点上的棱镜后按［OBS］。再次按［OBS］开始测量，屏幕上显示出所测点的坐标。也可以用［READ］功能同时使用内存中的已知坐标数据进行面积计算。在［READ］功能下，实行面积计算前逐个观察各边界点。

（4）按［OK］将所观测的第1个边界点作为"01"点。

（5）重复上述的步骤(3)至(4)，按顺时针或逆时针方向顺序观测余下的各边界点。

（6）按［CALC］计算并显示面积之值。

（7）按［OK］结束面积计算返回测量模式屏幕。

2. 调用坐标点计算面积的步骤

（1）将"AREA"功能定义到测量模式下的软键上。

（2）按［AREA］开始面积计算。

（3）按｛READ｝调用计算面积图形第1个边界点的坐标。

（4）选取第1个边界点对应的点，然后按｛回车键｝。所选点被设为"01"点。

（5）重复步骤(2)至(3)，按顺时针或逆时针方向顺序全部余下的各边界点的坐标。

（6）按［CALC］计算并显示面积结果。

（7）按［OK］结束面积计算返回测量模式屏幕。

注意：如果未将"AREA"功能定义到软键上，也可以在测量模式的第2页菜单下按［MENU］后选取"Area calc"进行面积计算。

九、存储数据

索佳500电子全站仪在储存数据菜单下可以将测量数据、测站数据和注记数据存储到当前工作文件中。

（一）存储距离测量数据

1. 存储距离测量数据的步骤

（1）照准目标点在测量模式第1页菜单下按［DIST］开始测量。

（2）在测量模式第3页菜单下按［REC］进入＜REC＞屏幕，选取"Dist data"显示观测值。

（3）按［REC］后按［EDIT］输入以下各值：①目标点点号；②属性码；③目标高。

（4）确认无误后按［OK］存储数据。

（5）照准下一目标后按［DIST］对目标点进行测量，重复步骤(3)与(4)完成该点的测量和数据存储。按［AUTO］可在距离测量的同时自动存储测量结果。

（6）按［ESC］结束测量返回＜REC＞屏幕下。

2. 注意事项

（1）仪器自动产生的点号是在上一点点号的基础上加1。

（2）为了防止重复存储，数据一旦存储后［REC］不再显示。

（3）点号最大长度可设为14位（字母或数字均可以）。

（4）目标高输入范围为±9999.999m。

（5）属性码最大长度为16位字符。

（二）存储角度测量数据

经测量获得的角度数据也可以存储到当前工作文件中。操作步骤如下：

（1）在测量模式第3页菜单下按［REC］进入＜REC＞屏幕。

（2）照准目标后选取"Angle data"屏幕上显示角度测量值。

（3）按［REC］后按［EDIT］输入以下各值：①目标点点号；②属性码；③目标高。

（4）核实输入值无误后按［OK］。存储数据。

（5）按［ESC］结束测量返回＜REC＞屏幕下。

（三）存储坐标数据

步骤：

（1）在测量模式下对目标点进行坐标测量。

（2）在测量模式第3页菜单下按［REC］进入＜REC＞屏幕。选取"Coord data"显示坐标测量值。

（3）按［REC］后按［EDIT］输入以下各值：①目标点点号；②属性码；③目标高。

（4）核实输入值无误后按［OK］。存储数据。

（5）照准下目标点后按［OBS］继续对目标点的测量，重复步骤(3)与(4)完成该点的测量和数据存储。

（6）按［ESC］结束测量返回＜REC＞屏幕下。

（四）存储测站数据

在进行的测量中，测站数据也可以存储到当前工作文件中。存储测站数据的内容包括：测站坐标、点号、仪器高、属性码、观测者、观测日期、时间、天气情况、风力、温度、气压和气象改正数。

步骤：

（1）在测量模式第3页菜单下按［REC］进入＜REC＞屏幕，选取"Stn data"。

（2）按［EDIT］后输入以下各值：①测站坐标（NO. EO. ZO）；②点号（Pt.）；③仪器高（Inst＞h）；④属性码（Code）；⑤观测者（Operator）；⑥日期（Date）；⑦时间（Time）；⑧天气情况（Weath）；⑨风力（Wind）；⑩温度（Temp）；⑪气压（Press）；⑫气象改正值（ppm）。

输入属性码时，按［⬆］或［⬇］可调用预先输入的属性码，将光标移到所需的属性码上。

（3）核实输入值无误后按［OK］存储数据。

（4）按［ESC］结束测量返回＜REC＞屏幕下。

十、已知坐标的输入与删除

（一）已知坐标在键盘上的输入步骤

（1）在存储模式下选取"Know data"。

（2）选取"Key in coord"后输入已知坐标值和点号。

（3）按确认键，将数据存入仪器内存并返回步骤(2)屏幕下。

（4）继续输入各已知点的坐标数据。

（5）按｛ESC｝结束返回< Know data >屏幕。

（二）已知坐标在键盘上的删除步骤

（1）在存储模式下选取"Know data"。

（2）选取"Deletion"显示已知点号表。

（3）将光标移至待删除点号上，按确认键。

（4）按［DEL］删除所选点。

（5）按｛ESC｝结束删除返回< Know data >屏幕。

（三）清除全部已知坐标步骤

（1）在存储模式下选取"Know data"。

（2）选取"clear"后按确认键。

（3）按［YES］确认清楚返回< Know data >屏幕。

十一、电子全站仪使用与保养应注意的问题

使用电子全站仪时应注意如下问题：

（1）禁止在高粉尘下作业，在易燃品附近禁止使用仪器。

（2）禁止私自拆卸和重装仪器。

（3）不能用望远镜直接看太阳及反光物体反射的阳光。

（4）架设三脚架时固紧三脚架和中心螺旋，防止脚架滑倒损伤仪器。

（5）迁站时必须从脚架上把仪器取下来。

（6）取下电池时先关闭电源开关。

（7）仪器应在干燥恒温的室内保管。如果长期不使用仪器，至少每三个月检查一次。

第四节　GPS 简介

一、GPS 概述

GPS 又称全球定位系统（Global Positioning System）。美国从 20 世纪 70 年代开始研制，于 1994 年全面建成具有在海、陆、空进行全方位三维实时导航与定位能力的新一代卫星导航与定位系统。GPS 目前在我国成功的应用在大地测量、工程测量、航空摄影测量、运载工具导航和管制、地壳运动监测、工程变形监测、资源勘察、地球动力学等多种学科，它的问世给测绘领域带来了深刻的技术革命。

（一）GPS 系统的特点

（1）全球，全天候工作：能为用户提供连续、实时的三维位置、三维速度和精密时间。不受天气的影响。

（2）定位精度高：单机定位精度优于 10m，如果采用差分定位，精度可达厘米级和毫米级。

（3）应用广：在测量、导航、测速、测时等方面广泛应用，其应用领域不断扩大。

（二）GPS 系统的组成

GPS 由三个独立的部分组成：

（1）空间部分：空间部分由 21 颗工作卫星和 3 个备用卫星组成。均匀地分布在 6 个卫星轨道上，备用卫星随时可以替代发生故障的工作卫星。

（2）地面监控系统：

1 个主控站，3 个注入站，5 个监控站。

（3）用户接收机：接收 GPS 卫星发射信号，以获得导航和定位信息，经数据处理，完成导航和定位工作。接收机由主机、天线和电源组成。

二、GPS 定位原理

（一）伪距差分原理

在基准站上，观测所有卫星，根据基准站已知坐标和各卫星的坐标，求出每颗卫星每一时刻到基准站的真实距离。再与伪距比较，得出伪距改正数，将其传输至用户接收机，提高定位精度。这种差分，能得到米级定位精度。

（二）载波相位差分原理

载波相位差分技术又称RTK（Real Time Kinematic）技术，是实时处理两个测站载波相位测量的差分方法。即将基准站采集的载波相位发给用户接受机，进行求差解算坐标。载波相位差分可使定位精度达到厘米级。

三、GPS性能简介

ETrex Venture的操作关键是五个主页的调用。

（一）仪器的按键及其功能

（1）鼠标键：按下后放开，对所选择菜单或选项确认。按下并保持，把当前的位置标定为航路点。对鼠标键上下/左右移动，可以将光标移到选项或菜单上，移动到屏幕上的按键、图标上，能输入中文和数据，移动地图页面箭头。

（2）翻页键：按下后放开，循环显示各个页面。

（3）电源键：按下并保持，可以开机或关机。

（4）缩放键：按下并保持，当在地图页面时放大或缩小比例尺。

（5）查找键：按下后放开，访问查找菜单。

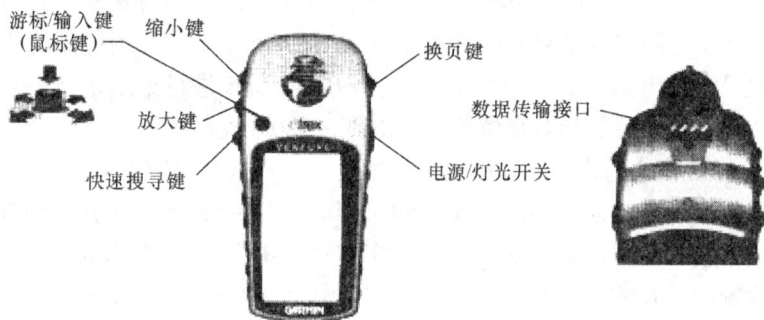

图 5－26　ETrex Venture定位导航仪

（二）常见名词含义

（1）航　点：GPS 接收机所有的点，都可以称为航点。

（2）航路点：由使用者自行设定的航点。

（3）航　线：依次经过若干航点的由使用者自行编辑的行进路线。

（4）航　迹：使用者已经行进过路线的轨迹。航迹是以点的形式储存在接收机中，这些点称为航迹点。

四、GPS 的使用技术

（一）主菜单页面基本情况

在主菜单页面上包含了：

（1）存点页面——标定和记录当前位置。

（2）查找页面——查询并前往航路点。

（3）航线页面——利用沿线的航路点建立到达目的地的航线，计算面积。

（4）航迹页面——存储航迹。

（5）设置页面——设置时间、度量单位。

（6）工具页面——提供太阳和月亮的位置数据，进行面积计算。

（二）坐标转换方法（WGS84—BJ54）

GPS 卫星星历是以 WGS84 坐标系（经纬度坐标系）为根据建立的，我国目前应用的地形图属于 1954 年北京坐标系或 1980 年国家大地坐标系，因不同坐标系之间存在平移和旋转关系（WGS84 坐标系与我国应用的坐标系之间的误差约为 80～120m），所以在我国应用 GPS 进行绝对定位必须进行坐标转换。转换后的绝对定位精度可由 80～120m 提高到 5～10m。

1. 标位格式的设定（User Grid）

标位格式设定为"User UTM Grid"，其中"中央经线"为用户所在地的中央子午线的经度，如北京应输入"117000.000′″"；"投影比例"为比例参数，应输入"1.0000000"；"东西偏差"输入"500000.0"；"南北偏差"输入"0.0"。对中国用户，所有"经度起点值"均为东经（E），其他三个值相同。

操作步骤：

（1）按翻页键到主菜单画面（见图），将光标移至"设置"处。

（2）向下按鼠标键，进入"单位"画面（见图），将光标移至"位置显示格式"下。

（3）向下按鼠标键，上或下移动光标，直到 User UTM Grid 出现，（见图）。按输入键进入"用户坐标画面"（见图）。

（4）向下按鼠标键，光标会落在一连串数字的最左端（见图），并出现数字键盘，找到所要修改的数字位置。

（5）上下移动光标选择（0~9）中所需要的数字或字符，完成"中央子午线值"的输入。

（6）用同样的方法输入"投影比例值"和其他两个值。

（7）将光标落在"存储"处，向下按鼠标键，完成参数输入。

(a)

(b)

(c)

(d)

(e)

(f)

图 5-27 坐标转换显示

2. 坐标系统参数的计算及输入（User）

（1）坐标系统参数的计算。搜集应用区域内 GPS "B" 级网三个以上 WGS84 坐标系 B、L、H 值及我国 BJ54 或西安 80 坐标系 B、L、h、X 值。（B、L、H 分别为大地坐标系中的大地纬度、大地经度及大地高，h、X 分别为大地坐标系中的高程及高程差异）。

计算不同坐标系三维直角坐标值。计算公式：

$$X = (N + H)\cos B\cos L;$$

$$Y = (N + H)\cos B\sin L;$$

$$Z = [N(1 - E^2) + H]\sin B$$

表 5 – 1　不同坐标系对应椭球的有关常数表

项　目	WGS84 坐标系	BJ54 坐标系	西安 80 坐标系
A	6378137m	6378245m	6378140m
E^2	0. 00669437999013	0. 006693427	0. 006694385
F	1/298. 257223563	1/298. 3	1/298. 257

（X、Y、Z 为大地坐标系中的三维直角坐标；A 为大地坐标系对应椭球长半轴；E 为大地坐标系对应椭球第一偏心率；F 为对应椭球之扁率；N 为该点的卯西曲率半径，$H = h + x$，$N = A/(1 - e^2\sin^2 B)^{1/2}$；该处 H 为 BJ54 或西安 80 坐标系中的大地高）

求出 DX，DY，DZ，DA，DF：

利用 WGS84 坐标系的 X、Y、Z 及 A、F 值减去我国坐标系的对应值，得出实现坐标系统转换的五个参数（应算出 WGS84 与北京和西安坐标系两套参数）。

参数验证：

参数计算之后必须对其进行验证。即在应用区域内选择 5 个以上水准点进行实测，实测值与测绘部门提供的理论值对比，如果最大误差不大于 15m，平均误差不大于 10m，计算的参数可用，否则重新计算或查找出现问题的原因。

（2）坐标系统参数的输入。坐标系统参数输入步骤如下：

①移动光标到"地图基准"处，向下按鼠标键。见图 5 – 28（a）；②选择 User，向下按鼠标键。见图 5 – 28（b）；③输入 DX、DY、DZ、DA、DF 值后，按储存结束。

注意各地 DA、DF 值相同，DX、DY、DZ 值各不相同，其中 $DA = -108$，$DF = 0. 0000005$

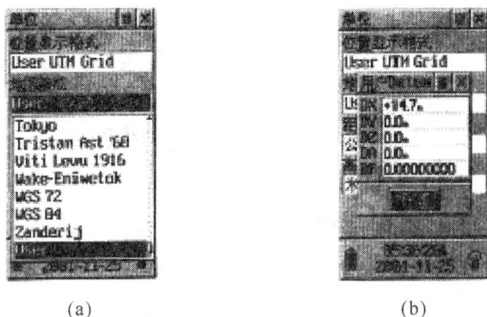

(a)   (b)

图 5-28　参数输入显示

（三）航路点的保存

航路点的保存方法：向下按住鼠标键找到存点页面，当鼠标键下按后，当前的点作为新标定的航路点。对此航路点可以自动编号，也可以用字母或中文命名。依次可以完成其他点的标定与保存。利用"查找菜单"能够查到亿标定的信息。

（四）目标点的导航

GPS能够对已经存储的航路点用地图页面或导航页面可以完成导航，并到达的目的地。

导航方法：

（1）按查找键显示查找菜单。见图5-29（a）。

（2）用鼠标键在分类表中选择航路点。

（3）屏幕中会提示"最近的"或"按名称"，按鼠标键选择想到达的目的地的名称。见图5-29（b）。

（4）如果按鼠标键选择"最近的"，屏幕中显示已经储存的最近的航路点表。见图5-29（c）。

（5）选定想导航的航路点，下按鼠标键，屏幕显示该航路点的信息页面。见图5-29（d）。

（6）用鼠标键选择屏幕底下的"导航"。按鼠标键激活导航功能。屏幕将自动转到导航页面。见图5-29（e）。

（7）按照方向指示器的箭头方向行走，直到箭头指向罗盘的顶部。如果箭头指向右边，表明目标的位置在你的右边。如果它指向上方，说明你在

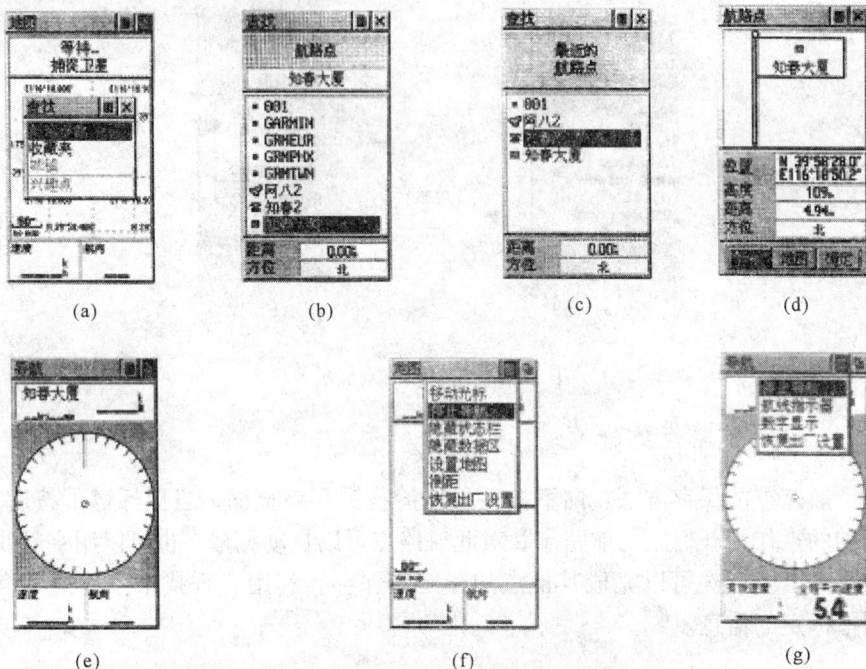

(a)　　　　　　(b)　　　　　　(c)　　　　　　(d)

(e)　　　　　　　　(f)　　　　　　　　(g)

图 5 – 29　导航显示

去目的地的路上。

（8）当你接近航路点时屏幕会显示"到达目的地"。

（9）在地图页面或导航页面选择"停止导航"，目标点的导航完成。见图 5 – 29（f）、5 – 29（g）。

（五）面积计算

GPS 计算的面积是由几个点作为顶点所组成的一个多边形的面积。

面积计算方法之一：

（1）选定某条航线，选择页面顶部的选项菜单。

（2）选定"面积计算"选项，按鼠标键确认，仪器会自动计算出面积（见图 5 – 30）。

面积计算方法之二：

（1）选择工具中的"面积计算"，按下鼠标键进入航迹求面积页面。见图 5 – 30（a）。

　　　　(a)　　　　　　　　　　　(b)　　　　　　　　　　　(c)

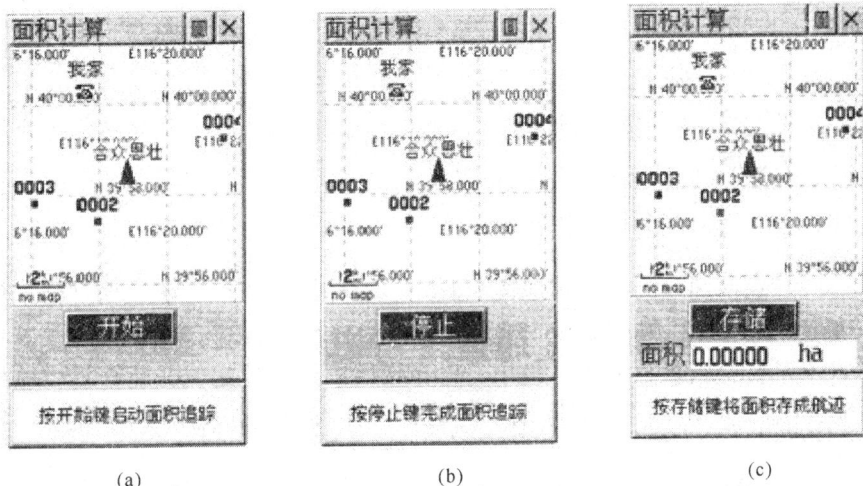

图 5 - 30　面积计算

（2）用鼠标键按下"开始"按钮，出现图5-30（a）画面。

（3）沿着要测量的区域边界走出一个闭合轨迹。

（4）回到起点后，用鼠标键选择"结束"按钮确认，仪器会自动计算出闭合轨迹所围成的面积。见图5-30（b）、图5-30（c）。

（5）如果没有走完闭合曲线就选择了"结束"按钮，计算的面积为已走过的航迹和这条连线所围成的面积。

　　注意：GPS只有在定位的状态下用航迹测面积方法得到的结果才准确。测定的区域越大，计算的面积才准确。

五、GPS 的应用

　　GPS具有全天候、实时、迅速和高精度的性能，无论台式还是手持式在生产中的应用都很广泛。

（一）地籍测量中界址点的测量

　　在土地管理工作中，为了查清土地的自然状况、利用情况以及土地权属问题，应用GPS进行全区域的控制测量，首先用它建立地籍控制网确定界址点的坐标，使用单频机实测边长在10km以内的GPS网所得的最大点位误差均在2.5 cm之内。

（二）线路控制测量中的应用

随着我国交通运输业的不断发展，GPS 在高等级公路的设计与修建中起到了重要作用。布设高等级 GPS 网，点与点之间采用导线方式联接。通过实测网平差得出的点位误差小于 1 cm。

（三）在林业中的应用

（1）在苗圃地测设、林地面积测定、森林植物分布区域和垂直分布带的确定，均可以利用 GPS 接收机定位、存储航点和导航完成。

（2）在全国森林资源清查中，对布设的固定样地定位，能够将样地号存储到接收机中。在固定样地复位时，使用接收机快速准确地导航到目标点。

（3）GPS 在飞播造林及利用飞机喷撒农药中利用导航技术将种子和农药有效地飞撒在目的地上。同时，GPS 在森林防火中起到实时监控作用。

复习思考题

1. 利用全站仪如何进行悬高测量？
2. 利用全站仪如何进行后方交会测量？
3. 掌握角度与距离的放样测量。
4. 坐标放样测量。
5. 如何利用 GPS 对目标点导航？

第六章　测量误差的基本知识

┌─ **本章提要** ───────────────────────┐

　　测量误差将会影响测绘精度，引起测量误差的因素很多。本章
将介绍测量误差的分类，衡量精度的标准，误差的传播定律及算术
平均值的中误差等。

└──────────────────────────────┘

第一节　测量误差的概述

　　在测量工作中，无论是距离测量还是角度测量，其观测结果与客观真值总不相符，存在着某种误差，例如观测一个三角形三个内角的和不等于180°，又如对同一量（如一个角或一段距离）进行多次观测，其结果也往往不完全相同。由此表明测量中取得的每一项观测成果都包含有误差。

　　测量误差产生的原因，一般来说有以下几个方面：

1. 测量仪器本身存在误差

　　量测某一个量，主要是用特制的仪器来进行的，各种仪器都具有一定的精密度，而仪器本身的构造不可能绝对正确，如经纬仪上的刻度分划并不是绝对准确；水准仪的视准轴并不是完全平等于水准管轴，且水准尺的刻度分划也存在误差；级光学经纬仪小于6″的读数、水准直尺小于1mm的读数一般都读不出来，这些情况都会使观测产生误差。

2. 由于观测者感觉器官的局限性导致误差

　　在进行观测时，尽管观测者非常认真仔细，但由于人的眼睛分辨力有限，在仪器的操作、安置、照准、读数等过程中，都需要通过眼睛的估计和判断，从而就不可避免地会产生误差。当然，这方面的原因，随着观测者的技术水平、工作态度的不同，对观测结果产生的影响也不一样。

3. 观测时由于外界环境变化的影响会产生误差

观测时的外界条件随着温度、湿度、风力、照明、大气折光等变化而变化，在变化着的环境中进行观测，其结果就必然会产生误差。如在烈日下工作，由于仪器的各部分受热不同，会导致仪器各部分在构造上的条件发生改变；在不同的光照条件下，对读数的分辨产生的影响不一样；随着温度的改变，钢尺的长度也相应改变，导致距离丈量的结果不同。

仪器、人和客观环境三个因素称为观测条件。在观测条件基本相同的情况下进行的各项观测，一般认为其观测质量基本上是一致的，称之为精度观测；在观测条件不相同的情况下进行的各次观测，其观测质量也不一致，称之为非等精度观测。

综上所述，由于诸方面原因，在整个测量工作中产生误差是不可避免的。但我们所进行的一系列的测量工作，是为了求出某一量的正确结果，因而，测量的整个过程，也就是与误差作斗争的过程。仪器、人和客观环境是引起测量误差的主要因素，对其影响必须尽可能地将其减少到最低程度。对于仪器误差，除了认真检校仪器，保养保护仪器外，并可采取较恰当的观测方法及在测量结果中加入改正数等，来消除或减弱其对观测结果的影响；对于观测者，则须加强责任感，提高操作水平来减小误差。对于外界环境条件，可以通过研究并测定其变化规律，加入相应的改正数或改正公式，选择有利时间观测来减小误差。

第二节　误差的分类

在测量过程中，由于观测者的疏忽大意，致使测量结果中出现错误，这种错误通常称为粗差。如距离丈量中读错整米数或算错了整尺数，运算过程中出现加减错误等。对于粗差，通过对测量结果的检查和核实是完全可以消除或避免的。如对某一量进行两次或两次以上的观测，其结果相差很大，说明有粗差存在，经过重新观测，使各次观测结果比较接近时，则消除了粗差。在观测结果中，是绝对不允许粗差存在的，这里我们讨论误差的分类，是设想在测量结果中没有粗差的情况下进行的。

测量误差按其性质，可分为系统误差和偶然误差两类，现分别做如下介绍。

一、系统误差

在一定条件下，对某一固定量作一系列的观测，如果误差值在大小、正负上表现出一致的倾向，即按一定的规律变化，或保持为某一常数，那么，这类误差称为系统误差。例如一把注记长度为 30m 的钢卷尺，经检定它的实际长度为 29.99m，用这把钢尺去丈量距离时，每丈量一整尺其结果就比实际距离长 30.01m，丈量的距离越大，结果的误差也越大，且结果总是偏长，说明这一类误差具有积累性，误差的符号和大小是一定的。这是由于仪器本身不精确引起的系统误差。再如钢尺检定时的温度与丈量时的温度不一致，而使丈量结果产生误差；大气折光对水准测量引起的读数误差等，这是由外界环境的影响引起的。而某些观测者在读数估数时，常习惯将读数估得偏小（或偏大），使结果产生误差，这是观测者本身引起的。这些误差都是系统误差。

系统误差对于观测结果的影响，一般具有累积性，它对成果的质量有特别显著的影响，危害很大。但由于它具有规律性，我们可以通过一定的方法来消除或减弱。消除或减弱这类误差的方法有两种：一是在计算过程中加入改正数，如某钢尺的名义长为 lm，经检验比实际长度长了 $3\,\Delta lm$，丈量某段距离为 $D'm$，则按公式 $D = D'\left(1 + \dfrac{\Delta L}{L}\right)m$ 求出丈量的最后结果，便可消除由于尺长误差引起的距离误差。二是采用适当的观测方法，如在水准测量时，将仪器安置于前后视等距离的地方，则可消除视准轴与水准管轴不平等而产生的系统误差。

二、偶然误差

在相同的观测条件下，对某一固定量进行一系列的观测，如果观测结果的差异在数值和符号上都表现出不一致，即每个误差从表面上看来没有任何规律性，纯属偶然发生，这种误差就称为偶然误差。如在照准目标时，标杆可能偏于十字丝的右边一些，也可能偏于左边一些，且每次照准目标其偏离十字丝中心线大小也不一致；又如，钢尺量距在尺上估读分划值的尾数时，有时偏大，有时偏小，且数值的大小也不相等，所以，照准误差和读数尾数的估读误差都属于偶然误差。应该指出，在测量过程中，系统误差和偶然误差总是同时产生的，但系统误差可以通过一定的方法消除或改正，因而在观测结果中便主要存在着偶然误差。偶然误差是一切测量所不可避免的误差，是不能消除的。因此，在测量误差理论中，通常是以偶然误差作为研究的对象。个数较少的偶然误差在大小和符号上都没有任何规律，呈现一种偶然性，但是，当偶然误差的个数很多时，通过统计和分析，就可发现这些在相同条件下产生的大量偶然误差也有它自身的规律性。随着偶然误差个数的增加，其规律性表现得愈加明显。以下通过一个实例来加以说明这种规律性。

在相同的观测条件下，用经纬仪对一个三角形的三个内角进行了80次观测，得到80组三个内角和的观测值 L_i，它们与观测值真值 X（三角形内角和为180°）之差为真误差△（即三角形角度闭合差）即：

$$\Delta_i = L_i - X \qquad (i = 1, 2, \cdots, n)$$

从表6-1中可看出：①误差全部都出现在 +30″～-30″之间，最大误差不超出 ±30″；②绝对值相等的正、负误差出现的个数大致相等；③绝对值小的误差比绝对值大的误差出现的机会多。

以上规律在其他的观测结果中都同样存在，因此，可以总结出偶然误差的性质如下：

表6-1　误差统计表

误差大小的区间	△为负数的个数	△为正数的个数	总数	所占百分数（%）
0″~5″	14	15	29	36.25
5″~10″	11	10	21	26.25
10″~15″	9	7	16	20
15″~20″	5	4	9	11.25
20″~25″	1	2	3	3.75
25″~30″	1	1	2	2.5
总　计	39	41	80	100

（1）在一定的观测条件下，偶然误差的绝对值不会超过一定的限值——有限性。

（2）绝对值较小的误差比绝对值较大的误差出现的机会多——集中性。

（3）绝对值相等的正误差和负误差出现的个数基本相等——对称性。

（4）偶然误差的算术平均值，随着观测次数的无限增多而趋近于零——抵消性。

即：

$$\lim_{n\to\infty} = \frac{[\Delta]}{n} = 0$$

式中 n 为观测次数。

偶然误差的第四个性质，是由第三个性质推际出来的，当观测次数很多时，偶然误差的总和 $[\Delta] = \Delta_1 + \Delta_2 + \cdots \Delta_n$ 中，正、负误差具有相互抵消的性质，当 $n\to\infty$，偶然误差的算术平均值必然趋近于零。

根据上述规律，在相同的条件下，如果对一段距离或对一个角度进行多次观测，其算术平均值是最接近观测值真值的，即为最可靠值。

为了更明显地反映误差分布的情况，可以将表 6-1 中所列的数值据以图像来表示，如图 6-1。图中横坐标表示误差的大小，纵坐标表示误差出现的个数。

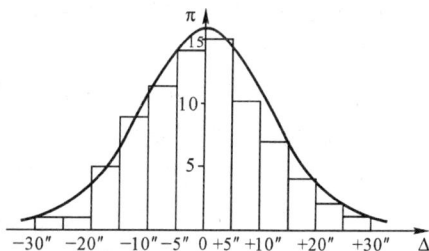

图 6-1　偶然误差统计直方

如果将误差的区间无限缩小，那么连接图中各长方形顶边所形成的折线，变成一条光滑的曲线，称差的分布曲线，这种误差的分布呈正态分布。误差曲线形状比较陡峻的，表示绝对值小的误差出现的机会多些，观测的质量较好；反之，曲线形状比较平缓，表示绝对值小的误差出现的机会比较少，则观测的质量较差。

第三节　衡量精度的标准

由于偶然误差不可避免地存在于各种测量的成果中，当我们鉴定、使用测量成果，或进行某种测量时，就会提出测量成果的精确程度和成果是否符合要求的问题。为了说明测量成果的精确程度，必须确定一个衡量测量成果的统一标准。衡量精度的标准有多种，在测量中常用的有以下三种：

一、中误差

前面知道，在一定的观测条件下对某一量进行一组观测，它对应着一种确定的误差分布。绘出误差的分布曲线，其陡缓程度可以反映出观测质量的好坏，即可用于判断测量的精度。在实际工作中，这种方法既繁琐又困难。

人们还需对精度有一个数字的概念，要求这个数字反映误差分布情况。中误差就是一个比较好的反映误差分布情况的一种数字。

在相同条件下，对一个未知量进行多次等精度观测，各次观测值的真误差平方和的平均数的平方根，称这一组观测量值的中误差，用公式表示为：

$$m = \pm\sqrt{\frac{[\Delta\Delta]}{n}} \qquad (6-1)$$

式中：m 表示一组观测值的中误差，表示各观测值真误差的平方和，n 表示观测次数。

【例】 在相同的观测条件下，甲、乙两组分别对同一个三角形内角进行 10 次观测，其真误差分别为：

甲组：$+3''$，$-2''$，$-4''$，$+2''$，0，$+4''$，$-3''$，$+2''$，$-3''$，$-1''$

乙组：0，$-1''$，$+7''$，$-2''$，$+1''$，$-1''$，$-8''$，0，$+3''$，$+1''$

按公式（6-1）可求出两组观测值的中误差：

$$m_{甲} = \pm\sqrt{\frac{3^2 + 2^2 + 4^2 + 2^2 + 0^2 + 4^2 + 3^2 + 2^2 + 3^2 + 1^2}{10}} = \pm 2.7''$$

$$m_{乙} = \pm\sqrt{\frac{0^2 + 1^2 + 7^2 + 2^2 + 1^2 + 1^2 + 8^2 + 0^2 + 3^2 + 1^2}{10}} = \pm 3.6''$$

$|m_{甲}| < |m_{乙}|$，说明甲组观测的精度高于乙组，这是因为乙组观测值中出现较大的误差，中误差能正确地反映出观测结果中较大误差的影响，所以，用中误差来衡量观测结果是比较合理的。从上例中及中误差公式可知，尽管两组观测值真误差绝对值的总和相等，但乙组观测误差的波动较大，精度就低。中误差是一组观测值真误差的代表，并不等于每个观测值的真误差，用中误差可以说明一组观测值的精度。

二、容许误差

由偶然误差的第一个性质我们可以知道，在一定的观测条件下，偶然误差的绝对值不会超过一定的限度。如果某测量成果的误差超过这个限度，就认为这个测量成果的质量不好，该成果应舍去不用。那么，应该如何确定这个限度呢？根据大量实验的统计和误差理论可知：大于两倍中误差的偶然误差的个数占总数的 5%；大于三倍中误差的偶然误差，其出现的机会只有 0.3%。

在实际测量工作中，测量次数是不多的，因此，认为在于三倍中误差的偶然误差，是不应该出现的，因此，用三倍中误差作为限差，称容许误差。

即：$\Delta_容 = 3m$

在测量规范中，列有的各种观测误差限度的规定，这些误差限度就是这里所讲的容许误差，都是在总结实践经验的基础上，按二倍中误差或三倍中误差推算出来的。

三、相对误差

对于某些量在进行等精度观测时，误差的大小与被观测量的大小有关，仅靠中误差来衡量其精度，往往不能完全表达测量成果的好坏。例如，分别丈量了200m和1000 m的距离，若中误差都为±2 cm，则不能说明两者的精度相同，因为量距时，误差的大小与距离的大小是有关的，后者的精度明显较高。

中误差与观测值的比，称相对中误差。上例中，前者的相对中误差为$\frac{2}{20000} = \frac{1}{10000}$，后者的相对中误差为$\frac{2}{100000} = \frac{1}{50000}$。相对中误差是一个无名数，通常用分子为1的分数表示，相对中误差越小，精度越高。$\frac{1}{50000} < \frac{1}{10000}$，故前者精度高。

应该指出的是，当误差的大小与观测的大小无关时，是不能采用相对误差来衡量其精度，直接采用中误差来衡量即可。如角度测量时，在等精度观测的条件下，观测一个40°的角度与观测一个80°的角度，衡量其精度，直接将其中误差比较即可。

第四节　误差的传播定律

上面我们讨论的是对同一个未知量进行多次观测，根据观测值衡量观测成果精度的方法。但在实际工作中，未知量的值经常是由观测值间接计算出来的。例如，一个水平角的观测要由两个方向的观测值（读数）计算出来，设水平角为Z，两个方向的观测值为X_1、X_2，则$Z = X_2 - X_1$，这是一个简单的函数式，Z称为X_1，X_2的函数，X_1，X_2称为变量。从式中可以看出，函数Z的精度是由变量X_1，X_2的精度决定的，变量X_1，X_2的精度一经决定，函数Z的精度也就确定了。那么，函数的中误差与构成函数各变量的中误差之间，究竟存在着怎样的关系呢？阐述这种关系的定律，称为误差的传播定律。

一、倍数函数的中误差

设有函数

$$Z = KX \qquad\qquad (6-2)$$

K 为常数，X 为观测值，其中误差为 m_X，函数 Z 的中误差为 m_Z，m_Z 与 m_X 之间的关系或由真误差间的关系导出。观测值与常数乘积的中误差等于观测值中误差乘以常数。

二、和、差函数的中误差

设有函数

$$Z = X \pm Y \qquad\qquad (6-3)$$

式中，X 和 Y 为独立的观测值，它们的中误差已知，分别为 m_x，m_y，求函数值 Z 的中误差 m_z。

$$m_z = \pm \sqrt{m_X^2 + m_Y^2} \qquad\qquad (6-4)$$

结论：两观测值代数和的中误差，等于两观测值中误差的平方和之平方根。同理可得，当函数为 n 个观测值的代数和时，即

其函数 Z 的中误差为：

$$m_z = \pm \sqrt{m_{X_1}^2 + m_{X_2}^2 + \cdots + m_{X_n}^2} \qquad\qquad (6-5)$$

即 n 个观测值代数和的中误差，等于 n 个观测值中误差平方和之平方根。若 n 个观测值的中误差相等时，即：

$$m_{X_1} = m_{X_2} = \cdots = m_{X_n} = m$$

则（6-5）式可改写成：

$$m_Z = \pm m \sqrt{n} \qquad\qquad (6-6)$$

也就是说，在同精度观测时，观测代数和的中误差，等于观测中误差的 $\sqrt{n}$ 倍。

三、线性函数的中误差

设有线性函数

$$Z = K_1 X_1 \pm K_2 K_2 \pm \cdots \pm K_n X_n$$

其中 K_1，K_2，$\cdots$，K_n 为常数，X_1，X_2，$\cdots$，X_n 为独立的观测值，它们的中

误差分别为 m_{X_1}, m_{X_2}, $\cdots$, m_{X_n}。函数 Z 的中误差 m_Z。

$$m_z = \pm \sqrt{m_1^2 + m_{X_1}^2 + m_2^2 + m_{X_2}^2 + \cdots K_n^2 m_{X_n}^2} \qquad (6-7)$$

即：线性函数的中误差等于各常数与相应观测值中误差乘积的平方和之平方根。

第五节   算术平均值的中误差

当我们对某一个量进行多次观测时，观测值的真值是往往不知道的，如我们对某一距离观测 n 次，观测值分别为 D_1, D_2, $\cdots$, D_n；其观测值的真值 D 是未知的。虽然观测值的真值未知，但可依据这些观测值求出这个观测量的最可靠的结果，并对这个结果作精度评定，以及对这些观测值的精度进行评定。

一、算术平均值

设在相同的观测条件下，对某一量进行了 n 次观测，其观测值分别为 l_1, l_2, $\cdots$, l_n。现依据这些观测值来确定该量的最可靠值，并评定其精度。

设该量的真值为 X，我们把观测值与观测真值的差，称为观测值的真误差，$\Delta_i = l_i - X$。

即：

$$\Delta_1 = l_1 - X$$
$$\Delta_2 = l_2 - X$$
$$\cdots\cdots$$
$$\Delta_n = l_n - X$$

以上等式两边分别相加得：$[\Delta] = [l] - n[X]$

两边同除以 n 得：$\dfrac{[\Delta]}{n} = \dfrac{[l]}{n} - [X]$ 根据偶然误差的第四个特性，当时 $n \to \infty$ 时，$\dfrac{[\Delta]}{n} \to 0$，所以：

$$X = \frac{[l]}{n}$$

这说明，当观测次数 n 无限时，观测值的算术平均值就是真值。但是，在实际测量工作中，观测次数不可能无限多，那么观测值的算术平均值也就不可能为其真值，但真值往往是不知道的，于是我们认为观测值的算术平均值是最接近于观测值的真值的，称最或是值。观测值的算术平均值用 L 表示，则：

$$L = \frac{[l]}{n} = \frac{I_1 + I_2 + \cdots + I_n}{n} \qquad (6-8)$$

二、算术平均值的中误差

按观测值算术平均值的计算式（6-8），有

$$L = \frac{[l]}{n} = \frac{1}{n} \cdot I_1 + \frac{1}{n} \cdot I_2 + \cdots + \frac{1}{n} \cdot I_1$$

因为是等精度观测，一组观测值中各观测值的中误差是相等的，设为 m，而 $\frac{1}{n}$ 是常数，实际上，观测值的算术平均值是各观测值的和差函数，根据误差的传播定律，设观测值算术平均值的中误差为 M，则

$$M = \pm \sqrt{\left(\frac{1}{n}\right)^2 \cdot m^2 + \left(\frac{1}{n}\right)^2 \cdot m^2 + \cdots + \left(\frac{1}{n}\right)^2 \cdot m^2}$$

$$= \pm \sqrt{\left(\frac{1}{n}\right)^2 \cdot nm^2}$$

$$= \pm \sqrt{\frac{m^2}{n}}$$

$$= \pm \frac{m}{\sqrt{n}}$$

即： $\qquad M = \pm \frac{m}{\sqrt{n}} \qquad\qquad (6-9)$

就是说，观测值算术平均值的中误差，是各观测值的中误差的 $\frac{1}{\sqrt{n}}$ 倍。

因为观测次数 n 大于1，则 $\frac{1}{\sqrt{n}} \angle 1$，说明观测值算术平均值的中误差小于各观测值的中误差，其算术平均值的精度高于各观测值的精度，且随着观测次数 n 的增多，$\frac{1}{\sqrt{n}}$ 越小，算术平均值的精度越高。这也是我们前面讲到的量距、测角等工作中，取多次观测值的算术平均值为最后结果的原因。当然，

公式（6-9）中，当观测次数达到一定程度时，M 的减小就不明显。我们按 m 不变的情况下（如 $m=1$）列出 M 与 n 的关系表，如表6-2。

表6-2　算术平均值中误差与观测次数关系表

n	1	2	3	4	5	6	8	10	20	50	100
M	1.00	0.71	0.58	0.50	0.45	0.41	0.35	0.32	0.22	0.14	0.10

从表中看出，观测次数 n 从 50 次增加到 100 次，M 只减少了 m 的 0.04 倍，显然是不经济的。这也说明，要提高测量成果的精度，不能一味地靠增加观测次数来解决，还要考虑其他方面，如采用较高精度的测量仪器，改进操作方法，选择好的观测时间等等，通过提高各次观测的质量，减少观测值的中误差，使测量成果的精度提高。

三、同等精度观测值的中误差

按中误差的定义，用观测值的真误差来计算其中误差的公式为：

$$m = \pm \sqrt{\frac{[\Delta\Delta]}{n}}$$

实际测量工作中，观测值的真值 X 往往是未知的，按真误差的计算公式：$\Delta = I - X$ 观测值的真误差 Δ 不能直接计算出来，从而观测差的中误差也无法通过上式算出。

上面讲到，观测值的算术平均值是最接近真值的，为最可靠值，因此，我们可以根据观测值的算术平均值及其改正数来计算观测值的中误差。在测量学上，把观测值的算术平均值与观测值的差，称观测值的改正数，用 V 表示。

即：$V = L - I$

各观测值的改正数分别为：

$$\left.\begin{array}{l} V_1 = L - I_1 \\ V_2 = L - I_2 \\ \cdots\cdots \\ V_n = L - I_2 \end{array}\right\} \qquad (a)$$

两边分别相加得：

$$V_n = n - L - [I]$$

因为 $L = \dfrac{[I]}{n}$，代入上式

$$[V] = 0 \qquad\qquad (6-10)$$

即：各观测值改正数的代数和等于 0，此式常用于计算中的检验。

由真误差的定义：

$$\left.\begin{aligned}\Delta_1 &= L_1 - X\\ \Delta_2 &= L_2 - X\\ &\cdots\cdots\\ \Delta_n &= L_n - X\end{aligned}\right\} \qquad (b)$$

$(a) + (b)$ 得：

$$\left.\begin{aligned}\Delta_1 &= (L - X) - V_1\\ \Delta_2 &= (L - X) - V_2\\ &\cdots\cdots\\ \Delta_n &= (L - X) - V_n\end{aligned}\right\} \qquad (c)$$

将 (c) 式两边平方再相加得

$$[\Delta\Delta] = n(L - X)^2 - 2(X - L).[\Delta] + [\Delta\Delta]$$

因为：$[V] = 0$

所以：$[\Delta\Delta] = n(L - X)^2$

上式两边同除以 n，得

$$\frac{[\Delta\Delta]}{n} = \frac{[\Delta\Delta]}{n} + (L - X)^2$$

式中 $(L-X)$ 为算术平均值的真误差，该值无法求得，但由于很小，可近似地用算术平均值的中误差 M 来代替，而算术平均值中的中误差 $m = \pm\dfrac{m}{\sqrt{n}}$，则上式变为：

$$m^2 = \frac{[VV]}{n} + \frac{m^2}{n}$$

整理后得：

$$m = \pm\sqrt{\frac{[VV]}{n-1}} \qquad\qquad (6-11)$$

这就是利用改正数求观测值中误差的计算公式，根据式（6-9），可得

出算术平均值（最或是值）的中误差计算公式：

$$n = \pm \frac{m}{\sqrt{n}} = \sqrt{\frac{[VV]}{n(n-1)}}$$

【例】　对某段距离进行了六次等精度观测，观测的数据列于表 6－3 中，试求出该距离的最或是值，观测值中误差及最或是值的中误差。

解：观测值的算术平均值

$$L = \frac{[l]}{n} = \frac{921.780}{6} = 153.630(\mathrm{m})$$

观测值的中误差：

$$m = \pm \sqrt{\frac{[VV]}{n-1}} = \sqrt{\frac{465}{6-1}} = 9.6(\mathrm{mm})$$

最或是值的中误差

$$M = \pm \frac{m}{\sqrt{n}} = \frac{9.6}{\sqrt{5}} = \pm 4.3(\mathrm{mm})$$

最后结果可写成　$D = 153.630 \pm 0.004$（m）

表 6－3　中误差计算表

编　号	观测值（m） l_i	改正数（mm） $V_i = L - l_i$	各改正数的平方（mm²） $V_i V_i$
1	153.635	+5	25
2	153.616	−14	196
3	153.645	+15	225
4	153.632	+2	4
5	153.627	−3	9
6	153.625	−5	25
Σ	$[l]$ =921.780	$[V]$ =0	$[VV]$ =465

复习思考题

1. 误差按其性质可分为哪几类？各有什么不同？

2. 钢尺丈量距离时，以下几种情况会使观测结果产生误差，试分别判定误差的性质及符号。

（1）尺长不准；

（2）定线不准；

（3）估读小数不准确；

（4）尺子扭曲；

（5）温度变化；

（6）拉力不匀。

3. 一个三角形，测定了两个内角，两个内角的观测中误差都是 ±20″，求第三个内角的中误差。

4. 有一长方形，测定两边长为 $a = 15.234m \pm 2.5mm$，$b = 25.364m \pm 3.4mm$，求该长方形的面积及其中误差。

第七章　图根控制测量

本章提要

　　遵循测量工作的基本原则，整个测量工作分为控制测量和碎部测量。控制测量包括平面控制测量和高程控制测量，可分为国家级控制测量和图根级控制测量。本章主要介绍图根控制测量中的经纬仪导线测量、测角交会加密图根点、水准高程测量、三角高程测量等的基本知识和测量方法。

第一节　控制测量的概述

　　控制测量是指在整个测区范围内，均匀地布设一定数量具有控制作用的点（即控制点），相邻的控制点连接起来组成一定的图形（即控制网），用精密的仪器、工具和相应的方法准确地测算出控制点的平面位置和高程的工作。

　　控制测量按其控制范围的大小可分为国家大地控制网和图根控制测量。

一、国家大地控制网

　　国家为了满足国防、科研及经济建设等各种不同的需要，在全国领土范围内建立的控制网，就是国家大地控制网，它包括国家平面控制网和国家高程控制网。

　　（一）国家平面控制网

　　1. 建立方法

　　国家平面控制网是根据从整体到局部、逐级控制的原则布设的，一般采用三角测量和导线测量两种方法建立。

　　三角测量是将测区内选定的相邻点互相连接起来形成若干个三角形，进而构成三角锁或三角网，精密地测定任意一条边长和所有三角形的内角，根据已知的坐标方位角和坐标，准确地推算出三角锁（网）中各点的坐标。它是我国建立国家平面控制网的主要方法。

导线测量是将选定的地面控制点连接成折线或多边形称为导线，精密地测定各边的边长和相互之间的夹角（即转折角），根据已知的坐标方位角和坐标，准确地推算出导线各点的坐标。它是我国建立国家平面控制网的辅助方法。

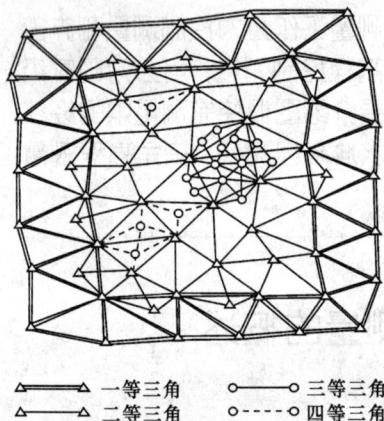

一等三角　　三等三角
二等三角　　四等三角

图 7 - 1　国家平面控制网示意图

2. 等级

国家平面控制网分为一、二、三、四等四个等级。控制点密度逐级加大，而精度要求则逐级降低，低一级点受高一级点的控制。

一等三角锁系是国家平面控制的骨干，一般沿经、纬线布设，如图 7 - 1 所示；二等三角网是在一等三角锁的控制下加密，它与一等三角锁作为国家平面控制的基础；三、四等三角网（点）是在二等三角网的基础上进一步加密，可用插网、插点的形式布设，是进行图根控制测量的基础。

在某些局部地区，如果采用三角测量困难时，可用同等级的导线测量代替。

（二）国家高程控制网

1. 建立方法

国家高程控制网是根据从整体到局部、逐级控制的原则布设的。建立方法主要采用水准测量方法。水准测量在第三章已作介绍。

2. 等级

国家高程控制网分为一、二、三、四等四个等级。控制点密度逐级加大，而精度要求是由高到低，低一级点受高一级点的控制。

一等水准网是国家高程控制网的骨干，一等水准路线构成网形，沿线还要进行重力测量；二等水准网是国家高程控制的基础，它布设在一等水准环内；三等水准路线可根据需要在一、二等水准网内加密，采用附合水准路线布设，并尽可能构成闭合环；四等水准路线一般以附合水准路线布设于高等水准点之间。三、四等水准网直接为地形测量和工程测量提供必要的高程控制点。

二、图根控制测量

国家控制点的精度较高，而密度较小，不能满足地形测量和工程测量的需要，因此必须在国家控制网的基础上，进一步加密控制点，这些点称为图根控制点，简称图根点。测定图根点位置的工作，称为图根控制测量。

图根控制测量包括图根平面控制测量和图根高程控制测量。

（一）图根平面控制测量

图根平面控制测量就是测定图根点平面位置的工作。可采用导线测量、小三角测量和测角交会等方法进行。导线测量是图根平面控制测量中常用的基本方法，当图根点密度不够而需要加密点数不多时，则可采用测角交会加密。

（二）图根高程控制测量

图根高程控制测量就是测定图根点高程的工作。可采用水准高程测量和三角高程测量的方法进行。

第二节　经纬仪导线测量

经纬仪导线测量就是使用经纬仪测量导线的转折角，用钢尺或电子全站仪测量导线的边长，然后根据已知点的坐标，推算导线各点的坐标。主要在城市或隐蔽地区应用。

一、导线的形式

在园林工程测量中，根据测区的不同情况和要求，通常布设的导线形式有下列三种：

1. 闭合导线

闭合导线是指从某点出发，经过若干个待定导线点后仍回到该点的导线。一般用于块状的测区。它主要有三种形式：

（1）具有两个已知点的闭合导线，如图7－2所示。

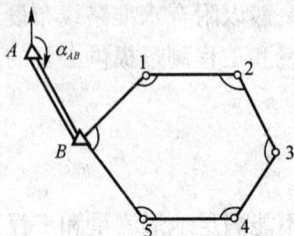

图7-2　具有两个已知点的闭合导线　　　图7-3　具有一个已知点的闭合导线

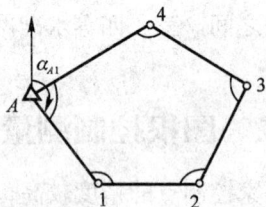

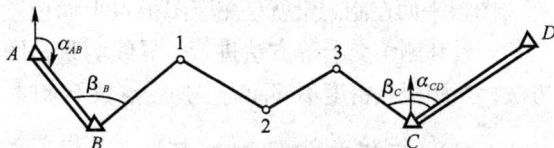

（2）具有一个已知点的闭合导线，如图7-3所示。

（3）无已知点的闭合导线，如图7-4所示。

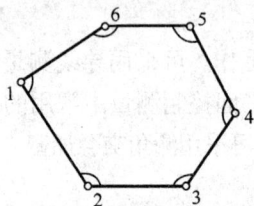

图7-4　无已知点的闭合导线　　　图7-5　具有两个连接角的附合导线

2. 附合导线

附合导线是指从一已知点出发，经过若干个待定点以后，附合到另一已知点的导线。一般适用于带状的测区。它主要有三种形式：

（1）具有两个连接角的附合导线，如图7-5所示。

（2）具有一个连接角的附合导线，如图7-6所示。

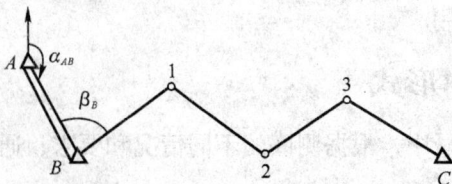

图7-6　具有一个连接角的附合导线

（3）无连接角的附合导线，如图7-7所示。

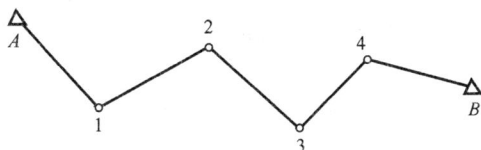

图7-7　无连接角的附合导线

3. 支导线

支导线是指从一已知点出发，既不附合到另一已知点，也不回到起始点的导线，如图7-8所示。支导线不具备检核条件，故支导线不宜超过3个点。仅适用于图根控制补点。

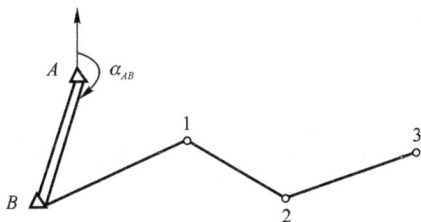

图7-8　支导线

图根导线测量的主要技术指标见表7-1和表7-2。

表7-1　图根钢尺量距导线测量的技术要求

比例尺	附合导线长度 （m）	平均边长 （m）	导线相对闭合差	测回数 DJ$_6$	方位角闭合差
1:500	500	75			
1:1000	1000	120	/2000	1	$\pm60''\sqrt{n}$
1:2000	2000	200			

表7-2　图根电磁波测距导线测量的技术要求

比例尺	附合导线 长度（m）	平均边长 （m）	导线相对 闭合差	测回数 DJ$_6$	方位角对 闭合差	测　距	
						仪器类型	方法与测回数
1:500	900	80					
1:1000	1800	150	/4000	1	$\pm40''\sqrt{n}$	Ⅱ	单程观测1
1:2000	3000	250					

二、经纬仪导线测量外业工作

经纬仪导线测量的外业工作主要包括：踏勘选点、测角、测边和联测。

（一）踏勘选点

当接到测量任务后，首先到有关部门如测绘局等，收集有关资料，主要是测区内和测区附近已有的各级控制点和各种比例尺地形图，然后到实地踏勘测区的范围、地形条件和已有控制点的保存情况，再结合测图要求在原有地形图上确定导线形式和导线点的位置，最后到实地核对、修改后在地面上确定导线点的具体位置，即选点。如果测区没有现成的地形图，可以到实地详细踏勘，根据具体情况在地面上选定导线点的位置。选点时应注意以下几点：

（1）导线点应选在土质坚实的地方，便于保存点位，安置仪器。

（2）导线点应选在视野开阔处，便于控制和施测周围的地物和地貌。

（3）相邻导线点之间应互相通视，便于量距，边长大致相等且不超过表7-1或表7-2之规定。

（4）导线点要均匀分布且数量要足够，以便于控制整个测区。

导线点的位置选定后，要及时建立标志，一般方法是打一木桩并在桩顶钉一铁钉，或用油漆直接在硬化地面上进行标定。对于需要长期保存的导线点，应埋入混凝土桩或石桩，桩顶刻凿"十"字或铸入锯有"十"字的钢筋。在桩顶或侧面写上编号，为了便于寻找，应作好点之记号或在附近明显地物上用红油漆作标记。

（二）测角

测角即用经纬仪测定导线两相邻边构成的转折角。转折角一般用 β 表示，分为左角和右角。左角就是位于导线前进方向左侧的转折角，右角就是位于导线前进方向右侧的转折角，如图7-9所示。通常闭合导线测其内角，附合导线可测其左角亦可测其右角（公路测量中一般测右角），全线要统一。

测角方法一般采用 DJ_6 经纬仪测回法，上半测回和下半测回的角值差若不超过容许值 $\pm 40''$，则取平均值作为结果。

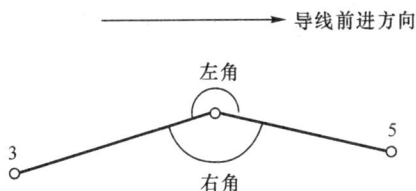

图 7 - 9　导线左、右角示意

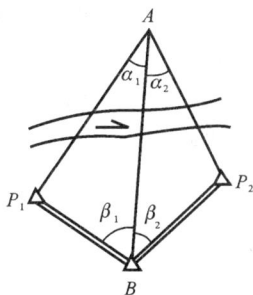

图 7 - 10　间接测距

（三）测边

测边即用检定过的钢尺或电磁波测距仪测量导线边长（水平距离）。使用钢尺量距一般采用往、返丈量的方法或单程丈量两次，若达到精度要求取平均值作为最后结果，电磁波测距仪单程观测。如果丈量的是斜距，要换算成水平距离。测边的精度要求不得低于 1/3000。

测边过程中，若导线边遇到障碍物（如河流等）不能直接丈量时，可采用间接方法求得导线边长。如图 7 - 10 所示，AB 是跨越河流的导线边，在河岸边选定与 A、B 两点通视且便于丈量与 B 点距离的 P_1、P_2 两点，组成两个三角形 AP_1B 和 AP_2B。丈量 BP_1 和 BP_2 的边长，观测 α_1、β_1 和 α_2、β_2，则导线的长度为：

$$\left.\begin{aligned} AB &= \frac{BP_1}{\sin \alpha_1} \cdot \sin(\alpha_1 + \beta_1) \\ AB &= \frac{BP_2}{\sin \alpha_2} \cdot \sin(\alpha_2 + \beta_2) \end{aligned}\right\} \qquad (7-1)$$

两次求得 AB 的长度，其相对误差如不超过规定的限差，取平均值作为结果。选定 P_1、P_2 两点时，应注意 BP_1、BP_2 量距方便、三角形各内角不小于 30°和不大于 150°。

（四）联测

若所布设的导线附近有高级控制点，应与之联系起来，如图 7 - 11 所示，A、B、C、D 为已知高级控制点，1、2、3、4、5 为选定的导线点，导线联测必需观测连接角 β_1、β_2 和连接边 D_{B1}，起到传递坐标方位角和坐标的作用。

如果导线附近找不到已知的高级控制点，即没有已知方位角和已知坐标，则可用罗盘仪测定导线起始边的方位角，作为定向和推算其他各边方位角的依据，假设起始点的坐标作为推算其他各点坐标的依据，即整个测区建立独立坐标系统。

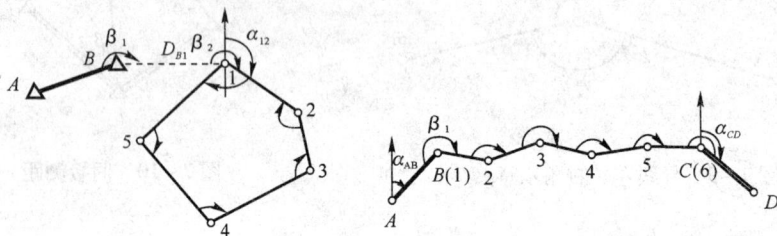

图 7-11 联 测

三、经纬仪导线测量内业工作

经纬仪导线测量内业工作的目的，是根据已知的起算数据和外业观测的数据，经过调整误差最后计算出导线点的坐标。

为了确保测图精度，计算前应全面认真检查导线测量的外业记录，有无记错、遗漏或算错，是否符合精度要求，在确认外业工作成果合格后，绘出导线略图，在图上标注点号、转折角观测值、边长和已知数据，如图 7-12 所示。

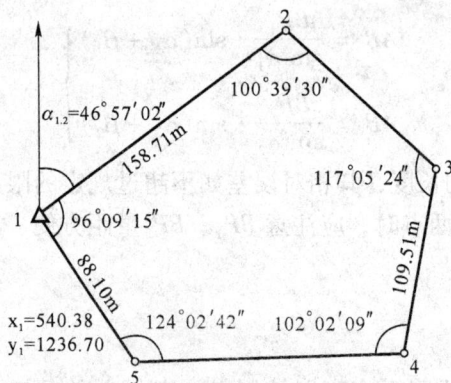

图 7-12 闭合导线略图

（一）闭合导线的内业计算

闭合导线的计算步骤和方法以图 7 – 12 所示的图根导线为例进行介绍。计算前，首先将导线略图中的点号、转折角观测值、起始边方位角及边长的数据填入"闭合导线坐标计算表"第 1、2、5、6 栏中，如表 7 – 3，然后按以下步骤进行计算：

1. 角度闭合差的计算与调整

（1）角度闭合差的计算。闭合导线在几何上是一个多边形，n 边形内角之和应为 $(n-2) \cdot 180°$，所以闭合导线内角 β_i 之和的理论值 $\sum\beta_{理}$ 应为：

$$\sum\beta_{理} = (n-2) \cdot 180° \tag{7-2}$$

由于在实际测角过程中，不可避免地存在测量误差，使实测闭合导线内角之和 $\sum\beta_{测}$ 不等于理论值 $\sum\beta_{理}$，两者的差值称为角度闭合差，常以 f_β 表示。即：

$$f_\beta = \sum\beta_{测} - \sum\beta_{理} \tag{7-3}$$

（2）角度闭合差的调整。按照图根导线的技术要求（表 7 – 1），规定角度闭合差的容许值 $f_{\beta容}$ 为：

$$f_{\beta容} = \pm 60\sqrt{n} \tag{7-4}$$

若 $|f_\beta| > |f_{\beta容}|$，即角度闭合差超过容许值，首先应检查计算过程，若无计算错误，再检查外业观测数据，对错误或可疑数据应重新观测，直到满足精度要求为止。

若 $|f_\beta| \leqslant |f_{\beta容}|$，即角度闭合差没有超出容许值，说明精度达到要求，则可进行角度闭合差的调整。由于角度观测是在相同条件下进行的，故认为各角所产生的误差是相等的。因此，角度闭合差的调整方法是：将角度闭合差按相反的符号平均分配到各转折角值中，此分配值称为角度改正数，以 $v_{\beta i}$ 表示，即：

$$v_{\beta i} = -\frac{f_\beta}{n} \tag{7-5}$$

为了计算方便，可使角度改正数凑整到秒，余数分配给短边所夹的转折角。

校核：$\sum v_{\beta i} = -f_\beta \tag{7-6}$

则改正后角值（$\beta_{改}$）等于观测值加上改正数，即

$$\beta_{改} = \beta_i + v_{\beta i} \tag{7-7}$$

0 校核：$\sum \beta_{改} = \sum \beta_{理}$ （7－8）

以上计算在表 7－3 的第 2、3、4 栏及表下方进行。

2. 坐标方位角的计算

根据已知的起始边坐标方位角和改正后的转折角，逐次推算每一条边的坐标方位角。如图 7－13 所示，已知 1~2 边的坐标方位角 $\alpha_{12已知}$ 和各个改正后的内角 $\beta_{改}$（i = 1、2、…、5）。图 7－13（a）中，导线点是按顺时针编

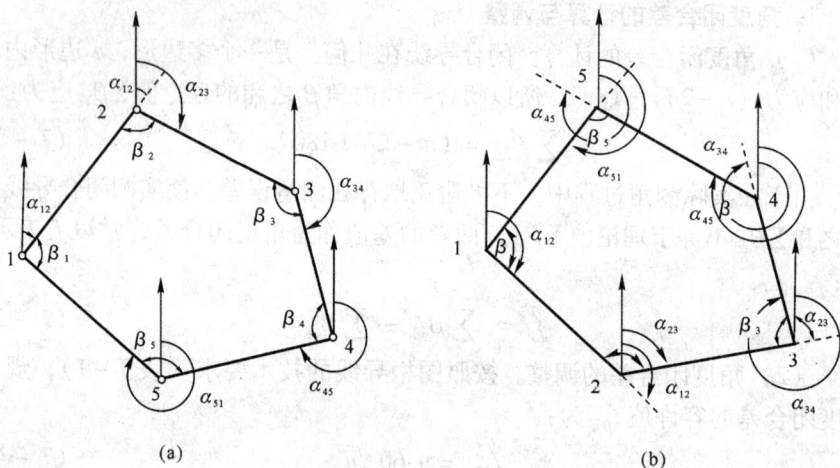

图 7－13　推算导线各边方位角

号的，其内角为右角，可以看出

$$\alpha_{23} = \alpha_{12已知} - (180° - \beta_{2改})$$

同理可得

$$\alpha_{34} = \alpha_{23} - (180° - \beta_{3改})$$

$$\alpha_{45} = \alpha_{34} - (180° - \beta_{4改})$$

$$\cdots\cdots$$

$$\alpha_{12} = \alpha_{51} - (180° - \beta_{1改})$$

校核 $$\alpha_{12} = \alpha_{12已知}$$

由此可以归纳出按后面一边的已知方位角 $\alpha_{后}$ 和导线右角 $\beta_{右}$，推算前进方向一边的方位角 $\alpha_{前}$ 的一般公式：

$$\alpha_{前} = \alpha_{后} + 180° - \beta_{右} \tag{7－9}$$

图 7－13（b）中，导线点是按逆时针编号的，其内角为左角，可以看出：

$$\alpha_{23} = \alpha_{12已知} - (180° - \beta_{2改})$$

同理可得
$$\alpha_{34} = \alpha_{23} - (180° - \beta_{3改})$$
$$\alpha_{45} = \alpha_{34} - (180° - \beta_{4改})$$
$$\cdots\cdots$$
$$\alpha_{12} = \alpha_{51} - (180° - \beta_{1改})$$

校核
$$\alpha_{12} = \alpha_{12已知}$$

由此可归纳出按后面一边的已知方位角 $\alpha_{后}$ 和导线左角 $\beta_{左}$，推算前进方向一边的方位角 $\alpha_{前}$ 的一般公式：

$$\alpha_{前} = \alpha_{后} - 180° + \beta_{左} \qquad\qquad (7-10)$$

因为方位角的取值范围是 $0° \sim 360°$，因此若使用公式（7-9）或（7-11）推算出来的 $\alpha_{前} > 360°$ 或 $\alpha_{前} < 0°$ 时，则应对其减去 $360°$ 或加上 $360°$。

导线坐标方位角的计算在表 7-3 的第 5 栏中进行。

3. 坐标增量的计算

坐标增量是指导线边的终点和始点的坐标差，以 Δ_x 和 Δ_y 分别表示纵坐标增量和横坐标增量。从图 7-14 中可知，当知道导线的长度 D 和坐标方位角 α 后，可按下面公式计算坐标增量，称为坐标正算。即

$$\left.\begin{aligned}\Delta_x &= D \cdot \cos\alpha \\ \Delta_y &= D \cdot \cos\alpha\end{aligned}\right\} \qquad\qquad (7-11)$$

式中坐标增量的正、负号与坐标方位角的余弦、正弦函数值的符号相一致。

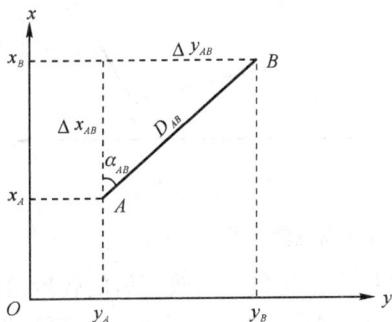

图 7-14 坐标正算　　　　　图 7-15 坐标反算

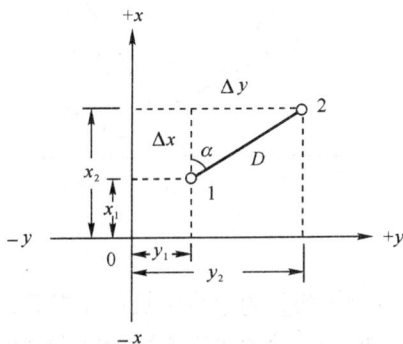

根据两个已知点的坐标计算两点间的坐标方位角和距离，称为坐标反算。如图 7-15 所示，A、B 为已知点，其坐标分别为 $(x_A、y_A)$ 和 $(x_B、y_B)$，则

$$\Delta x_{AB} = x_B - x_A,$$
$$\Delta y_{AB} = y_B - y_A,$$

$$\tan \alpha_{AB}$$

$$= \frac{\Delta y_{AB}}{\Delta x_{AB}}$$

故 $$\alpha_{AB} = \arctan \frac{\Delta y_{AB}}{\Delta x_{AB}} \qquad (7-12)$$

因 Δx_{AB}、Δy_{AB} 有正、负号，因此在计算时应注意其所在的象限。

利用勾股定理可求出两点间的距离，即

$$D_{AB} = \sqrt{\Delta x_{AB}^2 + \Delta y_{AB}^2} \qquad (7-13)$$

坐标增量具体的计算在表 7-3 中第 7、10 栏中进行。

4. 坐标增量闭合差的计算与调整

闭合导线各边纵、横坐标增量的代数和的理论值分别等于零，如图 7-16（a）所示。即

$$\left.\begin{array}{c} \sum \Delta y_{理} = 0 \\ \sum \Delta x_{理} = 0 \end{array}\right\} \qquad (7-14)$$

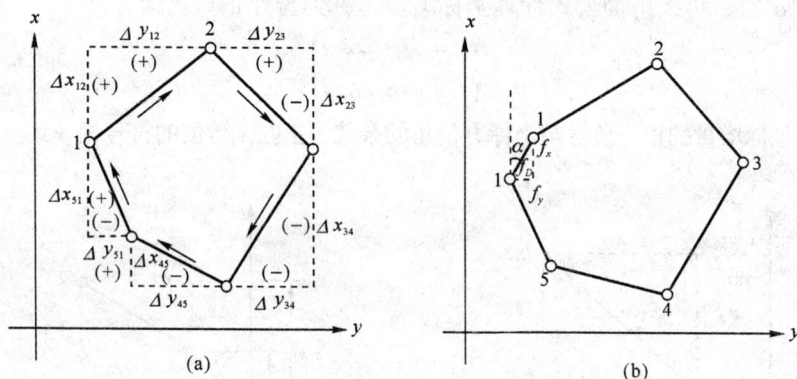

图 7-16 闭合导线增量

由于测量的导线边长存在误差，坐标方位角虽然由改正后的转折角推算的，但转折角的改正不可能完全消除误差，所以坐标方位角中仍存在误差，从而导致坐标增量带有误差，因此坐标增量的计算值之和 $\sum \Delta x_{计}$ 和 $\sum \Delta y_{计}$ 一般不等于零，这就是坐标增量闭合差，如图 7-16（b）中所示。纵、横坐标增量闭合差分别以 f_x 和 f_y 表示，即

$$\left.\begin{array}{c} f_x = \sum \Delta x_{计} \\ f_y = \sum \Delta y_{计} \end{array}\right\} \qquad (7-15)$$

由于纵、横坐标闭合差的存在，根据计算结果绘制出来的闭合导线图形不能闭合，如图7-16（b）所示，1′与1点不重合，线段1′1叫做导线全长闭合差，以f_D表示。由图中可知：

$$f_D = \sqrt{fx^2 + fy^2} \tag{7-16}$$

导线全长闭合差的大小与导线长度成正比。因此，导线测量的精度是用导线全长相对闭合差K（即导线全长闭合差f_D与导线全长$\sum D$之比值）来衡量的，即

$$K = \frac{f_D}{\sum D} = \frac{1}{\sum D/f_D} \tag{7-17}$$

不同等级的导线全长相对闭合差的容许值$K_容$不一样，对于图根钢尺量距导线$K_容 = 1/2000$。

若$K > K_容$，则说明导线测量结果不满足精度要求，应首先检查内业计算有无错误，若有错误，重新计算，若无错误，再检查外业观测数据，对错误或可疑数据重新观测。

若$K \leqslant K_容$，则说明导线测量结果满足精度要求，可进行坐标增量闭合差调整。坐标增量闭合差的调整方法是：将坐标增量闭合差f_x和f_y分别以相反的符号，按与边长成正比例地分配到各坐标增量上，则各纵、横坐标增量的改正数$v_{\triangle xi}$、$v_{\triangle yi}$分别为：

$$\left. \begin{array}{l} v_{\Delta xi} = \dfrac{D_i}{\sum D} f_x \\[2mm] v_{\Delta yi} = -\dfrac{D_i}{\sum D} f_y \end{array} \right\} \tag{7-18}$$

校核　$\sum v_{\Delta xi} = -f_x$

$$\sum v_{\Delta yi} = -f_y \tag{7-19}$$

由于凑整的原因，可能存在微小的不符值，此时应在适当的坐标增量上增加或减少一点，以满足上式要求。

则改正后的坐标增量$\Delta x_改$和$\Delta y_改$等于坐标增量计算值加上改正数，即

$$\left. \begin{array}{l} \Delta x_{i改} = \Delta x_i + v_{\Delta xi} \\[2mm] \Delta y_{i改} = \Delta y_i + v_{\Delta yi} \end{array} \right\} \tag{7-20}$$

校核$\sum \Delta x_{i改} = 0$

$\sum \Delta y_{i改}$

以上具体计算在表7-3的第8、9、11、12栏及表格下方进行。

表 7－3 闭合导线坐标计算表

点号	转折角 观测值 (°′″)	改正数 (″)	改正后值 (°′″)	方位角 a (°′″)	边长 D (m)	纵坐标增量 Δx 计算值 (m)	改正数 (m)	改正后的值 (m)	横坐标增量 Δy 计算值 (m)	改正数 (mm)	改正后值 (m)	坐标 x(m)	横坐标 y(m)
(1)	(2)	(3)	(4)	(5)	(6)	(7)	(8)	(9)	(10)	(11)	(12)	(13)	(14)
1												540.38	1236.70
2	100 39 30	+12	100 39 42	46 57 02	158.71	+108.34	+2	+108.36	+115.98	-2	+115.96	648.74	1352.66
3	117 05 24	+12	117 05 36	126 17 20	108.43	-64.18	+1	-64.17	+87.40	-2	87.38	584.57	1440.04
4	102 02 09	+12	102 02 21	189 11 44	109.51	-108.10	+2	-108.08	-17.50	-2	17.50	476.49	1422.52
5	124 02 42	+12	124 02 54	267 00 23	133.06	-6.60	+2	-6.58	-132.90	-2	-132.92	469.91	1289.60
1	96 09 15	+12	96 09 27	323 06 29	88.10	+70.46	+1	+70.47	-52.89	-1	52.90	540.38	1236.70
2				46 57 02									
Σ	539 59 00	+60	540 00 00		597*81	-0.08	+8	0.00	+0.09	-9	0.00		

辅助设计

$$\sum\beta_{理} = (5-2)\times180° = 540°$$
$$f_\beta = \sum\beta_{测} - \sum\beta_{理} = -60''$$
$$f_{\beta容} = \pm60''\sqrt{n} = \pm134''$$
$$|f_\beta| < |f_{\beta容}|,说明符合要求$$
$$f_x = \sum\Delta x_{计} = -0.08m$$
$$f_y = \sum\Delta y_{计} = +0.09m$$

$$f_D = \sqrt{f_x^2 + f_y^2} = 0.12(m)$$
$$k = f_D / \sum D = 1/4982$$
$$k_{容} = 1/2000$$
$$k < k_{容},说明符合要求$$

图 略
见图 7－12

5. 导线点坐标的计算

根据导线起始点的已知坐标及改正后的坐标增量，依次推算各导线点的坐标。

$$\left.\begin{array}{ll}
x_2 = x_{1已知} + \Delta x_{12} & y_2 = y_{1已知} + \Delta y_{12} \\
x_3 = x_2 + \Delta x_{23} & y_3 = y_2 + \Delta y_{23} \\
\cdots & \cdots \\
x_n = x_{n-1} + \Delta x_{(n-1)n} & y_n = y_{n-1} + \Delta y_{(n-1)n} \\
x_1 = x_n + \Delta x_{(n-1)} & y_1 = y_n + \Delta y_{(n-1)} \\
校核\ x_1 = x_{1已知} & 校核\ y_1 = y_{1已知}
\end{array}\right\} \qquad (7-21)$$

（二）附合导线的内业计算

1. 具有两个连接角的附合导线的计算

此种附合导线的计算步骤和闭合导线的计算步骤基本相同，只是在角度闭合差及坐标增量闭合差的计算方法上有所不同。下面仅介绍不同之处：

（1）角度闭合差的计算。如图 7-17 所示，已知数据及观测值均标注在导线略图上，根据起始边方位角及导线左角，按公式（7-10）计算各边坐标方位角。

$$\alpha_{B1} = \alpha_{AB} - 180° + \beta_B$$

$$\alpha_{12} = \alpha_{B1} - 180° + \beta_1$$

$$\cdots\cdots$$

$$\alpha'_{CD} = \alpha_{BC} - 180° + \beta_C$$

将以上各式相加，得到

$$\alpha'_{CD} = \alpha_{AB} - n \cdot 180° + \sum \beta_1$$

由于转折角及连接角观测中存在误差，故算出的 α'_{CD} 与已知 α_{CD} 不相等，即产生角度闭合差 f_β，则

$$f_\beta = \alpha'_{CD} - \alpha_{CD}$$

$$= \alpha_{AB} - \alpha_{CD} - n \cdot 180 + \sum \beta_{左}$$

写成一般表达式为

$$f_\beta = \alpha_{始} - \alpha_{终} - n \cdot 180° + \sum \beta_{左} \qquad (7-22)$$

若转折角为右角，则

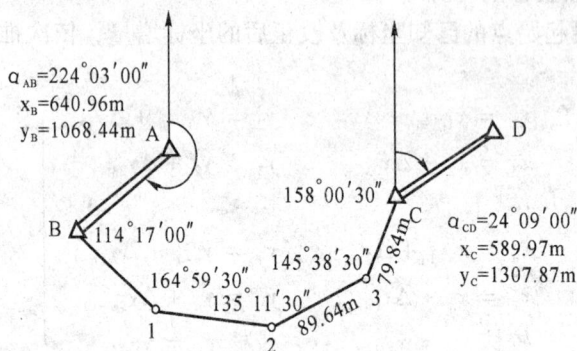

图 7 – 17　附合导线略图

$$f_\beta = \alpha_{始} - \alpha_{终} - n \cdot 180° + \sum \beta_{右} \qquad (7-23)$$

附合导线角度闭合差的容许值及调整方法同闭合导线，当观测角为右角时，改正数的符号与 f_β 的符号相同。

（2）坐标增量闭合差的计算。附合导线纵、横坐标增量的代数和的理论值分别等于终点与始点的已知纵、横坐标差。即

$$\left.\begin{array}{l} \sum \Delta x_{理} = x_{终} - x_{始} \\ \sum \Delta y_{理} = y_{终} - y_{始} \end{array}\right\} \qquad (7-24)$$

$$故\left.\begin{array}{l} f_x = \sum \Delta x_{计} - (x_{终} - x_{始}) \\ f_y = \sum \Delta y_{计} - (y_{终} - y_{始}) \end{array}\right\} \qquad (7-25)$$

具有两个连接角的附合导线具体计算过程的算例见表 7 – 4。

2. 仅有一个连接角的附合导线的计算

这种附合导线的计算与具有两个连接角的附合导线的计算不同之处在于，它不进行角度闭合差的计算与调整，其余计算步骤和方法均相同。

3. 无连接角的附合导线的计算

（1）假定坐标方位角的计算。如图 7 – 18 所示，起始边坐标方位角假定为 90°00′00″（可以是任意角度），即：

$$\alpha'_{A1} = 90°00′00″。$$

根据测定的转折角采用公式（7 – 9）推算各边的假定坐标方位角 α'。

（2）假定坐标增量的计算。根据各边假定坐标方位角和边长，采用公

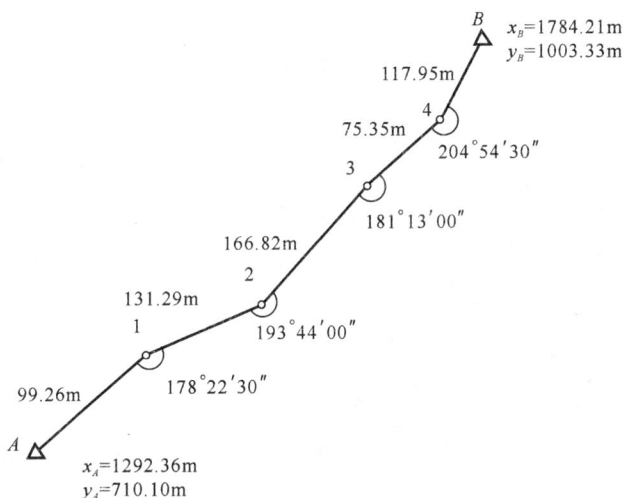

图 7-18　无连接角的附合导线

式（7-11）推算假定坐标增量 $\Delta x'$ 和 $\Delta y'$。

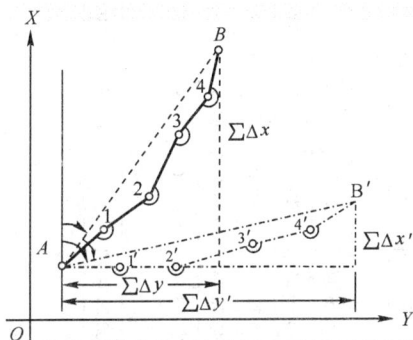

图 7-19　旋转角

（3）计算旋转角。首先计算起点与终点的坐标方位角和假定坐标方位角。

$$\alpha_{AB} = \arctan \frac{\Delta y_{AB}}{\Delta x_{AB}} = \arctan \frac{y_B - y_A}{x_B - x_A}$$

表 7－4　附合导线坐标计算表

点号	转折角 观测值 (° ′ ″)	改正数 (″)	改正后值 (° ′ ″)	方位角 α (° ′ ″)	边长 D (m)	纵坐标增量 Δx 计算值 (m)	改正数 (m)	改正后值 (m)	横坐标增量 Δy 计算值 (m)	改正数 (mm)	改正后的值 (m)	坐标 x(m)	横坐标 y(m)
1	2	3	4	5	6	7	8	9	10	11	12	13	14
A				224 03 00									
B	114 17 00	−6	114 16 54	158 19 54	82.17	−76.36		−76.36	+30.34	+1	+30.35	640.93	1068.44
1	146 59 30	−6	146 59 24	125 19 18	77.28	−44.68		−44.68	+63.05	+1	+63.06	564.57	1098.79
2	135 11 30	−6	135 11 24	80 30 42	89.64	+14.78	−1	+14.77	+88.41	+2	+88.43	519.89	1161.85
3	145 38 30	−6	145 38 24	46 09 06	79.84	+55.31		+55.31	+57.58	+1	+57.59	534.66	1250.28
C	158 00 00	−6	157 59 54	24 09 00								589.97	1307.87
D													
Σ	700 06 30	−30	700 06 00		328.93	−50.95	−1	−50.96	+239.38	+5	+239.43		

辅助设计计

$f_\beta = \alpha_{始} - \alpha_{终} - n \cdot 180° + \sum \beta_{左} = +30''$

$f_{\beta容} = \pm 60'' \sqrt{n} = \pm 134''$

$|f_\beta| < |f_{\beta容}|$，说明符合要求

$f_x = \sum \Delta x_{计} - (x_c - x_B) = +0.01\text{m}$

$f_y = \sum \Delta y_{计} - (y_c - y_B) = +0.05\text{m}$

$fD = \sqrt{f_x^2 + f_y^2} = 0.05\text{m}$

$k = fD / \sum D = 1/6579$

$k_容 = 1/2000$

$k < k_容$，说明符合要求

图　略

见图 7－17

$$\alpha'_{AB} = \arctan \frac{\Delta y'_{AB}}{\Delta x_{AB}} = \arctan \frac{\sum \Delta y'}{\sum \Delta x'}$$

如图 7-19 所示，因为假设了导线的起始边方位角，从而使导线围绕起点旋转了一个角度 θ。则

$$\theta = \alpha'_{AB} - \alpha_{AB}$$

（4）坐标方位角的计算。将各边假定坐标方位角减去转折角 θ，即得各边坐标方位角，

$$\alpha = \alpha' - \theta$$

（5）根据各边的坐标方位角和边长计算坐标增量，然后计算坐标增量闭合差并进行调整，最后根据起点坐标和改正后坐标增量计算各点坐标。此部分计算与两个连接角的附合导线相同。

无连接角的附合导线具体计算过程的算例见表 7-5。

（三）支导线的内业计算

支导线的内业计算与闭合导线、附合导线相比，不进行角度闭合差及坐标增量闭合差的计算与调整。计算步骤如下：

（1）根据观测的转折角采用公式（7-9）或式（7-10）推算各边的方位角。

（2）根据各边的方位角和边长采用公式（7-11）计算坐标增量。

（3）根据起点的已知坐标和各边的坐标增量计算各点的坐标。

第三节　测角交会

在进行图根平面控制测量时，如果图根点的密度不能满足地形测量或工程测量的需要，而需要加密且点数不多时，则可采用测角交会加密图根点。测角交会分为前方交会、侧方交会和后方交会三种。

一、前方交会

如图 7-20 所示，前方交会是分别在两个已知点 A 和 B 上安置经纬仪测出水平角 α 和 β，根据已知点的坐标求算未知点 P 的坐标的方法。

表 7-5 无连接角附合导线计算表

点号	转折角 (° ′ ″)	假定方位角 (° ′ ″)	边长 (m)	假定坐标增量 Δx′(m)	假定坐标增量 Δy′(m)	改正后方位角 (° ′ ″)	坐标增量计算值 Δx计(m)	坐标增量计算值 Δy计(m)	改正后坐标增量 Δx(m)	改正后坐标增量 Δy(m)	坐标 x(m)	坐标 y(m)
1	2	3	4	5	6	7	8	9	10	11	12	13
A		90 00 00	99.26	0.00	+ 99.26	43 03 59	+ 72.52	+ 67.78	+ 72.52	+ 67.78	1292.36	710.10
1	178 22 30	91 37 30	131.29	− 3.72	+ 131.24	44 41 29	+ 93.33	+ 92.33	+ 93.33	+ 92.33	1364.88	777.88
2	193 44 00	77 53 30	166.28	+ 34.99	+ 163.11	30 57 29	+ 143.06 (−0.01)	+ 85.81 (−0.01)	+ 143.05	+ 85.80	1458.21	870.21
3	181 03 00	76 40 30	75.35	+ 17.37	+ 73.32	29 44 29	+ 65.42	+ 37.38	+ 65.42	+ 37.38	1601.26	956.01
4	204 54 30	51 46 00	117.95	+ 73.00	+ 92.25	4 49 59	+ 117.53	+ 9.94	+ 117.53	+ 9.94	1666.68	993.390
B											1784.21	1003.33
Σ			590.67	+ 121.64	+ 559.58		+ 491.86	+ 293.24	+ 491.85	+ 293.23		

辅助计算

$$a'_{AB} = \arctan\left(\frac{\sum \Delta y'}{\sum \Delta x'}\right) = 77°44'10''$$

$$f_d = \sqrt{f_x^2 + f_y^2} = 0.01\text{m}$$

$$a_{AB} = \arctan\left(\frac{\sum \Delta y'}{\sum \Delta x'}\right) = 30°48'09''$$

$$k = f_D / \sum D = 1/59067$$

$$\theta = a'_{AB} - a_{AB} = 46°56'01''$$

$$a = a' - \theta$$

$$k_{容} = 1/2000$$

$$f_x = \sum \Delta x_{计} - (X_B - X_A) = +0.01\text{m}$$

$$f_y = \sum \Delta y_{计} - (y_B - y_A) = +0.01\text{m}$$

图 略

见图 7-17 图 7-17

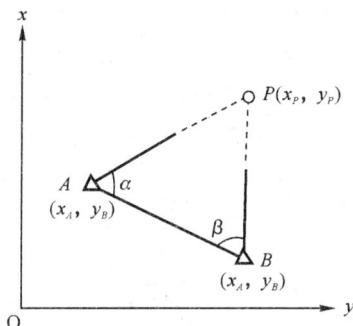

图 7-20 前方交会

因为

$$x_P - x_A = D_{AP}.\cos\alpha_{AP}$$

$$y_P - y_A = D_{AP}.\sin\alpha_{AP}$$

故：

$$x_P - x_A = \frac{(x_B - x_A).\cot\alpha + (y_B - y_A)}{\cot\alpha + \cot\beta}$$

$$y_P - y_A = \frac{(y_B - y_A).\cot\alpha + (x_B - x_A)}{\cot\alpha + \cot\beta}$$

移项化简得：

$$x_p = \frac{x_A.\cot\beta + x_B.\cot\alpha - y_A + y_B}{\cot\alpha + \cot\beta} \tag{7-26}$$

$$y_p = \frac{y_A.\cot\beta + y_B.\cot\alpha - x_A + x_B}{\cot\alpha + \cot\beta}$$

检核：

$$x_B = \frac{x_p.\cot\alpha - x_A.\cot(\alpha + \beta) - y_p + y_A}{\cot\alpha - \cot(\alpha + \beta)}$$

$$y_B = \frac{y_p.\cot\alpha - y_A.\cot(\alpha + \beta) - x_p + x_A}{\cot\alpha - \cot(\alpha + \beta)} \tag{7-27}$$

前方交会的算例见表 7-6。

表7-6 前方交会计算表

点 名		观测角 (。′″)		坐 标				图略
				x (m)		y (m)		
A	张村	α_1	40°48′50″	x_A	1 653.55	y_A	1 314.70	
B	李村	$V\beta_1$	67°49′40″	x_B	1 357.90	y_B	633.92	
P	塔山			x_P	999.99	y_p	1 000.00	
B	李村	α_2	39°20′34″	x_B	1 357.90	y_B	633.92	
C	王村	β_2	66°59′38″	x_C	827.38	y_C	692.53	
P	塔山			x_P	1 000.00	y_P	1 000.00	
				中数 x_P	1 000.00	中数 y_P	1 000.00	

二、侧方交会

如图7-21所示，侧方交会是分别在一个已知点A（或B）和未知点P上安置经纬仪测出水平角α（或β）和γ，根据已知点的坐标求算未知点P的坐标的方法。

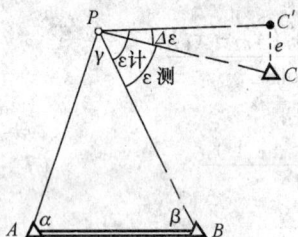

7-21 侧方交会

计算P点坐标时，在ΔABP中，已知A、B两点坐标及α（或β）、γ角，则由：

$\beta = 180° - （\alpha + \gamma）$ 或 $\alpha = 180° - （\beta + \gamma）$

求β（或α），这样就可采用前方交会的计算公式进行计算。

侧方交会测定P点时，一般采用检查角（ε）方法进行检查观测成果的正确性，即在P点向另一已知点C观测检查角$\varepsilon_测$，检查方法如下：

计算出P点坐标后，根据B、C、P三点的坐标即可反算出PB、PC的坐标方位角α_{PB}、α_{PC}及边长D_{PC}。

即 $a_{p3} = \arctan \dfrac{y_B - y_p}{x_B - x_p}$

$a_{pc} = \arctan \dfrac{y_c - y_p}{x_c - y_p}$

$D_{PC} \sqrt{(x_c - x_p)^2 + (y_c - y_p)^2}$

则 $\varepsilon_{\text{计}} = a_{pB} - a_{pc}$

由于误差的存在，使得 ε 的计算值 $\varepsilon_{\text{计}}$ 与观测值 $\varepsilon_{\text{测}}$ 不相等而产生较差 $\triangle \varepsilon$，即

$$\Delta \varepsilon = a_{pB} - a_{pc} \qquad\qquad (7-28)$$

$\Delta \varepsilon$ 反映了 P 点的横向位移 e，即

$$e = \frac{Dpc \cdot \Delta \varepsilon''}{P''}$$

一般测量规范中，对于地形控制规定最大的横向位移 e 不大于比例尺精度的两倍，即

$$e \leqslant 2 \times 0.1M \text{ mm} \quad \text{故 } \Delta \varepsilon \leqslant \frac{0.2M}{D_{pc}}P'' \qquad (7-30)$$

式中 D_{pc} 以毫米（mm）为单位，M 为比例尺分母。

侧方交会的算例见表 7-7。

表 7-7　侧方交会计算表

点名		起　算　数　据		观　测　数　据	
		x (m)	y (m)		
A	确山	6244. 73	28117. 81	α	47°59′42″
B	玉山	5551. 32	28413. 70	β	（63°33′46″）
C	北山	5182. 27	28894. 74		
P	N_9	计　算　结　果		Y	63°26′32″
		x (P)　6009. 66	y (P)　2804. 53		
检核计算	α_{PB}	220°27′16″	$\Delta \varepsilon_{\text{测}}$	9″	
	α_{PC}	173°46′40″	D_{PC}	832. 29m	
	$\varepsilon_{\text{计}}$	46°40′36″	$\Delta \varepsilon_{\text{容}}$	496″	
	$\varepsilon_{\text{测}}$	46°40′45″	比例尺	1：10000	

三、后方交会

如图 7-22 所示，后方交会是仅在未知点 P 观测出 α、β 角，根据已知点 A、B、的坐标求算未知点 P 的坐标的方法。

后方交会求算未知点的公式很多，下面仅介绍的一种简明易记、计算方便的仿权公式，即：

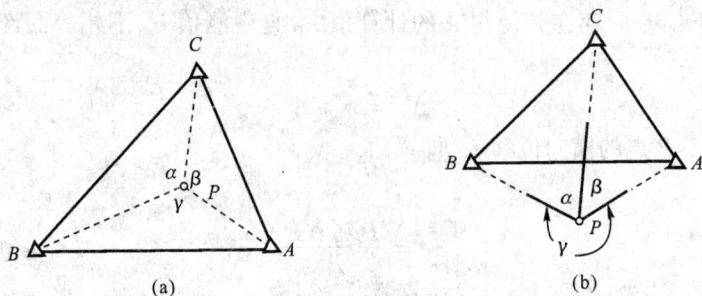

图 7 – 22　后方交会

$$x_p = \dfrac{p_A \cdot x_A + p_B \cdot x_B + p_C \cdot x_C}{p_A + p_B + p_C} \left.\right\}$$

$$y_p = \dfrac{p_A \cdot y_A + p_B \cdot y_B + p_C \cdot y_C}{p_A + p_B + p_C} \qquad (7 - 31)$$

式中

$$P_A = \dfrac{1}{\cot \angle A - \cot \alpha}$$

$$P_B = \dfrac{1}{\cot \angle B - \cot \beta}$$

$$P_C = \dfrac{1}{\cot \angle C - \cot r}$$

后方交会的算例见表 7 – 8。

第四节　高程控制测量

从前面我们已经知道，图根控制测量包括平面控制测量和高程控制测量。在园林测量工作中，高程控制测量常用水准高程测量和三角高程测量。

表 7 –8　后方交会计算表

点号	坐　　　标		固定角	观测角	
	x	y			
A	2858. 06	6860. 08	7°43′33″	α	118°58′18″
B	4374. 87	6564. 14	159°02′51″	β	204°37′22″

续表

点号	坐标		固定角	观测角	
	x	y			
C	5144.96	6083.07	13°13′36″	γ	(36°24′20″)
P	4657.78	6074.23			

$P_A = 0.126186$

$P_B = -0.208618$

$P_C = 0.345003$

$P_A + P_B + P_C = 0.262571$

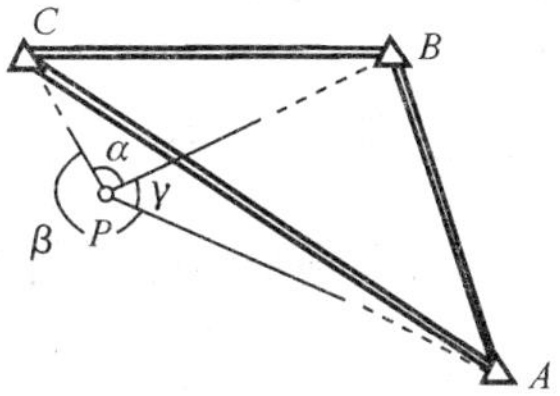

一、水准高程测量

（一）适用范围

水准高程测量一般适用于平坦地区。

（二）水准高程测量原理

水准高程测量原理见第三章第二节。

（三）水准高程测量的外业工作

1. 水准高程测量路线的形式

水准高程测量路线的形式有闭合水准路线、附合水准路线和支水准路线。

2. 水准高程测量方法

水准高程测量路线中各测段的观测步骤见第三章第四节。注意测站校核可采用双仪高法或双面尺法进行，见第三章第五节。

（四）水准高程测量的内业工作

水准高程测量内业工作的目的，是根据已知点的高程和外业观测的数据，经过调整误差，最后计算出图根点的高程。

首先要全面认真检查外业工作记录有无记错、遗漏，每一测站所测的高差是否算错及是否符合精度要求。在确认外业工作成果合格后，求出水准路线中各测段的高差（即测段内所有测站所测高差的总和）及测站数（或距离），绘制水准路线略图，在图上标注点号、高差、测站数（或距高）和已知点的高程，然后进行水准高程测量的内业计算。详见第三章第五节。

二、三角高程测量

（一）适用范围

三角高程测量一般适用于丘陵地、山地等。

（二）三角高程测量的原理

三角高程测量是根据地面上两点间的水平距离和观测的竖角来计算两点间的高差，然后根据其中已知点的高程推算未知点的高程。

如图 7-23 所示，已知 A 点高程为 H_A，欲求算 B 点的高程，必先测定 A、B 两点间的高差 h_{AB}。在 A 点安置仪器，量取仪器高 i，在 B 点立觇标，量取其高度 l，用望远镜的十字丝交点瞄准觇标顶端，测出竖角 a。

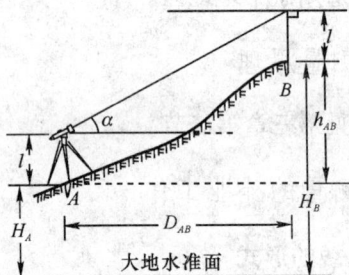

图 7-23　三角高程测

若用经纬仪视距出 A、B 两点间的水平距离 D，则可求得 A、B 两点间的高差 h_{AB}，此为经纬仪三角高程测量，即

$$h_{AB} = D\tan\alpha + i - l \qquad (7-32)$$

如果用电磁波测距仪测定两点间的斜距 D'，则也可求得 A、B 两点间的高差 h_{AB}，此为电磁波测距三角高程测量，即

$$h_{AB} = D'\sin\alpha + i - l \qquad (7-33)$$

则由公式 $H_B = H_A + h_{AB}$ 可求得 B 的高程 H_B。

三角高程测量一般采取对向（往返）观测（又称直反觇观测）。即先在已知高程点 A 安置仪器，在未知高程点 B 立觇杆，测得高差 h_{AB}，称为直觇，然后再在未知高程点 B 安置仪器，在已知高程点 A 立觇标，测得高差 h_{BA}，称为反觇。若直觇高差和反觇高差的较差不超过容许值，则取两者的平均值作为最后结果。

（三）三角高程测量的外业和内业工作

1. 三角高程测量的外业工作

（1）安置仪器于测站上，量取仪器高 i，读至 mm。

（2）立觇标于测点上，量出觇标高 l，读至 mm。

（3）经纬仪观测竖角 α，进行一个测回，较差在 25″ 内取平均值作为最后结果。

（4）采用对向观测，方法同上。若使用测距仪，测出斜距 D'。

2. 三角高程测量的内业工作

三角高程测量内业工作的目的是计算出未知点的高程。计算前，首先整理、检查外业观测数据，确认合格后方可进行计算。

（1）高差的计算。根据公式计算直觇、反觇的高差，然后计算两者较差，若不超出容许值则取平均值，符号同直砚高差符号，如表 7 - 9。

表 7 - 9　三角高程测量高差计算表

已知点	A	
未知点	B	
觇法	直	反
水平距离 D（m）	488.01	488.01
竖直角 θ	+6°52′07″	-6°34′38″
$D\tan\theta$	+58.78	-56.27
仪器高（m）	1.49	1.50
觇标高（m）	3.00	2.50
两标改正（m）	0.02	0.02
高差（m）	+57.29	-57.25
平均高差（m）	+57.27	

（2）高程的计算。首先计算高差闭合差：

$$f_h = \sum h - (H_B - H_A) \qquad\qquad (7-34)$$

若$|f_h| \leqslant |f_{h容}|$时，说明精度达到要求，可按距离成正比例进行高差闭合差的调整，求得改正后高差，就可根据已知的起点高程逐点推算未知点的高程。

复习思考题

1. 名词解释：控制测量、经纬仪导线测量、图根点、闭合导线、附合导线、导线全长相对闭合差

2. 简答题

(1) 图根控制测量中，导线布设的形式有哪几种？各适用于什么情况？

(2) 经纬仪导线测量外业工作有哪几项？

3. 计算题

(1) 如下图所示的闭合导线，已知12边的坐标方位角 $\alpha_{12已知}=43°54'31''$，1点的坐标为 $x_1=1000.00\text{m}$，$y_1=1000.00\text{m}$，转折角观测值和边长在图中标出，计算闭合导线各点的坐标。

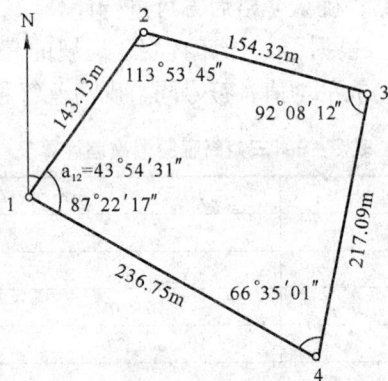

(2) 如下图所示的附合导线，已知起始边、终边的坐标方位角 $\alpha_{AB}=41°29'20''$，$\alpha_{CD}=215°36'45''$，B、D 两点的坐标分别为 $x_B=513.26\text{m}$，$y_B=258.17\text{m}$，$x_C=510.99\text{m}$，$y_C=923.28\text{m}$。转折角观测值和边长在图中标出，计算附合导线1、2、3 点的坐标。

第八章　大比例尺地形图的测绘

┌─ **本章提要** ─────────────────────────

　　本章主要讲解地形图图式的概念、表示方法和分类，等高线的概念、表示方法、分类和特点，对角线法和格网尺法绘制方格网的方法，图根点的绘展和加密方法，碎部点选择的方法，经纬仪测绘法进行地形测量的方法，地物绘制，等高线的勾绘，地形图的拼接、检查、整饰、清绘和成图。

└──────────────────────────────────────

　　测绘地形图就是按一定的比例尺及规定的符号，将地面上各种地物和地貌绘于图上成为各种比例尺的地形图。根据比例尺大小不同，可分为大、中、小三种比例尺地形图：一般将 1：10000 至 1：500 比例尺称为大比例尺地形图；1：100000 至 1：25000 比例尺称为中比例尺；小于 1：100000 比例尺称为小比例尺地形图。

　　测图比例尺不同，成图方法和要求也不一样，通常大比例尺测图的特点是测区范围较小，精度要求高，成图时间短。主要采用平板仪、经纬仪或经纬仪配合小平板仪等常规直接测图方法。中比例尺地形图常用航测法成图。随着科学技术的发展，目前已采用多功能的电子速测仪器测绘地形图。

　　大比例尺地形图是为了满足各种工程设计而测绘的。测图比例尺越大，测绘的内容越详尽，精度要求越高，测绘工作量越大。因此，在地形测量时，应根据工程性质、设计阶段和测区大小合理地选用测图比例尺。

第一节　地物和地貌在地形图上的表示方法

　　地球表面十分复杂，但总的来说，大致可以分成地物和地貌两类。地面上具有明显轮廓的固定性物体称为地物，如房屋、道路、森林和河流等。地面上高低起伏的形态称为地貌，如高山、深谷和平原。地物和地貌合称为地形。

表 8-1 1:500~1:2000 地形图地物符号

编号	符号名称	图例	编号	符号名称	图例
1	坚固房屋 4-房屋层数	坚 1.5	13	小路	0.5 1.0 1.0
2	普通房屋 2-房屋层数	2 1.5	14	三角点 凤凰山—点名 394.486—高程	5.0
3	台阶	0.5 0.5	15	图根点 1. 埋石的 2. 不理石的	1.5 0.5 1.5
4	草地	1.5 10.0 1.0 10.0	16	水准点	2.0
5	旱地	1.5 16.0 1.0 10.0	17	烟囱	3.5 1.0
6	水稻田		18	路灯	1.0 3.5
7	高压线	0	19	高程点 及其注记	3.5 1.0
8	低压线	0	20	温室	
9	电杆	10	21	高等线 1. 首曲线 2. 计曲线 3. 间曲线	0.15 0.7 0.3 0.6 0.15 1.0 1.0
10	公路	0.5 0.5			
11	篱笆	10.0 10	22	陡崖	
12	栅栏、栏杆	10.0 10	23	沙地	

一、地物的表示方法

地物分为两类，一类为自然地物，如河流、森林、湖泊等；另一类为人工地物，如房屋、道路、水库、桥涵、通讯和输电路线等。

在地形图上，地物是用相似的几何图形或特定的符号表示的。测绘地形图时，将地面上各种形状的地物，按一定的比例，用垂直投影的方法，缩绘于地形图上。对难以缩绘的地物，则按特定的符号和要求表示于地形图上。

由于地物种类繁多、形状各异，因此，要求表示地物的图形、符号要简明、形象、清晰，便于记忆和容易描绘，并能区分地物的种类、性质和数量。这种符号称地形图图式。对于各种比例尺地形图的地物的表示方法，由我国国家测绘总局统一制定了地形图图式，图式是根据国民经济建设各部门的共性要求制定的国家标准，在使用时也可根据不同专业、地区特点，按用图需要增补符号。表8-1是根据国家测绘总局1996年统一制定和颁发的"1:500、1:1000、1:2000地形图图式"中摘录的一小部分地物、地貌符号。

地形图图式中地物的符号分为比例符号，非比例符号、线状符号和填充符号四种。

（一）比例符号

把地物的轮廓按测图比例尺缩绘于图上的相似图形，称为比例符号（又称轮廓符号）。比例符号正确地表示了地物的位置、形状和大小，如图8-1所示。

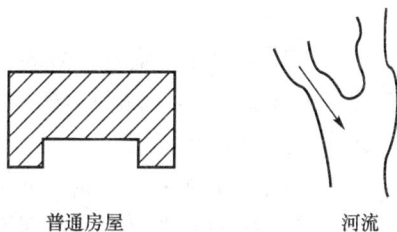

普通房屋　　　　　　　河流

图8-1　比例等号

（二）非比例符号

当地物轮廓很小，若按比例尺无法在图上表示出来时，就必须采用统一规定的符号，将其表示在图上。这类符号属于非比例符号。非比例符号只能表示地物几何中心或其他定位中心的位置。它能表明地物的类别，但不能反映地物的大小。该类符号如图8-2所示。

水井　　　　　路灯　　　　　烟囱

图8-2　非比例符号

（三）线状符号

对延伸性地物，如小路、通讯线路、管道等，其长度可按比例尺缩绘，而宽度却不能按比例尺缩绘，这种符号称线状符号。线状符号的中心线，能表示出地物的正确位置。该类符号如图8-3所示。

（四）填充符号

用以表示农业场地、森林等植被而均匀填绘于地类边界轮廓内，其轮廓大小按比例尺测绘，而填充的单个符号既不表示物体的大小，也不表示物体的实际位置，称为填充符号，又称面积符号。如图8-4所示。

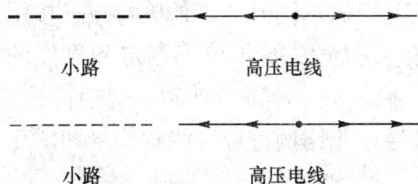

小路	高压电线	旱地	竹林

小路	高压电线

图8-3　线形符号　　　　　　　　图8-4　填充符号

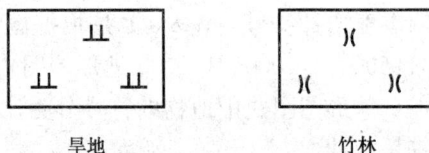

地物在图上除用一定的符号表示外，为更好地表达地面情况，还应配合以文字、数字的注记或说明。如单位名称、河流、湖泊、道路等的地理名称、地面点的高程等注记。

必须指出，比例符号与非比例符号并非是一成不变的，还要依据测图比例尺与实物轮廓的大小而定。例如直径为3m的竖井，在1：500比例尺图上可按比例描绘为6mm直径的小圆；在1：5000比例尺图上表示为0.6mm直径的小圆便有困难，这时就必须用非比例符号描绘。一般来说，测图比例尺愈小，使用非比例符号越多。各种地物具体表示法可参阅地形图图式。

二、地貌在地形图上的表示方法

在地形图上表示地貌的方法很多。有晕瀚线法、涂色法、注记高程法等。在大比例尺地形图中，通常用等高线来表示地貌。用等高线表示地貌，不仅能表示出地面起伏形态，而且还能科学地表示出地面的坡度和地面点的高程。

（一）地貌的基本形态

地貌的形态虽错综复杂，其基本形态可归纳为如下三类：即平地、丘陵地和山地。平地指地面起伏无显著变化，坡度一般在 0°～6°之间。丘陵地指地面起伏不大，但变化复杂，坡度一般在 6°～15°之间。山地指地面起伏较大，坡度一般在 15°以上。山地地貌中，有山顶、山脊、山坡、山谷、鞍部、盆地（洼地）等基本形态。图 8－5 为山地的综合透视图。

1. 山

较四周显著凸起的高地称为山，大的叫岳或岭，小的（比高低于200m）叫丘或岗。连绵不断的大山称山脉。山的最高点称山顶，呈尖锐状的山顶称山峰。

2. 山脊

由山顶向某个方向延伸的凸起部分称为山脊。山脊上最高点的连线称为山脊线，雨水以山脊线为界向两侧流向山谷，所以山脊线又称为分水线。山脊的两侧叫山坡，山坡与平地相接的部分称为山脚或山麓。

3. 山谷

延伸在两山脊之间的低凹部分叫山谷。山谷内最低点的连线叫山谷线，或称集水线，它是两侧谷坡相交处的谷底部分。山谷的最低处称为谷口，最高处称为谷源。

4. 鞍部

相邻两个山顶间的低洼处形似马鞍状的地貌，称为鞍部。一般情况下，鞍部既是山谷的发源地，又是山脊的低凹处，因此，山脊线和山谷线的交叉处必定是鞍部，或者说，在山脊线低凹部分的两侧有两个山谷，该低凹处称鞍部。

5. 盆地

四周高中间低，其中大而深的叫盆地，范围较小而浅的叫洼地，很小的叫坑。湖是汇集有水的盆地。

6. 特殊地貌

如雨裂、冲沟、绝壁、悬崖、陡坎、梯田等，由雨水冲刷成的狭小而下凹部分称为雨裂，雨裂逐渐扩张形成冲沟；由岩石构成的陡峭沿壁或峭壁，下部凹进的绝壁称为悬崖；山坡局部地方形成几乎垂直的地形称为陡坎。

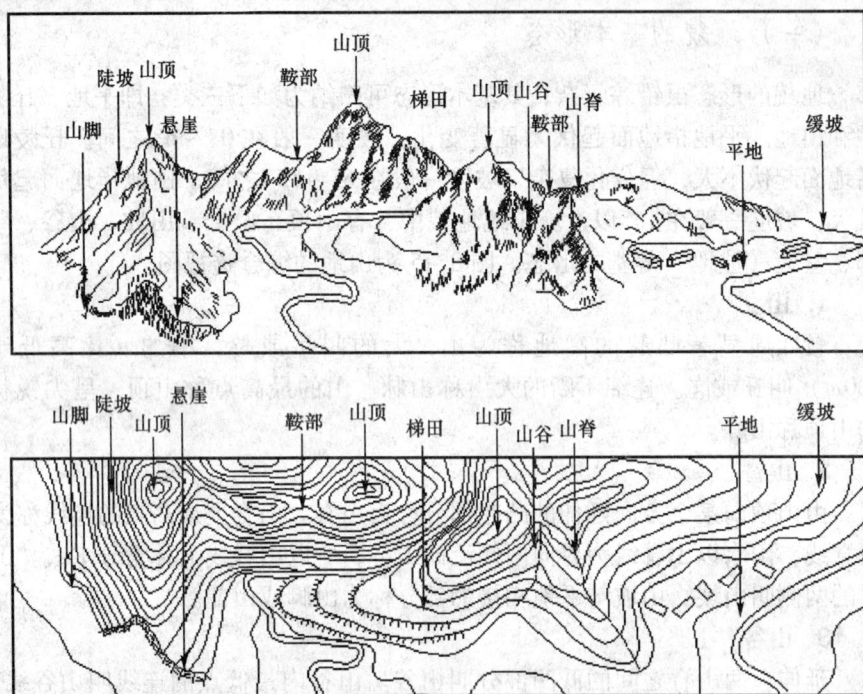

图 8-5　用等高线表示典型地貌

(二) 用等高线表示地貌

1. 等高线的概念

等高线就是地面上高程相等的相邻各点连成的闭合曲线。即相当于一定高度的水平面横截地面所成的地面截痕线。如图 8-6 所示，设想有一座小山，它被 P_1、P_2、P 几个高差相等均为 h 的静止水平面相截，则在每个水面上得到一条闭合曲线，每一条闭合曲线上的所有点之高程必定相等。显然，曲线的形状即小山与水平面的交线之形状。若将这些曲线，沿铅垂线方向投影到水平面 P 上，便得到能表示该小山形状的几条闭合曲线，即等高线。若将这些曲线按测图比例尺缩

绘到图纸上，便是地形图上的等高线。

2. 等高距和等高线平距

相邻两条等高线之间的高差称为等高距。相邻两条首曲线之间的高差称为基本等高距。等高距的大小根据地形图比例尺、地面坡度及其用图目的而

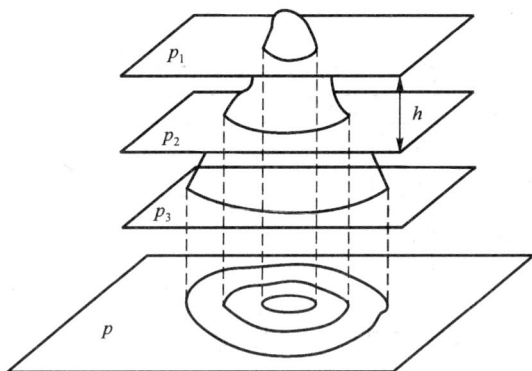

图 8-6　等高线表示地貌的原理

定。大比例尺测图的基本等高距如所列。在同一测区或同一幅地形图上，基本等高距相同。

表 8-2　大比例尺地形图的基本等高距

地形分类	测 图 比 例			
	1:500	1:1000	1:2000	1:5000
平　　地	0.5	0.5	0.5 或 1.0	0.5 或 1.0
丘陵地	0.5	0.5 或 1.0	1.0	1.0 或 2.0
山　　地	0.5 或 1.0	1.0	1.0 或 2.0	2.0 或 5.0
高山地	1.0	1.0	2.0	5.0

相邻两条等高线之间的水平距离称为等高线平距。由于同一测区或同一幅地形图上必须采用的等高距相同，等高线平距的大小便能反映地面坡度情况：等高线平距愈小则地面坡度愈陡，图上等高线也就愈密集；等高线平距愈大则地面坡度愈缓，图上等高线也就愈稀疏；等高线平距相等，则地面坡度均匀，图上的等高线就显得很均匀，如图 8-7。因此，根据图上等高线的稀疏和均匀，可以判断地面坡度的陡缓和均匀程度。设地面坡度为 i，则它与等高距 h 及等高线平距 s 的关系可用下式表示：

$$i = h / s \times M$$

式中 M 为测图比例尺分母，s 为两条等高线之间的图上距离。

取用等高距愈小，显示地貌就愈详细，反之，显示地貌就愈简略。但等高距过小，在陡坡地区等高线就显得过密，反而影响图面的清晰，不利于地

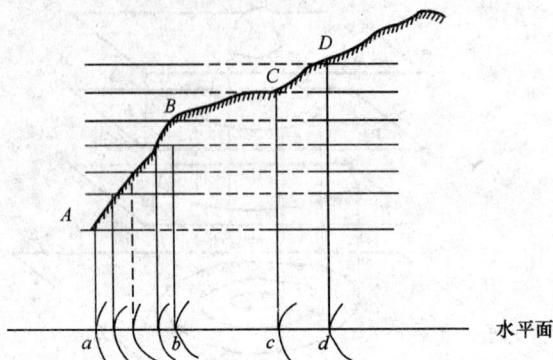

图 8 - 7 坡度大小与平距的关系

形图的使用，同时还加大了测图工作量。所以应根据测区坡度大小、测图比例尺和用图目的等综合因素选用等高距的大小。

（三）等高线的种类

1. 首曲线（基本等高线）

根据上述所选定的等高距测绘的等高线称为首曲线，又称基本等高线。故首曲线的高程必须是等高距的整倍数。在图上，首曲线用细实线描绘，如图 8 - 8 中，高程为 98m、100m、102m、…、108m 的均为首曲线。

计曲线（加粗等高线）

为了读图方便，规定每逢 5 倍或 4 倍等高距的等高线应加粗描绘，并在该等高线上的适当部位注记（当遇等高线较密时，一般只在计曲线上注记高程）高程，该等高线称为计曲线，也叫加粗等高线。

判定计曲线的方法是：根据首曲线的高程除以等高距所得的商来决定，如果所得商数是 5 的整倍数（如采用 4 倍等高距加粗时，所得商数是 4 的整倍数），则此首曲线应加粗描绘，即为计曲线。如图 8 - 8 中高程为 100m 的首曲线为计曲线，因 100/ 2 = 50，商数 50 是 5 的整倍数；又如，设等高距为 2.5m，并规定每隔 4 倍等高距加粗，则高程为 60m 的首曲线为计曲线，因 60/ 2.5 = 24，商数 24 是 4 的整倍数。

2. 间曲线

为了显示首曲线不能表示的地貌特征，可按 1/2 基本等高距描绘等高线，这种等高线叫间曲线，又称半距等高线，在图上用长虚线描绘，如图 8 - 8 中高程为 107m 的等高线是间曲线。

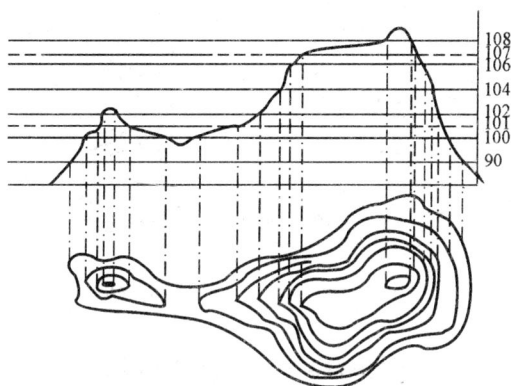

图8-8　等高线的种类

3. 助曲线

按1/4基本等高距描绘的等高线称为助曲线。在图上用短虚线描绘。

间曲线和助曲线都是用于表示平缓的山头、鞍部等局部地貌，或者在一幅图内坡度变化很大时，也常用来表示平坦地区的地貌。间曲线和助曲线都是辅助性曲线，在图幅中何处加绘没有强性规定，在图幅中也可不需自行闭合。

（四）典型地貌的等高线特征

1. 山头和洼地

图8-9（a）为山头的等高线，图8-9（b）为洼地等高线。它们都是一组闭合曲线，为了区分这些等高线所表示的地貌，一般需注明高程，或者在等高线上加绘示坡线，如图8-10（a）和图8-10（b）。示坡线为垂直于等高线的短线，它指向坡度下降的方向。

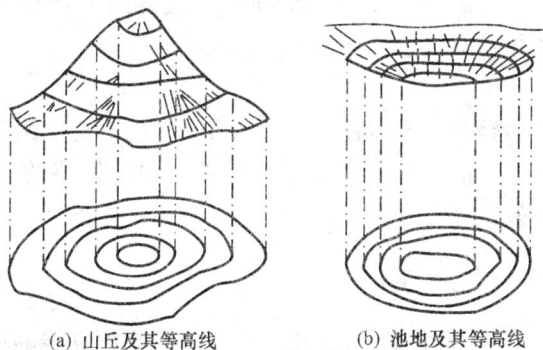

(a) 山丘及其等高线　　　　　(b) 池地及其等高线

图8-9　山头和洼地

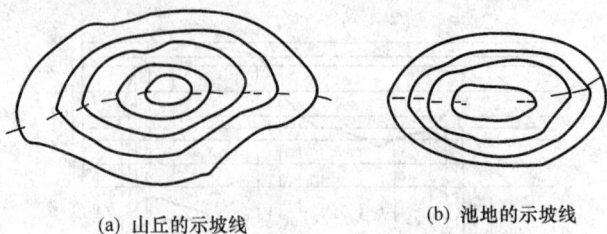

(a) 山丘的示坡线　　　　　　(b) 池地的示坡线

图 8 – 10　山头和洼地的示坡线

2. 山脊和山谷

图 8 – 11 中可以看出，山脊和山谷的等高线均为一组凸形曲线，山脊等高线凸向低处，山谷等高线凸向高处，且分别与相应的山脊线和山谷线垂直相交。

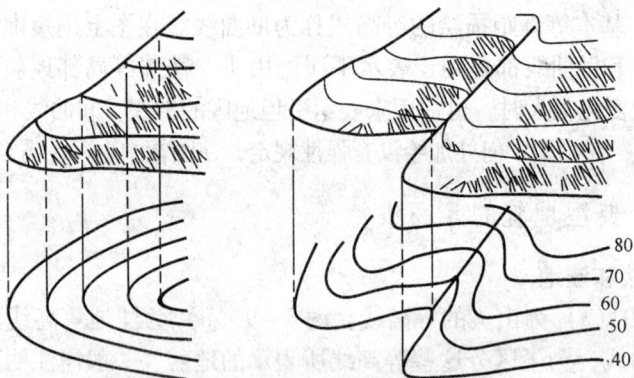

图 8 – 11　山脊和山谷的等高线

在规划设计建筑物时，要注意地面的水流方向、分水线、集水线等问题，它们在地形图的应用中具有重要的意义。

3. 鞍部

鞍部是两个山脊和两个山谷会合的地方，它的等高线由两组相对的山脊和山谷等高线组成，如图 8 – 12 所示。鞍部在山区道路的选线中是个关键点，越岭道路一般选择在鞍部通过。

（五）等高线的特性

从以上几种典型地貌的等高线中，可以概括出等高线的特性如下：

（1）同一条等高线上所有点的高程相等，但高程相等的地面点不一定

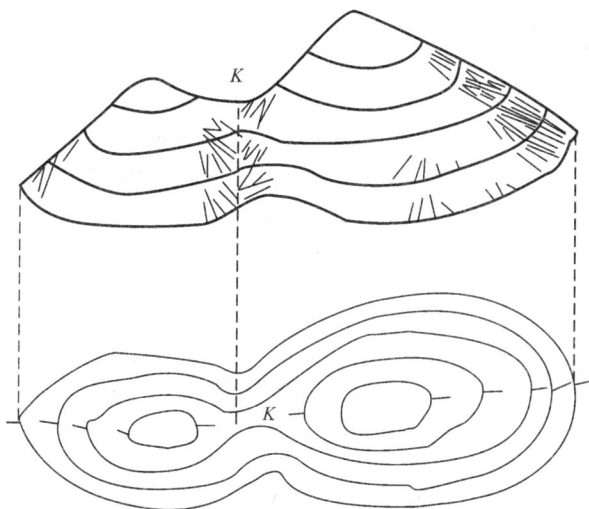

图 8 – 12　鞍部的等高线

在同一条等高线上。

（2）等高线必须自行闭合，如不在图幅内闭合，则在相邻的其他图幅内闭合。不在图幅内闭合的等高线应绘制内图廓线，不能在图幅内中断，但辅助曲线则例外。

（3）不同高程的等高线不能相交，只有在悬崖处才能相交，但交点必成双；不同高程的等高线不能重合，只有在陡壁处才能重合；陡壁、悬崖、陡坎等地貌一般不绘等高线，而是用规定的符号表示，等高线在符号两边断开。

（4）在同一幅地形图上，等高线平距的大小与地面坡度成反比。

（5）山脊线、山谷线均与等高线成正交。

第二节　测图前的准备工作

测图前，必须做好一系列的准备工作。首先应收集测区内已有的测绘成果，进行踏勘，拟定施测方案；其次准备各种测绘仪器、工具、校正仪器、对图纸分幅和编号、测板裱糊和展绘图根点等。

一、图纸准备

1. 分幅

当图根控制测量结束以后，即可按正方形分幅中所讲的根据测区控制点坐标来进行分幅。分幅时还要顾及测区边界到东（y 值最大）、西（y 值最小）、南（x 值最小）、北（x 值最大）各控制点的距离，如图 8 – 13 所示，图幅数量确定后即可准备图纸。

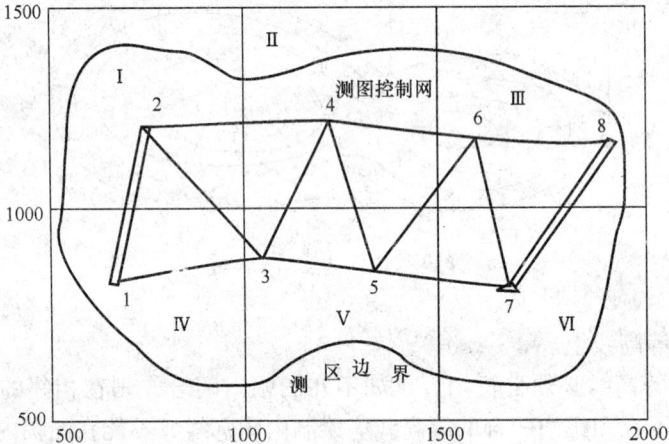

图 8 – 13　独立测区大比例尺图幅的划分

2. 裱糊图板

图板是地形测绘中的重要工具，一般以胶合板或铝板作为底板，测图时用夹或螺钉将裱糊的底板固定在平板仪的测板上，待完成测图任务后，卸下底板，连同原图长期保存。裱糊底板前先将图纸放在清水中泡软，裱糊时用稀释的蛋清均匀地刷于底板上，然后将流净积水的图纸裱贴在上面。裱贴时可在图纸上覆盖一张白纸，用洁净的毛巾自中央向四周压抹，排去空气使图纸与底板密合。图纸四周应适当宽出底板若干厘米，将宽出的部分裱贴底板反面。裱成的底板，保持正面相对，多块叠合放在平台上用重物压住，待半干后分开晾干，严禁火烤或曝晒。

不需长期保留的地形图可不用底板，将图纸用透明胶带直接贴在测板上进行测图。

目前已广泛使用聚酯薄膜测绘地形图，它具有透明度好、伸缩小、耐酸耐磨、不怕潮湿和省去裱糊等优点。使用时，用一张浅色纸衬放下面，然后用夹夹于测板上。在图上着墨后，可直接用作复制。缺点是易燃、易折和易老化。使用的一面需要打毛。

二、绘制坐标方格网

为了根据坐标进行控制点的展绘，需要在图纸上绘制坐标方格网。坐标方格网每格大小一般为 10 cm × 10 cm。其绘制方法如下：

1. 对角线法（50 cm × 50 cm）

（1）如图 8－14 所示，画出图纸对角线（铅笔痕很很轻）。

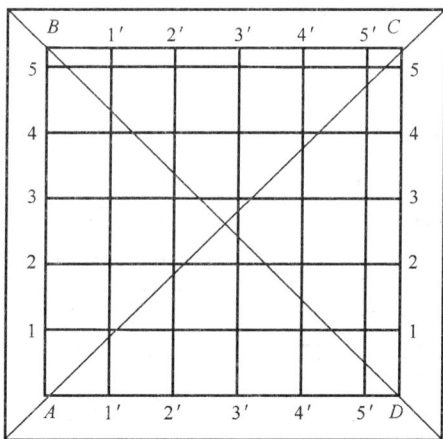

图 8－14 对角线法绘制坐标方格网

（2）过交点沿对角线以长度 36 cm（准确值为 35：35 cm）为半径画短弧，得 A、B、C、D 四个交点，依次连接 AB、AD、DC 边（惟 BC 边不连）。

（3）将直尺置于 AB 连线上，并将整刻画对准 A 点，往上每 10 cm 刺点得 1、2、3、4、5 点。

（4）将直尺置于 AD 连线上，并将整刻画对准 A 点，往右每 10 cm 刺点，得 1′、2′、3′、4′、5′点。

（5）将直尺置于 DC 连线上，并将整刻画对准 D 点，往上每 10 cm 刺点得 1、2、3、4、5 点。

（6）将直尺置于 55 连线上，并将整刻画对准 5（左侧 5 点）点，往右每 10 cm 刺点，得 1′、2′、3′、4′、5′点。

（7）将直尺置于对角线 A5′ 及 55′ 上检查其值是否等于对角线长 70.71 cm，其误差不应超于 0.3mm，若超限，需要重新刺点，若合格，将对角线擦去。

（8）检查图廓四边，即 $A5$、$A5'$、$55'$、$5'5'$ 与理论值 50 cm 之差不超过 0.3mm。

（9）连接 $55'$、$5'5'$ 点即得 50 cm×50 cm 的正方形，再连接各对应点即得方格网。

（10）各方格顶点应在一条直线上，最大偏差不超过 0.1mm，线粗不超过 0.1mm。

2. 坐标尺法

坐标尺由合金钢制成，如图 8－15 所示，适合于绘制 50 cm×50 cm 的方格网。尺上有 6 个间距为 10 cm 的小方孔，每孔有一个斜面。左端起始孔的斜面上刻有一条细直线，它与斜面底边的交点为坐标尺的零点。其他各孔斜面底边和尺子末端的斜面底边是以零点为圆心的同心圆弧，其半径分别为 10、20、30…及 70.711 cm（70.711 cm 是 50 cm×50 cm 正方形的对角线长）。用坐标尺绘制方格网的方法如图 8－16 所示。

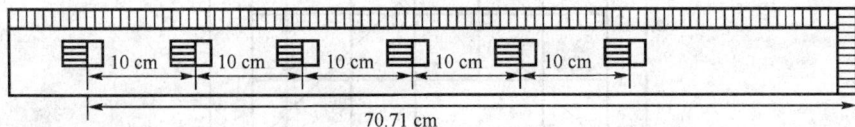

图 8－15　坐标格网尺

（1）在图纸下方适当位置绘一直线，将坐标尺零点对准直线左端离纸边适当远处，并使直线通过各方孔中央，沿各孔斜边绘出弧线与直线相交，令左端的交点为 A（零点），右端的交点为 B。

（2）将零点对准 B，目估使坐标尺垂直于 AB，沿各方孔斜面底边绘出弧线。

（3）再将零点对准 A，使坐标尺沿对角线放置，根据末端绘出弧线与右上方的弧线相交，得交点 C，连接 BC。

（4）又使零点对准 A，目估使坐标尺垂直于 AB，沿各方孔斜面底边绘出弧线。

（5）将零点对准 C，目估使坐标尺垂直于 CB，沿各方孔斜面底边绘出弧线，最后一条弧线应与左上方的弧线相交，令其交点为 D。

（6）连接 AD 和 CD，即得每边为 50 cm 的正方形。再将两边相应弧线的交点用直线连接，即得 10 cm×10 cm 的坐标方格网。

绘制坐标方格网时，铅笔要硬而尖，线粗不应超过 0.1mm。绘好后须

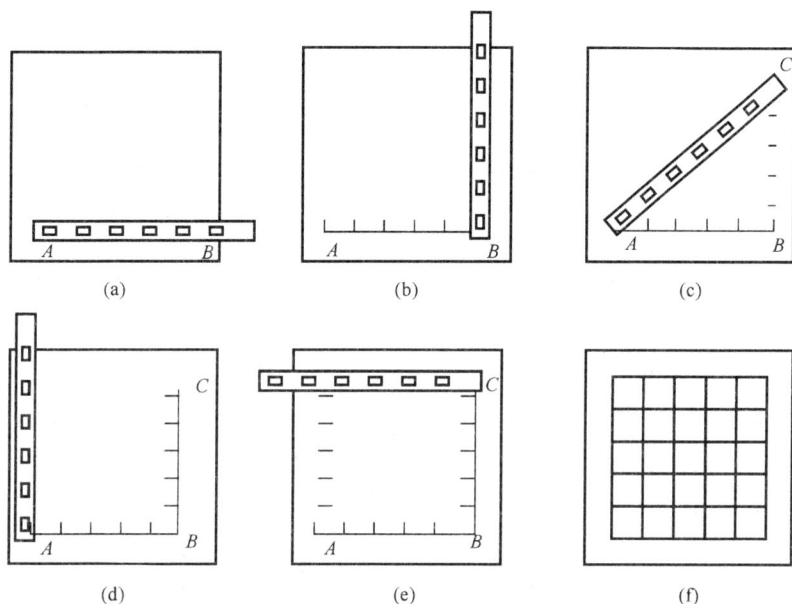

图 8 - 16　用坐标格网尺绘制方各网

进行检查：每方格边最大误差不超过 0.2mm；其对角线长度最大误差不应超过 0.3mm；对角线方向各方格顶点应在一直线上，最大偏差不应超过 0.1mm。超过规定时应重新绘制。

三、展绘图根点

坐标格网绘好后，根据图幅所在测区的位置，将坐标值注记在格网线上，如图 8 - 17 所示。

展点时，先根据已知点的坐标值确定该点所在的方格，例如 A 点的坐标值为 $x_A = 1356.40$m，$y_A = 544.29$m，根据格网坐标值可知 A 点位于 hijK 方格内。从 K、j 两点按比例尺沿 Kh、ji 方向量取 56.40m 得 a、b 两点；再从 h、K 两点沿 hi、Kj 方向量取 44.29m 得 d、c 两点；连接 ab、cd 两直线，其交点即为 A 点在图上的位置。同法逐一展绘其他各图根点。按图式规定绘上符号，在点的右侧画一短线，分子为点号，分母为高程。

展点位置进行检查。用直尺量取各边的长度，比较是否与已知长度相符，限差为 ±0.3mm。

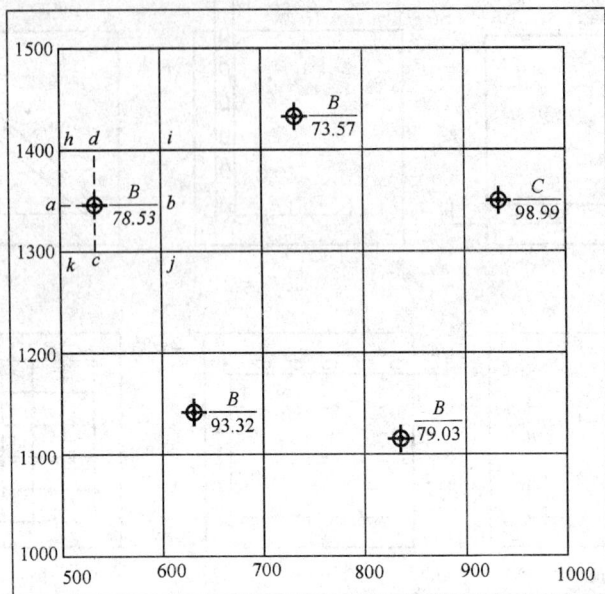

图 8 - 17　控制点展绘

四、图根点密度

地形测量的目的是测定地貌点和地物点的平面位置和高程。为使各点的测量精度一致，首先应根据测区范围大小和地形条件选用适当的方法进行平面和高程控制测量，然后在此基础上进行地形测量。

由于国家控制点数量有限，其密度不能满足测图的要求，所以还必须在国家基本控制点的基础上，作进一步加密必要数量的控制点，这些点称为图根点。加密控制点常采用经纬仪导线、小三角测量以及测角交会等方法进行。

图根点的高程，在平坦地区都应用水准测量，在山区可使用三角高程的方法测定。在测图过程中，当遇地形隐蔽或测区较宽感到图根点还不够应用时，还可在解析图根点的基础上用图解法增设临时性的测站点。

控制点的密度如表 8 - 3 所示。

表 8 - 3　图根点密度表

测图比例尺	每幅图控制点数	每平方千米控制点数
1：5000	20	5

测图比例尺	每幅图控制点数	每平方千米控制点数
1:2000	14	10
1:1000	10	40
1:500	8	128

第三节　地形测量的方法

地形图测绘是以图根控制点为测点，测绘控制点周围地物和地貌的平面位置和高程，按测图比例尺缩绘在图纸上，并用统一的图式符号表示，绘制成地形图的过程，就是测出必要的碎部点，并将地物、地貌用规定的符号描绘出来，所以地形测量也称碎部测量。

一、选择碎部点

反映地物轮廓和几何位置的点称为地物特征点，简称地物点，如房屋的角点、道路中线或边线、河岸线、各种地物的转折、变向点等。地貌可近似地看作由许多形状、大小、坡度方向不同的斜面所组成，这些斜面的交线称为地貌特征线，通常叫地性线，如山脊线、山谷线是主要的地性线。山脊线或山谷线上变换方向之点为方向变换点，方向变换点之间的连线叫方向变换线；由两个倾斜度不同坡面的交线叫倾斜变换线。地性线上的坡度变化点和方向改变点、峰顶、鞍部的中心、盆地的最低点等都是地貌特征点。地物点和地貌点合称碎部点。

测绘地形图的精度和速度与司尺员能否正确地选择碎部点有着密切的关系，司尺员必须了解测绘地形图有关的技术要求，能掌握地形的变化规律，并能根据测图比例尺的大小和用图目的等方面的要求对碎部点进行综合取舍，如图 8-18 所示为选点示意图。

1. 选择地物点

能按比例尺测绘出形状和大小的地物，主要测出地物特征点。由于地物形状不规则，一般规定当地物在图上的凸凹部分小于 0.4mm 时，可舍弃不测；不能按比例尺表示的独立地物，如电杆、水井、里程碑等，应测出其中心位置作为刺点位置，然后再根据规定的符号表示。

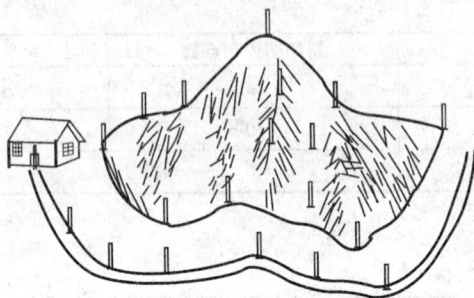

图 8 - 18　碎部点的选择

2. 选择地物特征点

为了能真实地用等高线表示地貌形态，除对明显的地貌特征点必须选测外，还需在其间保持一定的立尺密度，使相邻立尺点间的最大间距不超过表8 - 4 的规定。

表 8 - 4　地貌点间距表

测图比例尺	立尺点间隔 （m）	视距长度单位	
		主要地物	次要地物地形点
1：500	15	80	100
1：1000	30	100	150
1：2000	50	180	250
1：5000	100	300	350

二、地形测图的方法

（一）经纬仪测绘法

此法是将经纬仪安置在测站上，测定碎部点的角度、距离和高程，绘图板安置在旁边，如图 8 - 19 所示。根据经纬仪所测成果在绘图板上展绘碎部点，并注明高程，然后按实际对照描绘，具体方法如下：

1. 在测站点 A 安置经纬仪，对中、整平、量取仪器高 i

（1）检查已知方向。施测前，观测员将望远镜瞄准另一已知点 B 作为起始方向，转动水平度盘使读数为 $0°00'00''$，然后松开照准部制动螺旋，用

上丝凌数
中丝凌数
下丝凌数

图 8 - 19　纬仪测绘法

照准部望远镜瞄准另一已知点 C，测出 BAC 角作检核，测得的检验角与原已知角值相差不超过 4′。此外，还应对测站 A 的高程进行检查，即选定一个相邻的已知高程点，用视距法反觇求出本站高程与图上注记的高程作比较，其差数应小于 1/5 等高距。

（2）观测碎部点。观测员松开照准部制动螺旋，瞄准立尺员竖在碎部点上的标尺、读取视距（KL）和中丝读数（v）。然后读取水平角（B）和竖直角（A）。观测时应注意，在读取竖直角之前要旋转指标水准管微动螺旋，使竖盘指标水准管气泡居中。

碎部测量只用盘左观测。仪器高 i，中丝 v，读至厘米，水平角读至分。观测员在观测 20 ~ 30 个碎部点后，应重新瞄一下起始方向，检查有无变动。

2. 记录

记录员复诵观测员的报数无误后，将读数记入碎部观测记录手簿的相应栏内，并及时将有关数据报给计算员和绘图员。如遇到特殊碎部点，在备注中要说明，如表 8 - 5 所示。

表 8－5　碎部测量手簿

测站：N_4　　　　　　　测站高程：92.75m　　　　　　仪高：1.38m

水平视线高程：94.13m　　　定向点 N_2　　　　　　　　检查点：G_4

点　次	点的说明	水平角 0′	视距（m）	截尺（m）	竖直角 0′	平距（m）	高程（m）
1	房角	5　39	57.3	1.44	＋0 43	57.3	93.41
2	房角	8　16	50.9	1.30	＋0 29	50.9	93.26
3	路边	340　18	60.0	2.29	－2　20	59.9	89.40
4	路边	10　20	71.0	1.85	－3　17	70.8	88.22
5	山脚	54　18	87.0	1.59	－4 20	86.5	85.99

3. 计算

根据已知数据，利用视距测量公式：

$$S = KL\cos^2\alpha$$

$$H = 1/2\ Kl\sin2\alpha + i - v$$

求得控制点到碎部点的距离和碎部点的高程。利用 4800 计算器进行编程运算，可加快测绘速度。

4. 绘图

（1）小平板安置在测站近旁，面北标定图板，连出起始方向线，量角器用大头针固定在图纸上相应的测站点上。

（2）根据观测员所测水平角，使量角器上的度、分刻划线对准图上零方向线，然后沿量角器直尺边按比例尺量取平距，刺出碎部点。若水平角小于180°则用黑色直尺边刺点；大于180°，用红色直尺边刺点，并在所刺点旁注出高程（也可用所刺点代替高程中的小数点），如图 8－20 所示。碎部点的高程取至小数点后一位。

5. 跑尺

（1）地物测绘中跑尺的方法。立尺员在各碎部点上依次竖立标尺的工作通常称为跑尺。立尺员跑尺好坏，直接影响着测图的速度和质量。立尺员除须正确选择地物轮廓点外，还应结合地物分布情况，采用适当的跑尺方法，尽量做到不疏漏，不重复，便于测绘，使劳动强度最小，测图效率最高。

地物较多时，应分类逐个依次立尺，以免绘图员连错。例如，先沿道路立尺，测完视距范围内的道路立尺点之后，再立尺测绘房屋，测完一幢房屋

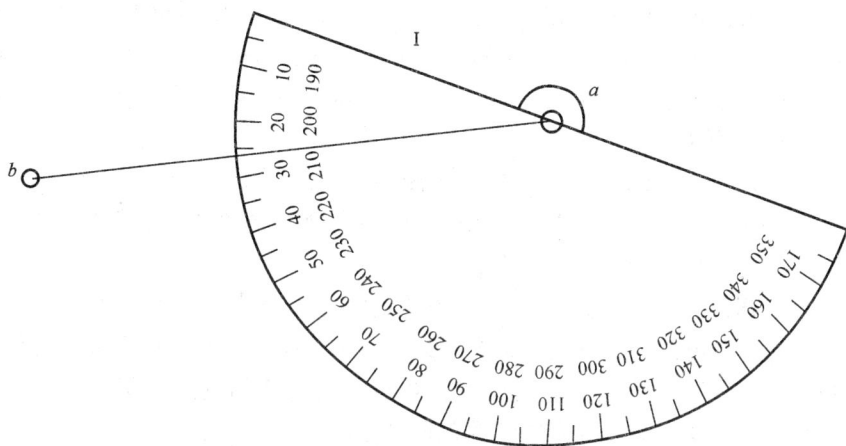

图 8-20　量角器的使用

后，再立尺测绘其他房屋。当一类地物或一个地物尚未测完时，不应转到另一类或另一个地物上去立尺。

地物较少时，可从测站附近开始，由近到远，采用螺旋形的跑尺法跑尺。当仪器搬到邻站后，立尺员再由远到近，跑回测站。

若两人跑尺，可采用分层跑尺法，一远一近交替跑尺，便于测绘。也可采用按地物类别分工跑尺和分区包干跑尺等方法。

（2）地貌测绘中跑尺的方法一般有两种方法。

沿地性线跑尺法：当地貌比较复杂时，为了绘图连线方便和减少差错，立尺员可先沿山脊从测站跑出，到最大视距为至，然后，再沿相邻的山谷线跑回测站。这样依次跑下去，直至跑完为止。这种跑尺法，立尺员的体力消耗大，但绘图员连接地性线不易出错。

沿等高线跑尺法：当地貌不太复杂，坡度平缓且变化均匀时，立尺员从测站或从最大视距开始，沿等高线方向一排排立尺。遇到山脊线或山谷线时也顺便立尺，这种跑尺方法既便于观测和勾绘等高线，又易发现观测、计算中的错误。同时，立尺员的体力消耗较小。但勾绘等高线时，不容易判断地性线上的点位。故绘图员要特别注意对于地性线的连接。

三、碎部测量中注意事项

（1）正确地选择地物点和地貌点。对地物点一般只测其平面位置，若地物点可作地貌点时，除测定其平面位置外，还应测定其高程。

（2）根据地貌的复杂程度、测图比例尺大小以及用图目的等，综合考虑碎部点的密度。一般图上平均每一平方厘米内应有一个立尺点。在直线段或坡度均匀的地方，地貌点之间的最大间距和碎部测量中最大视距长度不宜超过表8-5的规定。

（3）在测站上测绘开始之前，对测站周围地形的特点、测绘范围、跑尺路线和分工等问题应有统一的认识，以便在测绘过程中配合默契，做到既不重测，又不漏绘，保证成图质量。

（4）司尺员在跑尺过程中，除按预定的分工路线跑尺外，还应有其本身的主动性和灵活性，务使测绘方便为宜。为了减少差错，对隐蔽或复杂地区的地形，应画出草图、注明尺寸、查明有关名称和量测陡坎、冲沟等比高，及时交给绘图员作为绘图时的依据之一。

（5）在测图过程中，对地物、地貌要做好合理的综合取舍。

（6）加强检查，及时修正，只有当确认无误后才能迁站。要保持图面清洁，图上宜用洁净布绢覆盖，并随时使用软毛排刷刷净图面。

第四节　地形图绘制

一、地物绘制

图板上绘出若干个地物点后，要及时将有关的点连接起来，绘出地物图形。绘制时，要依据图式。如居民点的绘制：这类地物都具有一定的几何形状，外轮廓一般都呈折线型，应根据测定点和地物特性勾绘出地物轮廓，根据图式样式进行填充或标注；道路、水系、管线的绘制：若宽度大于$0.4mm \times Mmm$时，应绘制出轮廓形状，小于$0.4mm \times Mmm$时，连接成线状图式，并适当测注高程；独立地物的绘制：独立地物是判定方位、确定位置、指出目标的重要标志，必须准确测绘其位置。如水塔、电视塔、烟囱、纪念碑、独立坟、竖井等，除符号本身依比例尺表示外，凡地物轮廓图上大于符号尺寸的均依比例尺表示，加绘符号；小于符号尺寸的用非比例符号表示，并测注高程，有的独立地物应加注其性质，如竖井、油井等应加注"铁"、"油"等字样；植被的测绘：植被是地面各类植物的总称，如森林、果园、耕地、草地、苗圃等。植被的测绘主要是测绘各种植被的边界，以地类界点绘出面积轮廓，并在其范围内配置相应的符号。对耕地的轮廓测绘，还应区别是旱田还是水田等。如果地类界与道路、河流等重合时，则可不绘出地类界，但与高压线、境界重合时，地类界应移出绘制。

二、地貌绘制

当图上有足够数量的地貌特点时，要及时将山脊线、山谷线勾绘出来，如图8－21用细实线表示山脊线，用细虚线表示山谷线，就可以勾绘等高线。但这些特征点的高程不一定恰好符合等高线的要求——等高线的高程必须是等高距的整数倍。所以勾绘等高线时，首先必须根据这些标注高程的特征点位，按解析内插法或目估内插法求出符合等高线高程的点位，最后再将高程相等的相邻点用平滑的曲线连接起来，这样就形成了等高线。

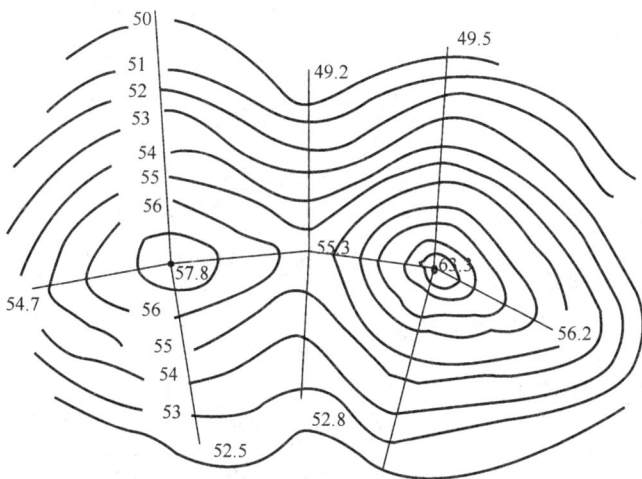

图 8－21　勾绘等高线

（一）等高线勾绘的基本方法

等高线勾绘的基本方法是解析内插法。如图 8－22（a），设两个地貌特征点在图上的平面位置分别为 A 与 B，量其长度为 21mm，高程分别为 $H_A = 72.7$m，$H_B = 77.4$m。因两点之间未测其他高程点，我们把两点之间的坡度看成是均匀坡，为了便于找出高差与对应平距的关系，我们画出与图 8－22（a）对应的竖直面上的图形，如图 8－22（b）所示，由相似三角形的对应边成比例的关系，可首先求出两端等高线通过的位置：

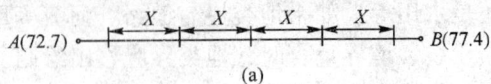

(a)

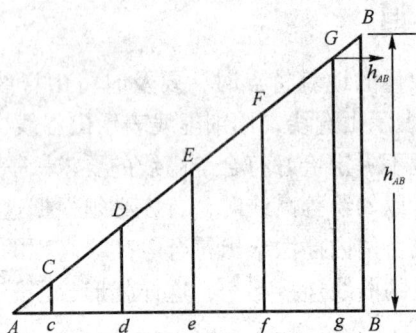

(b)

图 8 - 22 解析法

$$h_{AC}/h_{AB} = AC/AB$$

$$AC = h_{AC}/h_{AB} \times AB$$

同理可得：

$$GB = h_{GB}/h_{AB} \times AB$$

再求中间等高线通过的位置：

$$h / h_{AB} = x/AB$$

$$x = h/ h_{AB} \times AB$$

式中，h 为基本等高距；x 为两条首曲线之间的平距。

第五节 地形图的拼接、检查、整饰和清绘

一、图边测图与地形图的拼接

一个测区的地形图都是分幅测绘的，这就要求各相邻图幅必须能相互拼接成一整体，即两相邻图幅公共图廓边上所有的地物、地貌（等高线）应能互相正确接合。由于测图中不可避免地存在误差，因此图廓边上的地物轮廓和等高线等，在拼接时不可能都恰好接上，其偏差叫做接合误差。如该接

合误差在容许范围内，就认为是已经接合，且可在室内处理误差。

为了保证图边拼接的精度，在建立图根控制网时，就应在图边附近布设一定数量的图根点并使之成为相邻图幅的公共测站点。这样图根点靠近图边可以保证图边测图的精度，而相邻图幅用公共测站点施测，则有利于拼接工作。

此外，为了保证相邻图幅的拼接，每一幅图的各边均应测出图廓线外5mm。线状地物若图幅外附近有转弯点（或交叉点）时，则应测至图外的转变点（或交叉点）。图边上具有轮廓的地物，若范围不太大时，则应完整地测绘出其轮廓。

当采用聚酯薄膜测图时，利用薄膜的透明性，可将相邻图幅直接叠合起来进行拼接，方法是：先按图廓点和坐标网，使公共图廓线严格地重合，两图幅同值坐标线严密对齐；然后仔细观察拼接线上两边各地物轮廓线是否相接，地形的总貌和等高线的走向是否一致，等高线是否接合，各种符号、注记名称、高程注记是否一致，有无遗漏，取舍是否一致，等等。若接图误差不超过规定的相应地物、地貌中误差的3倍时，可将接图误差平均配赋在相邻两幅图内——即两图幅各改正一半。改正直线地物时，应将相邻图幅中直线的转折点或直线两端的地物点以直线连接之。改正等高线位置时，应顾及连接后的平滑性和协调性，这样才能使地物轮廓线或等高线合乎实地形状，自然流畅地接合。如果相邻两幅图的等高距不同，接边时等高线的最大误差不得超过较大等高距中误差的两倍。同时在配赋接边误差时，原则上修改等高距较大的图幅。接图时，还应特别注意相邻四幅图在公共图角处的接合情况。

如果采用胶版纸测图，则需蒙绘接图边进行图边拼接。一般规定每幅图各自将本幅图的东、南两图廓边内 1 ~ 1.5 cm 范围中的坐标线（注上坐标）、控制点、地物、等高线以及高程注记等，用宽为 10 cm 的透明纸条蒙绘下来。然后交给相邻图幅的作业组，绘出该图幅相应图边上的内容，如图 8 - 23 所示。然后同聚酯薄膜测图拼接方法一样进行拼接，若接图误差不超限，在接图边上进行误差配赋，再依其改正原图。接图时，若接合误差超限时，则应分析

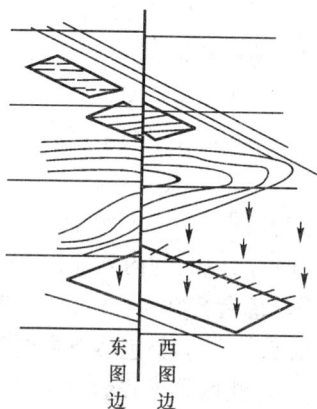

东　西
图　图
边　边

图 8 - 23　图边拼接示意图

原因并到超限处实地进行检查和重测。

二、地形图的检查和验收

地形图的检查验收工作，要在测绘作业人员自己作充分检查的基础上，提请专门的检查验收组织进行最后总的检查和质量评定。若合乎质量标准，则应予验收。检查验收的主要技术依据是地形测量技术设计、现行地形测量规范和地形图图式、测绘产品质量评定标准、测绘产品检查验收规定等。

（一）测图结束后应提交的资料

测图工作结束后，应将有关的测绘资料整理装订成册，供最后的检查验收和用方今后的保管与使用。提交的资料一般包括以下内容。

1．控制测量部分

（1）所用测绘仪器的检验校正报告。

（2）测区的分幅及其编号图。

（3）控制点展点图、埋石点的标记位置。

（4）水准路线图。

（5）各种外业观测手簿。

（6）平面和高程控制网计算表册。

（7）控制点成果总表。

2．地形测图部分

（1）地形图原图。

（2）碎部点记载手簿。

（3）接图边。

（4）图历表或图历卡（两者为记录地形图成图过程中的档案材料，包括对地形图原图的内外业检查，图幅接边以及对成图质量的评定等）。

3．综合资料

综合资料主要包括下列两部分：

（1）测区技术设计书：经过测区进行踏勘和搜集有关测绘资料后编写的测区技术设计书，内容主要包括任务来源、测区范围、测图比例尺、等高距、对已有测绘材料的分析利用、作业技术依据、开工和完工日期以及地形测量平面、高程、地形测图的施测设计方案、各种设计图表等。

（2）技术总结：主要内容包括一般说明，对已有成果资料的实际使用情况，各级控制测量施测情况，地形测图质量的评价等。

（二）检查的内容

1. 内业检查

（1）观测和计算资料的检查。各种观测资料是否齐全，手簿的记录和计算是否正确清楚，有无涂改情况，各种观测限差是否合乎规范规定，内业计算方法及其精度是否合乎要求，是否清楚、正确等都在检查之列。对各种观测和计算资料视具体情况应作全面检查或重点检查。

（2）地形原图的检查。坐标格网的绘制及图廓和控制点的展绘是否合乎精度要求，原图铅笔整饰（包括图廓外）是否合乎要求。图根点和埋石点数量是否满足测图需要，等高线描绘是否合理，与地形点高程是否相应，高程注记点数量是否合乎要求，综合取舍是否合理，各种符号、注记及说明文字是否齐全、恰当，图边是否接合，等等。可在原图上覆盖一张透明纸，将检查中发现的错误和有疑问之处一一用红笔圈出，加以编号并作出检查记录。在室内检查基础上再进行野外检查。

2. 野外检查

野外检查时，应以在室内检查中发现的问题为重点，有计划地安排巡视检查和仪器检查。

（1）巡视检查。巡视检查可以全面了解成图质量和发现室内检查所不能发现的问题。由检查人员携带好图板在测区内沿预定的路线巡视，将原图上描绘的地物地貌与相应实地上的地物地貌对照。查看图上有无遗漏，形状是否相似，综合取舍是否合理，符号运用是否恰当，名称注记与实地是否一致等。巡视检查是原图检查的主要方法，大比例尺测图中，一般应在测区全部的范围内进行。

（2）仪器检查。对于内业检查和野外检查中发现的错误、遗漏和疑问点可以进行仪器检查。检查方法常采用方向法和散点法两种。

方向法适用于检查主要地物点的平面位置有无偏差。其做法是：在测站点上安置好平板仪后，将照准仪直尺边缘贴靠在图上的测站点上，用照准仪照准被检查的地物点，检查已测绘于图上的相应地物点方向是否有偏离。

散点检查是在地形点上重新立尺，以测定其平面位置和高程，检查已测绘于图上的相应点的平面位置和高程精度是否满足规范要求。

在检查中发现的错误、遗漏，均应在现场及时进行纠正和补测。但如错误太多，则应退回作业小组进行纠正或补测。检查中发现的各种问题，应予详细记载，并分析问题产生的原因，以便交流和总结经验教训，不断提高测图质量。

（三）验收

各种观测和计算资料以及地形原图经全面检查认为符合要求后，按其质量评定等级（质量评价一般分为优、良、可三级），予以验收。应当指出，检查、验收的目的并不是单纯是为了评定质量，更重要的是通过检查验收工作，可以消除各种资料中可能存在的错误，以保证资料的正确和完整，使其能满足用图需要。

三、地形图的整饰

当原图经过拼接和检查后，还应对原图进行整饰，使图面线条均匀，字体端正，配置适当，符号正确，图面清晰、美观而符合要求。整饰的次序是先图内后图外，先地物后地貌，先注记后符号。其整饰的主要内容如下：

（1）用软橡皮擦掉图中一切不必要的点、线、符号和注记数字，对地物、地貌符号和注记，应按规定的符号画好。

（2）各种文字注记，如地名、山名、河名、公路名称和等高线的高程等，应注记在适当的位置，一般要求字头所朝的方向，除了公路的路宽和质量，河流的宽度和水深以及等高线注记是随公路、河流、等高线的方向变化外，其他各种注记的字头都必须朝向北图廓，字体应端正。

（3）按实际情况将等高线画成圆滑的曲线，计曲线的高程注记应成列，并在适当处留一空隙注明其高程，其字脚应朝向高程降低的方向。

（4）画图幅边框、注记图号、图名、比例尺、坐标系统、高程系统、测图单位、测绘年月等，均按照地形图图式规定进行。如独立坐标系统，还要画出指北方向标。

四、地形图清绘

为了保存和复制，需在已整饰的铅笔原图上，按照原来的线划符号注记位置，用绘图小钢笔上墨，使底图成为线条均匀、墨迹实在、字体端正、符号正确、配置适当、清洁美观的地形图，称为地形图清绘。一般清绘次序为：首先注记（即注字、内图廓线、控制点等）；次之为地物（即居民地、道路、水系及建筑物等）；最后为地貌（等高线、特殊地貌符号）。如图8－24所示。

如用聚酯薄膜测图时，在清绘前先用水冲洗，后用泡沫塑料蘸肥皂水或

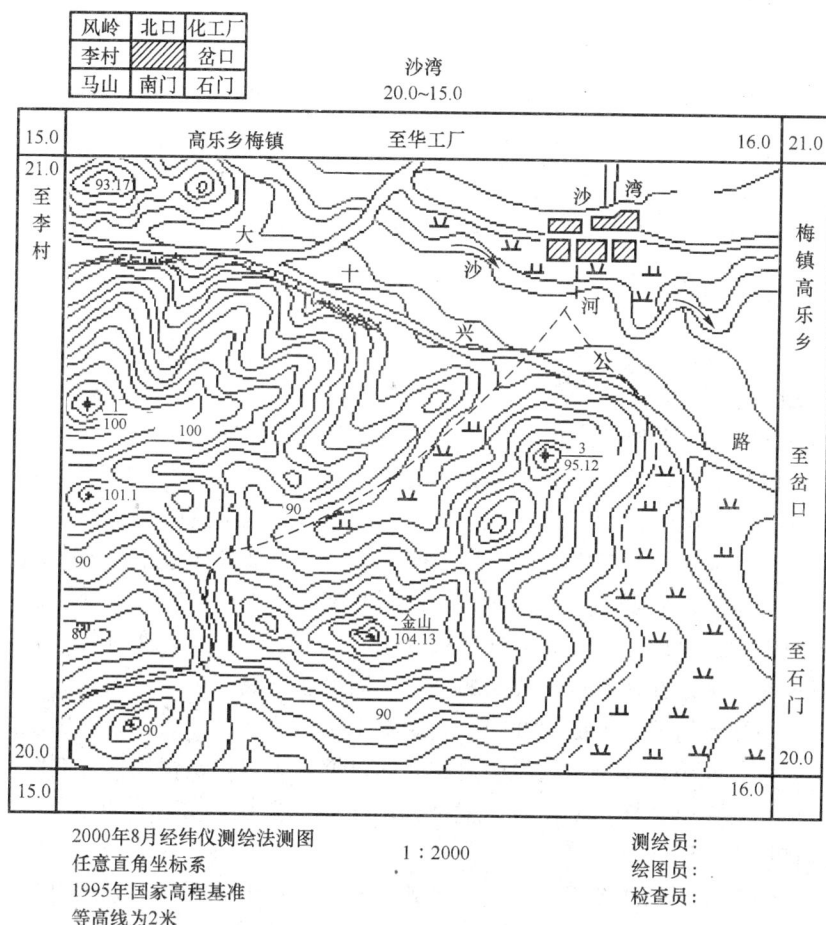

风岭	北口	化工厂
李村	▨▨	岔口
马山	南门	石门

沙湾
20.0~15.0

图 8-24　清绘完成后的地形图

洗衣粉水轻轻擦洗，再以清水洗干净，晾干后，即可进行清绘。清绘时，线划接头处一定要等先画好的线划干后再连接，以免搞脏图面。绘图笔移动的速度均匀，则划线粗细一致。清绘有错，可用刀片刮去，用沙橡皮轻轻擦毛后再清绘。化学涂层薄膜刮去后，可涂一层修图液，干后可继续清绘。

五、地形图成图

经过清绘的地形图，通过缩放、描图和晒图，制作成各种地形图，以利于规划、设计之用，为生产和建设提供依据。将地形图复制的过程就是地形图的成图过程。通常有以下几种复制方法：

（一）方格网法

首先在原图和复制图纸上用铅笔绘制方格数目相同的格网，其大小决定于将原图缩小，或放大，或等大。格子的多少视图上复杂情况及需求精度而定，然后在对应的格网中，利用两脚规结合目估法，把原图上的地物、地貌等各要素转绘到复制图上，此法操作简单，但精度较差。

（二）晒图法

首先描图，用透明纸或透明膜片将原图透绘成透明纸（膜片）底图，要求底图上的线条清晰，墨色浓厚，使熏成的图明显醒目。其次要曝晒，曝晒是在预制的晒图架上进行的，图框的玻璃要刷得干净明亮，先将图框翻转取出夹棍和垫板，把底图正面紧贴在玻璃板上，再将熏图纸在暗室内裁好后，从室内取出，将涂有药液的一面，紧贴底图，迅速铺平在底图的背面，然后加上垫板，扣好夹棍。最后将图框的玻璃板一面对正太阳，进行曝光。最后进行显影，显影是用氨熏法，在预制的熏图筒内进行的。熏图筒是用白铁皮制成的，筒顶有盖，筒内分二层（铁丝网隔开），上层放图纸，下层放盛氨水的小盆，并装有可以关闭的小门。当熏图纸曝光后，从图框内取出卷成小筒，加上筒盖，下面关好门。利用氨水熏蒸显影，使熏图纸上出现清晰的白底紫色或黑色线条，则说明熏的时间已够，可以取出使用。复制图与底图大小样式完全一样，呈蓝色，就是我们所说的蓝图。如原图是聚酯薄膜，可以直接当底图晒图。

目前较先进的晒图方法是用电光晒图机，它用电光曝光，开动电钮，自动旋转，连晒带熏，两道工序在机内一起完成，故工作效率高，又不受天气的限制。

（三）缩放仪法

缩放仪是一种能将地形图原图缩小或放大的仪器，操作迅速、工效高、精度较高。但需要多张同样的图时，该方法不适合用，应选用晒图法。

（四）复照仪和静电复印法

复照仪和静电复引法是比较先进的仪器和方法，前者能将原图缩小或放大照相，获得底版进行直接晒图的制版印刷，速度快、精度高。后者可将原图放大或缩小后直接印刷复制图，故有精度比较高，速度快，成本低，操作简单等优特点。

（五）数字化成图

用电子仪器进行测量的数据，可以直接输入计算机；常规仪器测量的数据，可手工输入计算机。然后利用成图软件，绘制成图，通过绘图仪输出。该法精度高，速度快，图精美，但设备昂贵。

各种复制的图，直接成为生产和工程用图，而原图和所有检查提交的数据资料，作为原始资料，要进行存档管理。

复习思考题

1. 名词解释：地物、地貌、等高线、等高距、等高线平距、地性线、地貌特征点、首曲线、计曲线。

2. 简述用经纬仪测绘法测绘地形的步骤。

3. 在一幅地形图内，已知最高的地面点高程为99.9m，最底的地面点高程为50.1m，今用2m的等高距勾绘等高线。图内共有哪几条计曲线通过？若改为5m等高距勾绘等高线，又有哪几条计曲线通过？

4. 在同一幅地形图上，等高线平距与地面坡度有何关系？

5. 试画出山头、山脊、山谷、洼地和鞍部等典型地貌的等高线。

6. 等高线有哪些特性？

第九章　地形图的应用

本章提要

　　主要内容有地形图的分幅与编号；求图上任意点的坐标与高程，图上两点间的距离和方位角，确定指定方向的坡度及绘制其断面图，确定汇水范围面积；地形图图外注记；把图上设计的样点放样到对应的实地上，或把地面上的点勾绘在对应的地形图上；计算不规则图形的面积。

第一节　地形图的分幅与编号

　　为了便于管理和使用地形图，需要将各种比例尺的地形图进行统一的分幅和编号。地形图的分幅方法分为两类，一类是按经纬线分幅的梯形分幅法（又称为国际分幅），另一类是按坐标格网分幅的矩形分幅法。

一、地形图的梯形分幅与编号

　　梯形分幅是按经线和纬线来划分的。左、右以经线为界，上、下以纬线为界，图幅形状近似梯形，所以称为梯形分幅。

　　（一）1:1000000 比例尺图的分幅与编号

　　1:1000000 比例尺图的分幅和编号，按国际上的规定是统一的。即自赤道向北或向南分别按纬差4°分成横列，各列依次用 A、B、…V 表示。自经度180°开始起算，自西向东按经差 6° 分成纵行，各纵行依次用 1、2、…、60 表示。每一幅图的编号由其所在的"横列—纵行"的代号组成。例如广州某地的经度为东经 113°22′25″，纬度为 23°11′41″，则所在的 1:1000000比例尺图的图号为 F–49（图 9–1）。

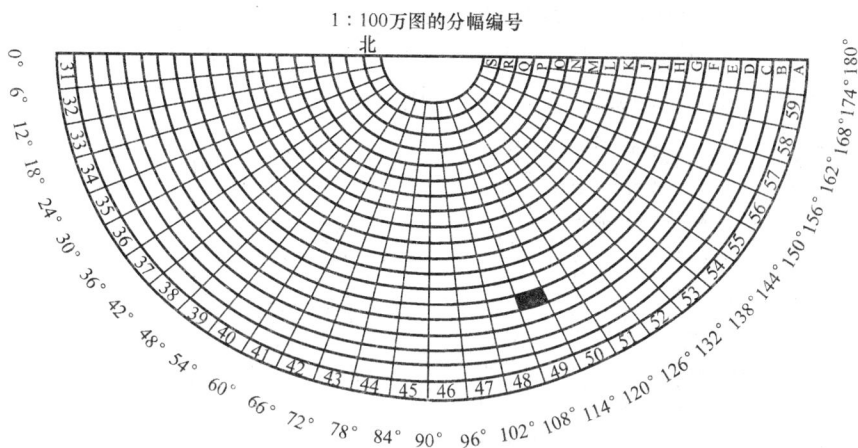

图9-1 1:100万图的分幅编号

1:100万图的分幅编号
北

图9-1 1:100万图的分幅编号

（二）1:100000 比例尺图的分幅和编号

将一幅 1:1000000 的图，按纬差 20′，经差 30′分为 144 幅 1:100000 的图。如图 9-2，广州某地的 1:10 万图的编号为 F-49-35。

（三）1:50000、1:250000、1:10000 图的分幅和编号

这三种比例尺图的分幅编号都是以 1:100000 比例尺图为基础的。每幅 1:100000 的图，划分成 4 幅 1:50000 的图（图 9-3），分别在 1:100000 的图号后写上各自的代号 A、B、C、D。每幅 1:50000 的图又可分为 4 幅 1:2.50000 的图（图 9-3），分别在 1:50000 的图号后写上各自代号 1、2、3、4。每幅 1:100000 图分为 64 幅 1:10000 的图（图 9-4），分别在 1:100000 的图号后写上各自代号 (1)、(2)、…(64)。

（四）1:5000 图的分幅编号

1:5000 图的分幅编号是在 1:10000 图的基础上进行的。每幅 1:1 万的图分为 4 幅 1:5000 的图（图 9-5），分别在 1:10000 的图号后面写上各自的代号 a、b、c、d。广州某地上述各种比例尺的图幅编号见表 9-1。

二、地形图的矩形分幅与编号

大比例尺地形图大多采用矩形分幅法，它是按统一的直角坐标格网划分

的。各种大比例尺图幅通常规格见表9-2。大比例尺地形图的编号，一般采用图幅西南角坐标公里数编号法。例如某1：5000比例尺图（图9-6），其西南角的坐标$x=28km$，$y=18km$，则其编号为28-18。

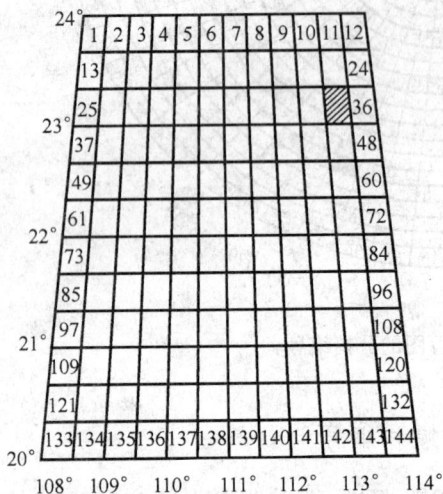

图9-2 1：100000图的分幅编号　　图9-3 1：50000、1：2.50000图的分幅编号

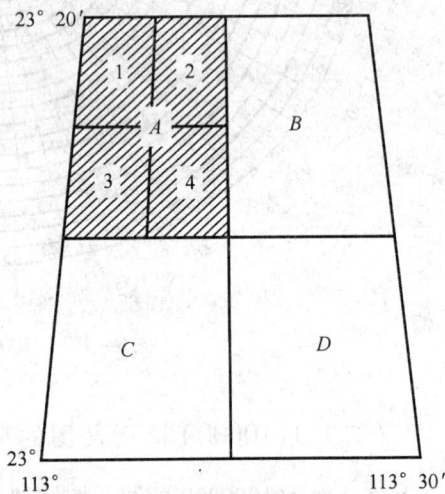

在1：5000比例尺图号末尾分别加上罗马字Ⅰ、Ⅱ、Ⅲ、Ⅳ（图9-7），作为1：2000比例尺图幅的编号，同样，在1：2000比例尺图号末尾分别加上罗马字Ⅰ、Ⅱ、Ⅲ、Ⅳ，作为1：1000比例尺图幅的编号，在1：1000比例尺图号末尾分别加上罗马字Ⅰ、Ⅱ、Ⅲ、Ⅳ，作为1：500比例尺图幅的编号。

表9-1 各种比例尺图幅的大小

比例尺	图幅大小		广州某地图幅编号	备注
	纬度差	经度差		
1：100万	4°	6°	F-49	广州某地的东经113°22′25″，北纬23°11′41″
1：10万	20′	30′	F-49-35	1幅1：1000000图包含144幅1：100000图
1：5万	10′	15′	F-49-35-B	1幅1：100000图包含4幅1：50000图
1：2.5万	5′	7′30″	F-49-35-B-3	1幅1：50000图包含4幅1：2.50000图
1：1万	2′30″	3′45″	F-49-35-(30)	1幅1：100000图包含64幅1：10000图
1：5000千	1′15″	1′52.5″	F-49-35-(30)-b	1幅1：10000图包含4幅1：5000图

作为1：500比例尺图幅的编号。

对区域较小的局部地区（图9-8），图幅编号可以采用数字由左到右，由上到下的顺序编号。

表9-2　各种大比例尺图幅的大小

比例尺	图幅大小／（cm×cm）	实地面积／（km）²	每张1:5000图包含的图幅数
1:5000	40×40	4	1
1:2000	50×50	1	4
1:1000	50×50	0.25	16
1:500	50×50	0.0625	64

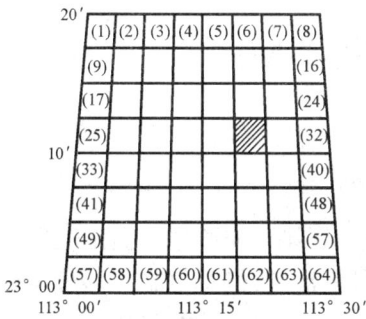

图9-4

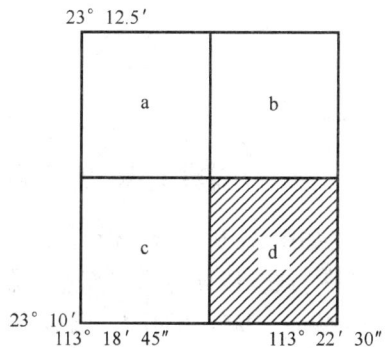

图9-5

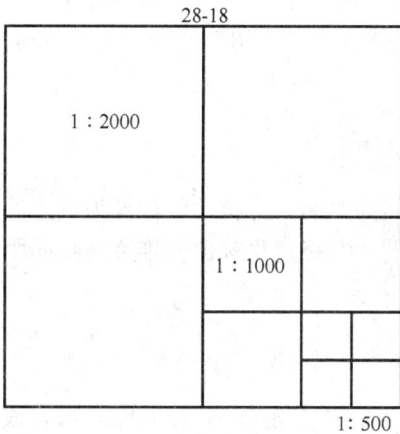

图9-6

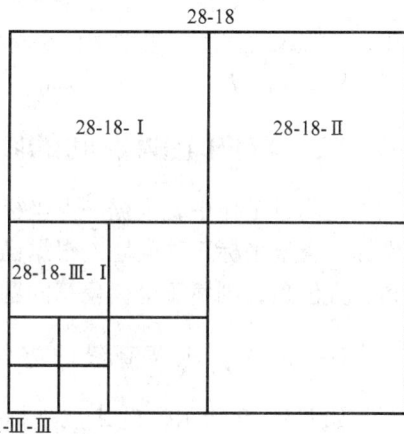

图9-7

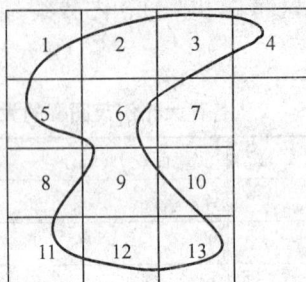

图 9 - 8

第二节 地形图的基本应用

一、求图上某点的直角坐标

如图 9 - 9 所示，设所求点 A 在 abcd 方格内，则可先通过 A 点作坐标网的平行线，以 a 点为起算点，在图上用比例尺量出 Af 和 Ak（图 9 - 9），Af = 649m，Ak = 634m，则 A 点坐标：$X_A = Xa + Ak = 2564000 + 634 = 2564634m$；$Y_A = Ya + Af = 38\,430\,000 + 649 = 38\,430\,649m$。

为了校核量测结果，并考虑图纸伸缩的影响，最好分别量出 af 和 fb 以及 ak 和 kd 的长度，设图上的坐标方格边长为 L，其中图 9 - 9 的 $L = 1000m$，则：$X_A = Xa + L/(af + fb) \times af$；$Y_A = Ya + L/(ak + kd) \times ak$。

二、求图上两点间的距离和方向

在测量工作中，根据一点坐标和两点间的距离、方位角，推算另一点的坐标，属于坐标正算问题。根据已知直线的起、终点坐标值，推算两点间距离、方位角，则属于坐标反算问题。

（一）求图上某直线的方位角

如图 9 - 9 所示，设 A 点坐标为 X_A、Y_A，B 点坐标为 X_B、Y_B，则直线 AB 的方位角 α_{AB} 可用下式计算：

$$\alpha_{AB} = \arctan\frac{Y_B - Y_A}{X_B - X_A} = \arctan\frac{\Delta Y_{AB}}{\Delta X_{AB}}$$

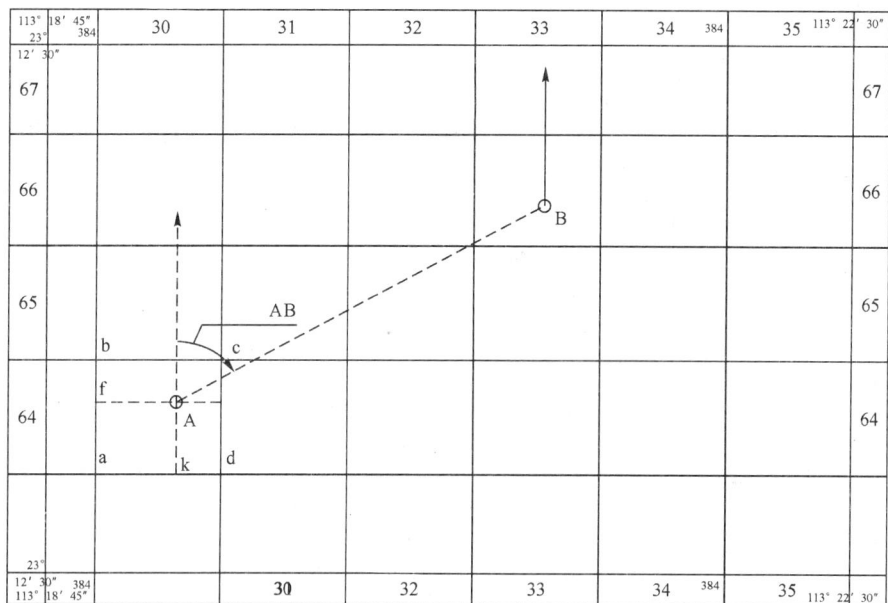

图9-9　求图AB点方位角

若精度要求不高,可过A点作X轴的平行线,用量角器直接量取直线AB的方位角。

(二) 求图上两点间的距离

已知A、B两点的坐标,根据下式即可求得A、B两点间的距离D_{AB}。

$$D_{AB} = \sqrt{(X_B - X_A)^2 + (Y_B - Y_A)^2} = \sqrt{\Delta X_{AB}^2 + \Delta Y_{AB}^2}$$

或

$$D_{AB} = \frac{X_B - X_A}{\cos\alpha} = \frac{Y_B - Y_A}{\sin\alpha} = \frac{\Delta X_{AB}}{\cos\alpha} = \frac{\Delta Y_{AB}}{\sin\alpha}$$

若精度要求不高,则可用比例尺直接在图上量取。

三、求图上某点高程

如果所求的位置恰好在某一等高线上,那么此点的高程就等于该等高线的高程。如在图9-10中,B和C点的高程都是38m,m、n点的高程分别是36m、37m。

若所求的点位置不在等高线上,则可用内插法求其高程。过A点作线段mn大致垂直于相邻两等高线,然后量出mn和mA的图上长度,则A点高程为：

$$H_A = H_m + mA/mn \times h_{mn}$$

式中 h_{mn} 为等高距；H_m 为 m 点高程。

在图 9-10 中，$h_{mn} = 1m$，$H_m = 36m$，量得 $mn = 8mm$，$mA = 3mm$，则：
$H_A = 36 + 3/8 \times 1 = 36.4m$。

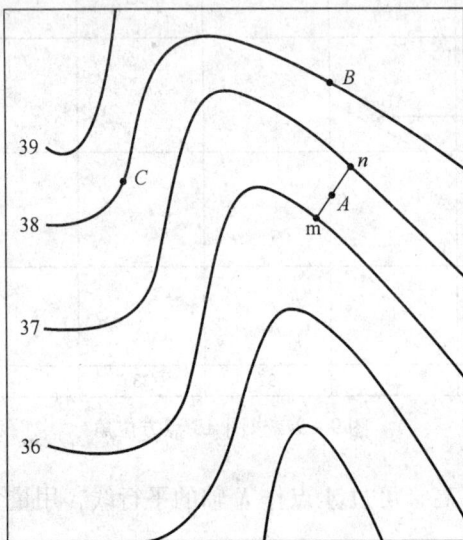

图 9-10 求图上某点高程

当精度要求不高时，也可以用目估法来确定点的高程。如图 9-10 中把 mn 分成 10 份，目估 mA 占 mn 的份数约为 4，则 mA 的高差为 $0.4 \times h_{mn} = 0.4 \times 1 = 0.4m$，$H_A = 36 + 0.4 = 36.4m$。

四、确定地面某方向线的坡度

直线坡度是指直线段两端点的高差与其水平距离的比值。在地形图上，如要确定某方向线 AB 的倾斜角 α 或坡度 i，必须先测算 A、B 两点高程，计算 A、B 两点间的高差 h_{AB}，再量测 AB 间的水平距离 D，则可以计算出地面上 AB 连线的坡度 i 或倾斜角 α（如图 9-11）：

式中　d——AB 连线的图上长度；

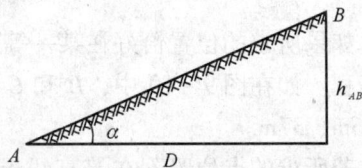

图 9-11 确定地面某方向线的坡度

$$i = \tan\alpha = \frac{h_{AB}}{D} = \frac{h_{AB}}{d \times M}$$

M——比例尺分母；

α——AB 连线在垂直面投影的倾斜角；

i——直线坡度，一般用百分率或千分率表示。

五、依指定方向绘制断面图

根据地形图绘制出某一已知方向的纵断面图，可以更好地反映地势起伏的状况，并可依此作出设计坡度或进行竖向规划（垂直设计）。如图 9 – 12，要绘制图 9 – 12（a）中 MN 方向的纵断面图，可先绘直角坐标，以横轴表示距离，纵轴表示高程，如图 9 – 12B。然后在地形图上沿 MN 方向量取相邻等高线间的平距，按所需的比例尺展绘在横坐标轴上，得相应的点 M、a、b…N 点。在纵轴上再按一定的比例尺绘出各高程线 29、30、31、32、33、34、35 等。以横轴上的各点，作垂直于横轴的垂线，根据各点的高程，在相应的垂线上，即可定出各点在坐标上的位置。最后将各点用曲线或折线连接，即得 MN 方向线上的纵断面图。为了更好地反映地形的特征，断面经过的山脊、山顶、山谷等地貌特征点应该标示在图上，这些特点的高程可用内插法求得，如图中的 f'、h'、i'。通常为了较明显地表示地面的起伏状况，纵断面图上的高程比例尺往往比水平距离比例尺大 10～20 倍。

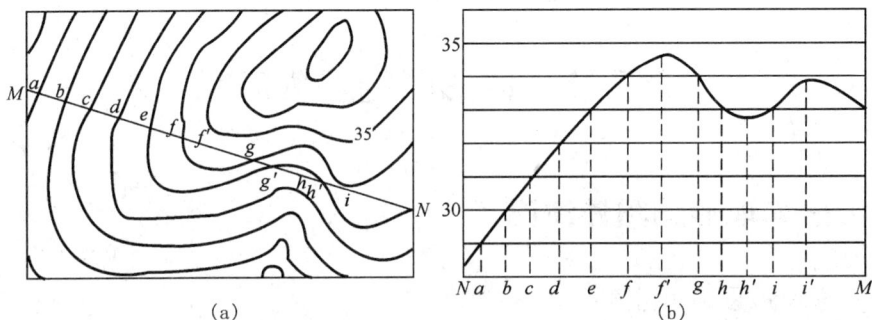

(a)　　　　　　　　(b)

图 9 – 12　某一已知方向的测断面图

六、在地形图上确定汇水范围面积

在设计排水管道、涵洞、桥梁孔径大小及水库筑坝时，必须知道该地区水流量，而水流量大小与汇水面积成正比。汇水面积是指降雨时雨水汇集于某溪流或湖泊的一个区域面积。

先从地形图上设计的集水断面，如图9-13的*AB*，然后从集水断面一端*A*起沿山脊线相互连接合围到集水断面另一端*B*，连成一条闭合线，闭合线内面积大小就是汇水面积的大小。如图9-13，用虚线连接的有关山脊线通过山顶、鞍部、集水断面*AB*所包围而形成的面积，即是流经*M*处的汇水面积。

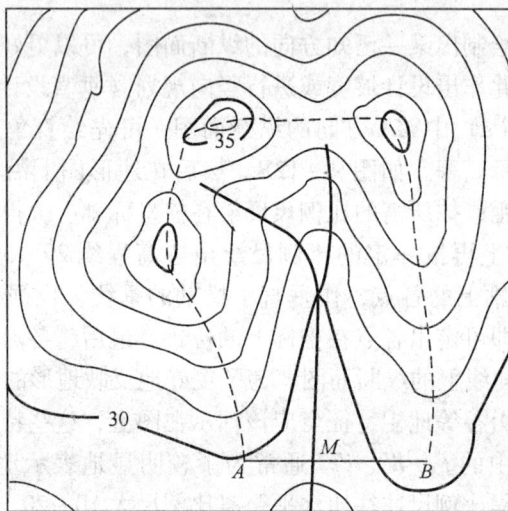

图9-13 在地形图上确定汇水面积

第三节 地形图的野外应用

一、地形图图外注记

（一）图名和图号

图名即本幅图的名称，是以所在图幅内最著名的地名、厂矿企业和村庄的名称来命名的。如图9-14，图名为龙眼洞，是因为龙眼洞村为该图幅内最大的居民点。

为了区别各幅地形图所在的位置关系，每幅地形图上都编有图号。图号是根据地形图分幅和编号方法编定的，并把它标注在此图廓上方。图9-14

的编号为 F – 49 – 35 – （30）。

嘉禾	大沉洞	水口水库
新市镇	/////	联和市
广州市	石牌	广州氮肥厂

龙眼洞
F-49-35-(30)

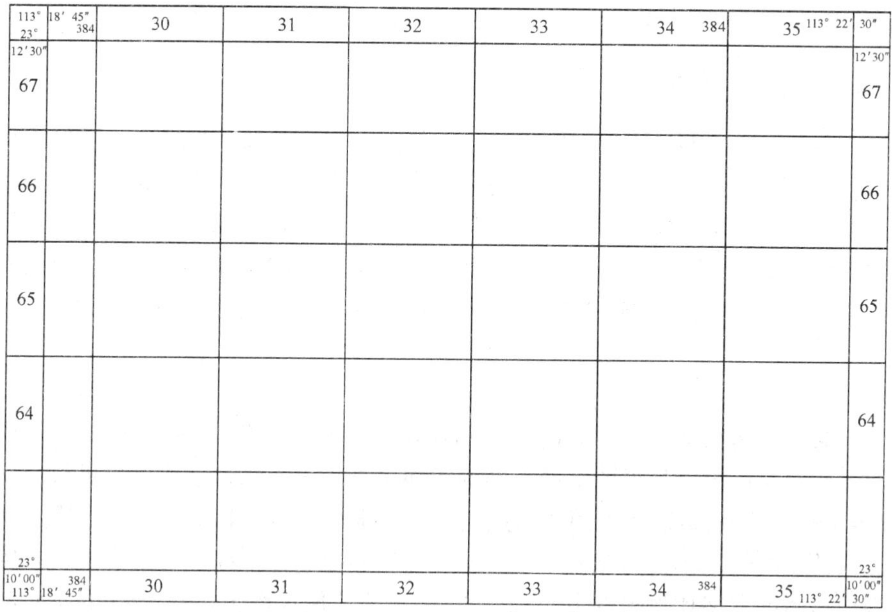

113° 23° 18′ 45″ 384	30	31	32	33	34　384	35	113° 22′ 30″
12′30″ 67							12′30″ 67
66							66
65							65
64							64
23° 10′00″ 113° 18′ 45″　384	30	31	32	33	34　384	35	113° 22′ 30″ 23° 10′00″

图 9 – 14　地形图图外汇记

（二）接图表

说明本图幅与相邻图幅的关系，供索取相邻图幅时用。通常是中间一格画有斜线的代表本图幅，四邻分别注明相应的图名（或图号），并绘注在图廓的左上方（如图 9 – 14）。

（三）图廓

图廓是地形图的边界，矩形图幅有内、外图廓之分。内图廓就是坐标格网线，也是图幅的边界线。在内图廓外四角处注有坐标值，并在内廓线内侧，每隔 10 cm 绘有 5mm 的短线，表示坐标格网线的位置。在图幅内绘有每隔 10 cm 的坐标格网交叉点。外图廓是最外边的粗线。

1：10000 或 1：25000 地形图的图廓（图 9 – 14），也有内图廓和外图廓之分。内图廓是图幅的边界线。图 9－14 中西图廓经线是东经 113°18′45″，南图廓线是北纬 23°10′00″。内图廓与外图廓之间，注记了以千米为单位的平面直角坐标值，如图中的 2564 表示纵坐标为 2564km（从赤道起算），向上的分别为 65、66 等，其千米的千、百位都是 25，故从略。横坐标为 38430，38 为该图幅所在的 3°带投影带号，430 表示该纵线的横坐标千米数。

（四）三北方向关系

在中、小比例尺图的南图廓线的右下方，还绘有真子午线、磁子午线和坐标纵轴（中央子午线）方向这三者之间的角度关系，称为三北方向图。利用该关系图，可对图上任一方向的真方位角、磁方位角和坐标方位角三者间作相互换算。此外，在南、北内图廓线上，还绘有标志点 P 和 P，该两点的连线即为该图幅的磁子午线方向，有了它利用罗盘可将地形图进行实地定向。

（五）测图比例尺

绘制在南图廓外正中央的是图示比例尺和数字比例尺（图 9－15）。用图示比例尺可直接量得图上两点间的实地水平距离；用数字比例尺可按公式 $D = d \times M/100$（m）计算图上两点间的实地水平距离，其中式中 d 为图上两点间的直线长，单位为厘米，D 为相对应的实地水平距离，单位为米，M 为该地形图的数字比例尺的分母值。在 $1:M$ 的比例尺图上，每 1cm 的相对应的实地水平距离为 $M/100$m。

1：10000 比例尺

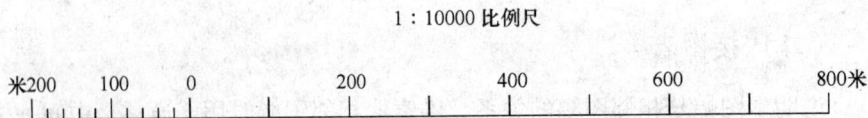

米200　100　0　200　400　600　800米

图 9－15　图示比例尺和数字比例尺

二、地形图界线的勾绘

（一）地形图的实地定向

地形图的实地定向是使展开铺平的地形图与实地方向一致。进行地形图的实地定向常用的方法有：

1．根据直长地物定向

就是使图上的直长地物符号（直路、围墙、电线等）与实地直长地物方向一致。如当站在道路上时，可先在图上找到表示这段直长道路符号，然后将地形图展开铺平，并转动地形图，使图上的道路与现地的道路方向一致，此时地形图方向与实际方向就一致了，但必须注意使图上道路两侧地形与现地道路两侧地形相一致，以免地形图方向颠倒。

2. 根据明显地物或地貌特征点定向

定向前找出与图上相应且具有方位意义的明显地物，如山头、道路、河流以及控制点标架等，然后转动地形图，使图上地物与实地对应的地物位置关系一致，此时地形图已基本上定向。

3. 根据罗盘定向

如图 9 – 16，把罗盘平放在地形图上，使度盘上零直径与图上磁子午线方向一致，转动地形图，使磁针北针对零，此时，地形图方向与实际方向一致。

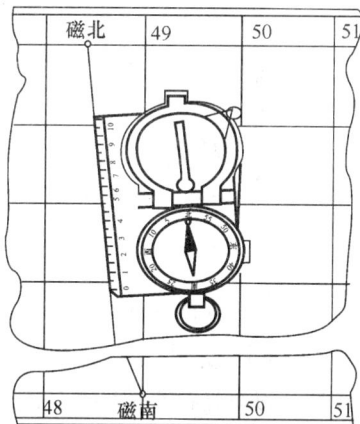

图 9 – 16　根据罗盘定向

（二）　在地形图上确立站点的位置

地形图经过定向后，需要确定站立点在图上的位置才能做现场的调绘工作。在实地上将自己的站立位置从图上找出来，就叫确定站立点在图上的位置，其方法有以下几种：

1. 根据明显地形点判定

当站在明显地物或地貌特征点上时，在图上找出该符号，就是实地站立点在图上的位置。当站立点在明显地物或地貌特征点附近时，可依其相互关系位置对照确定。

2. 用截线法测定

当沿道路或线状地物运动时，可利用两侧的明显地物（或地貌特征点）测定站立点在图上的位置。其测定的方法，如图 9 – 17 所示，先利用道路标定地形图方位，并在宝塔符号上插大头针，然后用直尺切于针旁，转动直尺向实地宝塔瞄准，这时直尺与道路的交叉点即是站立点在图上的位置。

3. 用后方交会法测定

如图 9 – 18，在图上选择两个以上的明显地形点，如 a、b、c，选取点

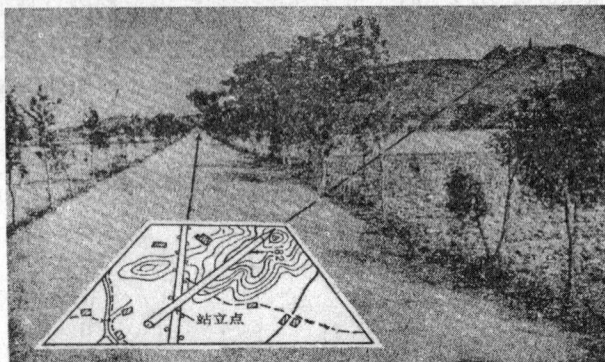

图 9 – 17   用截线法测定

时要同时看到地面上相应的 A、B、
C。转动地形图使图上的 a 对着实地
的 A，图上的 b 对着实地的 B，图上的
c 对着实地的 C，以 Aa、Bb 作为方向
线向后交会线交于 O 点，则 O 点为站
立点在图上的位置。为了校核可以 Cc
向后画交会线，视其是否通过 O 点。

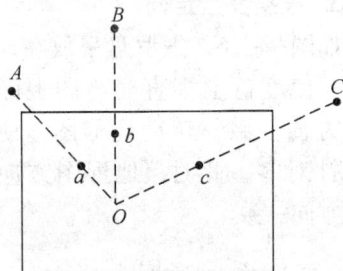

图 9 – 18   用后方交合法测定

（三）利用地形图进行样地布点

在郊野公园的施工放样中常利用
1∶5000 或 1∶10000 比例尺的地形图进行放样。按照一定的精度要求，在图
上找出样点位置，然后在所定样点的附近选定一明显地物或地貌特征点，并
量取该特征点至样点间的水平距离和磁方位角（也可量取坐标方位角，再
根据磁坐偏角算出磁方位角）。量取磁方位角时，往往需要延长明显地物或
地貌特征点和样点连线与磁南—磁北两点连线相交后；再用量角器量得磁方
位角。外业放点是根据样点的极坐标进行的，即安置罗盘仪于明显地物或地
貌特征点，使北针读数为所量得的方位角，固定水平方向制动螺旋，在视线
方向内并从测站开始量出已知距离即得样点在实地的位置。埋入石标或打入
木桩，以该点的纵、横坐标作为点名。为了今后作业时便于寻找，可在点的
附近树木上涂上红漆标记、画好点之记等。

（四）地形图与实地对照

郊野公园的区划多数以自然境界线进行区划，这就要求熟悉地形图，掌握读图技巧。

在实地利用地形图对照地形时，首先应标定地形图方位，求出站立点在图上的位置，然后以站立点至目标点的方向、距离为依据，并参照目标的特征和目标附近的地形的关系位置，即可对照出周围的地形。如图9-19，要在实地上找出190.4m山顶时，先用指北针标定地形图方位，在站立点（即三角点符号）上插针，然后用铅笔切于204.1m站立点及190.4m山顶上，并量测其两点间的图上长度为8.4cm（相当于实地距离为2100m），最后沿铅笔的延长线上2100m处，即可找到190.4m山顶就是前方较高的山。

图9-19 地形图与实地对照

地形复杂时，可先把主要而明显的目标对照出来，然后再依据其关系位置将其他的目标识别出来。

在起伏较大的地形上对照时，站立点应尽量选择较高处便于观察的地点，可先对照较高的山顶（或制高点），然后按照与其相连的山脊，逐次对照山脊线上的各山顶、鞍部，从而判明山脊、山谷的走向及起伏特点。

（五）地类界的勾绘

在野外进行郊野公园区划时，要将图上没有的界线（或地类界、地物等）测绘于地形图上时，常用以下几种方法：

1. 根据明显地物或地貌特征点概略估计

目标点在明显地物或地貌特征点附近时，根据其关系位置，用目估的方法把目标确定在图上，并在目标点上绘出相应的符号。

2. 根据站立点及目标方位概略估计

这种方法多用于测定站立点周围的目标（图9－20）。其方法步骤是：首先，确定地形图的方位和站立点在图上的位置，并插上细针；第二，用铅笔靠紧针分别向各目标瞄画方向线；第三，目测站立点至各目标点之间的距离，按地形图比例尺缩小，并在方向线上截取其图上的位置，同时绘上相应的符号。

3. 前方交会法

当目标较远或目标附近地形特征不明显，在一个站立点上不易确定目标位置时，可采用前方交会法。如图9－21，要将亭子测绘在图上，其方法步骤是：首先，在桥上，利用道路标定地形图方位，并在桥梁符号上插上细针；第二，用铅笔靠近针向实地上亭子瞄准，在图上画出桥与亭子的方向线；第三，前进到公路与小路的交叉点处，用同样的方法，画出道路交叉至亭子的方向线；第四，两方向线的交点，就是亭子在图上的位置，并在交点上画出表示亭子的符号。

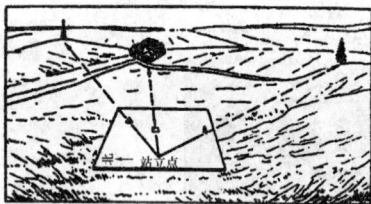

图9－20　测定站定点周围的目标　　　　　图9－21　前方交会法

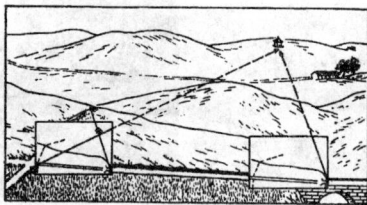

4. 对坡勾绘法

在区划工作时应用对坡观测，即站在山的对面坡进行观测。对坡观测看到的对面山坡是倾斜面，而地形图表示的是该山坡的水平投影面，前者面积大，后者面积小，因此在勾绘时要特别注意，避免在图上把山坡面积勾大。当半山坡有地类界线（或农地、小屋等）须在图上勾绘出来时，在对坡观测时可把整个坡面从上到下分为几等分（目估），然后看界线处于第几个等分点，这样就能把地类界线在地形图上标出。

5. 实测法

实测就是利用罗盘仪进行导线测量或用其他碎部测量方法，把地类边界轮廓反映在图上。测线闭合差要求不超过1/100，在地形复杂、高差较大的地区，测线闭合差不超过1/50。这种方法精度较高，但要花费较多的人力、物力和时间。

第四节　面积计算

一、方格法和网点板法

（一）透明方格法

用透明纸或透明胶片，在上面刻划两组等距（间距可用 1mm、2mm、5mm）而又互相垂直的直线，构成方格网。在测量面积时，将透明方格网覆盖在地形图上，并予固定使它不能移动（图 9－22）。在各种比例尺中每个方格所代表的实地面积 S 可事先算出。统计出图形内的完整方格数（n_1），在边界上图形的不完整方格，不管其大小一律当成 0.5 格，把不完整的方格数（n_2）并折合成完整格数（$n_2/2$），用总格数（$n = n_1 + n_2/2$）乘上一方格所代表的面积 S，即为

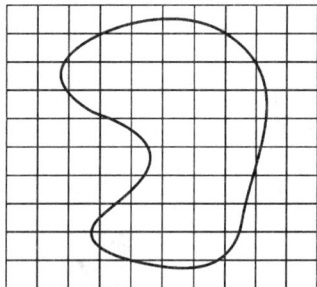

图 9－22　透明方格法

所求图形面积（$A = n \times S$）。图 9－22 图形比例尺为 1:10000，小方格边长为 5mm，计算图内不规则图形面积具体步骤如下：

（1）根据地形图的比例尺算出每小方格代表的面积
$S = （5 \times 10000） \times （5 \times 10000） mm^2 = 50 \times 50 = 2500 m^2$；

（2）数出计算在图形内的完整小方格数 $n_1 = 25$；

（3）数出在边界上图形不完整的小方格数 $n_2 = 32$；

（4）把图形内及边界上小方格数的一半进行累加 $n = n_1 + n_2/2 = 25 + 32/2 = 41$；

（5）图形的实地面积为 $A = n \times S = 41 \times 2500 = 102500$（$m^2$）。

（二）网点法

网点法也是利用透明方格纸随意覆盖在要量测图上，如图 9－22，计算方法同方格法，但不是数格数而是数点数，每个点代表一个方格的面积。使用时将方格网覆盖在图形上，统计图形内点数，对于边界上的点，因只相当一半面积，故取其的一半，将点的总数目求出后乘以每个网点所代表的面

积，即得实地面积。具体步骤如下：

（1）根据地形图的比例尺算出每小方格点代表的面积 $S = (5 \times 10000) \times (5 \times 10000) \mathrm{mm}^2 = 50 \times 50 = 2500 \mathrm{m}^2$；

（2）数出在图形内的小方格点数 $n_1 = 38$；

（3）数出在图形边界上的小方格点数 $n_2 = 4$；

（4）把图形内及边界的小方格点数累加 $n = n_1 + n_2/2 = 38 + 4/2 = 40$；

（5）图形的实地面积为 $A = n \times S = 40 \times 2500 = 100000 \mathrm{m}^2$；

为了取得比较可靠的结果，每个面积至少计算 2~3 次，每次计算必须变换网点板的位置，最后取其平均值。

二、使用电子求积仪求积

电子求积仪是用集成电路制成的一种新型求积仪，性能优越，可靠性好，操作简便，对所测面积能用数字及时显示出来。现将数字式求积仪 KP－90N 型（图9－23）的主要部件及其用法介绍如下。

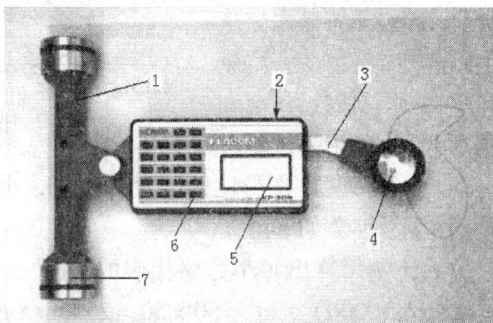

1.动极轴　2.交流转换器插座　3.跟踪臂
4.跟踪放大镜　5.示部　6.功能键　7.动极

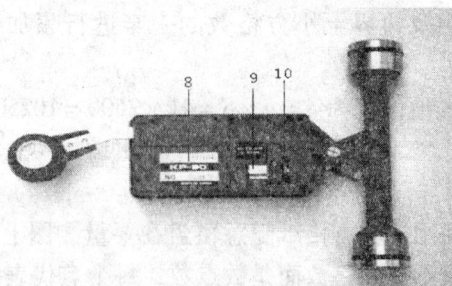

8.电池(内藏)　9.编码器　10.积分车

图9－23　KP－90N型求积仪构造图

（一）KP－90N 型求积仪的构造

该求积仪的构造如图 9－23 所示：

（1）动极轴

（2）交流转换器插座

（3）跟踪臂

（4）跟踪放大镜

（5）显示窗

（6）功能键

① $\boxed{\text{ON}}$　电源键（开）

② $\boxed{\text{OFF}}$　电源键（关）

③ $\boxed{.}$　小数点键

④ $\boxed{0}$ ～ $\boxed{9}$　数字键

⑤ $\boxed{\text{START}}$　起动键

⑥ $\boxed{\text{HOLD}}$　固定键

⑦ $\boxed{\text{EMO}}$　存储键

⑧ $\boxed{\text{AVER}}$　平均键

⑨ $\boxed{\text{SCALE}}$　比例尺键

⑩ $\boxed{\text{R－S}}$　比例尺确定键

⑪ $\boxed{\text{C/AC}}$　清除或全清除键

⑫ $\boxed{\text{UNIT－1}}$　单位键 1

每按键一次，能以米制、英制、日制顺序来选择单位制。

米制→英制→日制→米制→……

⑬ UNIT－2：单位键 2

每按键，能在同一单位制内选择单位。也能进行脉冲计数，但此时不显示单位符号。

千米^2（km^2）→米^2（m^2）→厘米^2（cm^2）→脉冲计数（P/C）→千米^2（km^2）……

（7）动极

（8）电池

（9）编码器

（10）积分车

（二）KP-90N 型求积仪的使用

如图 9-23 所示，图形比例尺为 1:10000，欲求其不规则图形的面积，具体作业步骤如下：

1. 电源

打开电源按下 ON 键，显示屏上显示 0。

2. 设定单位

设定面积单位按 UNIT-1（单位）键，定出面积单位（可选用米制、英制和日制三种）。按 UNIT-2 键可设定同一单位制的单位。应该注意，即使已设定了面积单位，但绕测后所显示的数据仍是脉冲数，只有当按下 AVER 键、HOLD 键、MEMO 键，才显示出设定单位的面积。具体操作按下表进行：

表 9-2　KP-90N 型求积仪操作

键操作	符号显示	操作内容
ON	0	接通电源
UNIT-1	cm^2　0	设定米制
UNIT-2	m^2　0	设定同一单位制的 m^2

3. 设定比例尺

表 9-3　设定比例尺为 1:10000 具体操作表

键操作	符号显示	操作内容
10000	cm^2 10000	对比例尺进行置数 10000
SCALE	SCALE cm^2 0	设定比例尺 1:10000
R-S	SCALE cm^2 10000000	$10000^2 = 100000000$ 确认比例尺 1:10000 已设定，因为最高可显示 8 位数，故显示 10000000 而不是 100000000
START	SCALE cm^2 0	比例尺 1:10000 设定完毕，可开始测量

4. 跟踪测量

跟踪图形在图形边界上选取一点作为起点，该点尽可能位在图的左侧边界中心，如图 9-22 所示，并与跟踪放大镜中心重合。此时，按下 START（开始）键，蜂鸣器发出音响，显示窗显示 0。然后把放大镜中心准确地沿着图形边界顺时针方向移动，直至起点止，再按 AVER 键，即显示面积 240 124 m^2；如果要测定若干块面积的总和，即进行累加测量，当第一块面积结束后（回到起点），不按 AVER 键而改按 HOLD 键；若对同一块面积要测定数次并取其平均值时，改按 MEMO 键，测量结束时，最后按 AVER 键，平均面积即可显示。

（三）使用 KP-90N 型求积仪的注意事项

（1）电子求积仪不能在太阳直射、高温、高湿的地方，特别要远离暖气装置。

（2）严防强烈冲撞和粗暴使用。

（3）在保养时，请务必不用稀释剂、挥发油及湿透的布等，请用柔软、干燥的布来擦。

（4）除更换电池外，请务必不要打开电池盒盖。

（5）当把电池从电池盒取出后，请务必不要把仪器和交流转换器直接连接使用，否则将使仪器发生严重损坏。

复习思考题

1. 地形图的图名通常是怎样命名的？

2. 地形图应用的基本内容有哪些？

3. 面积计算常用的有哪些方法？

4. 如何确定地形图地面两点间的坡度？

5. 如何绘制指定方向的地面断面图？

6. 在地形图上如何确定汇水面积周界？

7. 下图所示为 1:1000 地形图，试测算：

（1）A、B、C 三点的坐标。

（2）用比例尺及量角器量测 AB 水平距离和方位角，并用 A、B 坐标计算校核。

（3）确定 D、B 两点的高程。

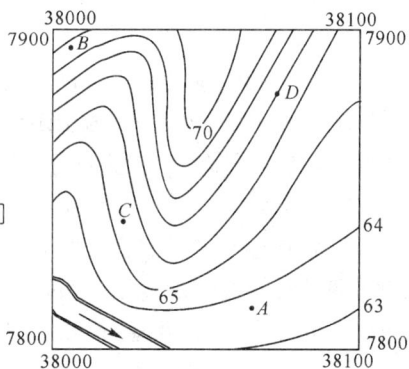

第十章　园路测量

本章提要

　　园路是园林工程中非常重要的一个组成部分。本章主要讲授园路概述，园路的勘测、设计等。通过本章学习，应掌握园路的选线、中线测量、纵横断面测量和纵断面设计，掌握线路路基设计、工程土石方的计算，以及渠道测量等。

第一节　概　　述

一、园路的种类

　　园路是贯穿全园的交通网络，是联系若干个景区和景点的纽带，是组成园林风景的要素，并为游人提供活动和休息的场所。园路按其使用功能，可分为：

　　（1）主路（主干道）：联系公园出入口、园内各功能分区（景区）主要建筑物和主要广场，成为全园道路系统的骨架，是游览的主要路线。其宽度视公园性质和游人容量而定，一般为 3.5～6.0m。至少可单向可通行卡车、消防车等。

　　（2）次路（次干道）：为主干道的分支，是贯通各功能区、联系各景点和活动场所的道路。宽度一般为 2.0～3.5m。能单向通行轻型机动车辆。

　　（3）小路（游步道）：景区内连接各个景点的浏览小道。

　　（4）小径：多布置在各种专类园中，做深入细致观察的小路。

二、园路测量的基本内容

　　由于次路，小路和小径的技术标准低，一般不须进行专门的线路测量，故园路测量仅对主路而言。园路测量的内容，包括勘测、选线、中线测量、路线纵横断面测量、纵断面图的设计、路基设计、土石方计算等内容。

第二节　园路中线测量

一、踏勘

园路勘测分两个阶段和一个阶段。所谓两个阶段勘测，就是线路勘测分初测和定测；而一个阶段勘测是对路线只作一次定测。对于线形复杂、技术要求高的地区，为保证路线质量，均应分两个阶段勘测，一般的等级公路、铁路均用此法。而路线距离短、等级低、走向明确且地形简单的地区可用一次定测。

两个阶段勘测的初测，主要是了解道路所经过地区的自然地理条件（包括地形、地壤、地质以及水文等），搜集初步设计所需的有关资料，确定线路的大致走向，包括比较线，并在道路经过范围内布设平面和高程控制点，测量带状地形图和纵断面图，为初步设计提供依据。定测即定线测量，按设计方案所确定的路线进行中线测量、纵断面和横断面测量等，为路线坡度设计、工程量计算等道路技术设计提供详细的测量资料。

一个阶段勘测，一般不测沿线大比例尺带状地形图和进行图上定线，而是在实地直接选定道路中线，然后再进行详细测量，即一次定测路线。

二、选线

（一）选线的概念

园路属于线状建筑物，从起点到终点，由于地形、地质等自然条件和行车安全要求的限制，在平面上会有弯曲，纵断面上有起伏，横向有一定的宽度。选线就是将路线中心线的位置落实到实地上。道路的中线由直线和曲线组成，曲线包括单圆曲线、复曲线、反向曲线、回头曲线、缓和曲线、综合曲线等，而园路中的曲线比较简单，以单圆曲线为主。

路线方案确定后，要根据园路的实际情况，合理利用地形，综合考虑园路的平、纵、横三方面，选定具体的线路位置。

选线工作是整个园路设计的关键，路线选得合理与否，对于园路的质量和造价以及养护等都有很大的影响。因此，在选线时，必须综合考虑，因地制宜地选出合理的线路。

（二）选线原则

园路与公路的功能并不完全相同，它除了作为景区内及景区间的交通路线外，还具有景区的功能分区、组织空间的作用，具有提供活动场地和休息场所的作用，具有作为构成景区园景的作用。因此在选线时应综合考虑以下两方面：

（1）要充分利用有利地形，综合考虑路线的平、纵、横，以及景区建设诸方面，使线路既能达到平面适顺、纵坡均衡、横向合理，又能满足景区规划建设和发展的需要。

（2）路线要顾及投资少、行车安全，要尽量避免通过滑坡、崩坍等地质不良地带，如不可避免，应采取必要的工程措施。但也要防止只考虑投资少而降低路线质量的问题。

（三）选线的方法

选线的任务是根据技术标准和路线方案，结合景区规划和地形地质条件，具体确定出路线中线位置，即定出路线的起、迄点，路线上的交点（转折点）、直线上的转点和平曲线的半径等。

在一定等级的线路工程中，其中线的确定，是先在大比例尺规划地形图上设计中线的具体位置和走向，确定主要点（路线起点和终点、折点和交点）坐标、切线（直线）方位角，以及设计半径等，并据此计算线路中线任意里程处的点位坐标，再根据线路沿线布设的测量控制点，利用极坐标放样等方法直接在实地标定中线的位置；对于小型线路工程，确定中线的方法一般是先在地形图上初步选线，然后再赴现场直接定线。本章介绍后者。

1. 图上选线

选线前应先做好踏勘工作，并在踏查前广泛搜集与路线有关方面的资料，如各种比例尺的地形图、地质资料、园区总体规划方案等。对上述资料进行分析研究后，在图上选线（参阅图9-2），然后再赴现场踏查，并根据实际情况作必要的修改。

2. 现场直接定线

对路线进行踏勘后，可进行现场定线，即在实地通过反复调整路线，直接确定交点、转点的方法。现场定线比图上选线更切合实际，更为合适，故图上选线是现场定线的辅助措施和参考依据。由于现场定线是采用直观、具体的手段选出合理的线路，且方法简单、操作方便，故一次勘测定线的方法在低等级路线工程中被普遍地采用。

现场定线一般用测坡器放坡、用经纬仪或罗盘仪测定转角和两相邻交点间的视距，并在交点上打入交点桩，以 JD_1、JD_2、JD_3……依次编号，同时注明推荐半径；若两相邻点间距较长或受地形阻碍不能通视时，应在线路上的适当位置打入转点桩，以 ZD_1、ZD_2、ZD_3、……编号。交点和转点桩一般用 $5\text{cm} \times 5\text{cm} \times 30\text{ cm}$ 的木桩，在桩顶钉入铁钉，侧面编号，字面朝向路线起点。

各级交通道路的纵坡都有一定的标准，以保证行车安全。当两相邻线路的控制点（线路必须经过的地点）已定，但其高差较大时，若以直线连接必然超过线路最大纵坡的限值，为减缓坡度必须使线路拉长（通称展线）。由一个线路控制点到另一相邻控制点，按线路设计的平均纵坡，并考虑地形、地质及水文等因素，在确保路基稳定的情况下，实地测量出线路的中心位置，称为放坡。放坡宜从高往低放，这样站得高、看得远，能掌握整个地形态势。放坡时，要注意小半径曲线上的纵坡折减，尽量不用极限坡值。

实地放坡应由有经验的人员担任，一般由甲乙两人组成，各持标杆和测坡器。在标杆上可系红布条，其高度等于对方眼高；在测坡器上对好拟放纵坡数所对应的倾角度数（如图 10－1），相应于 5% 的倾角为 2°52′（表 10－1）。放坡时，从顶点开始，甲立于起点，待乙行至下坡方向的适当位置时，甲指挥乙上下移动，当甲看在标杆上的眼高处时，乙以同样的坡度向上看甲，复核无误后，乙在站立点插上标志。然后两人同时前进，甲行至乙所插标志处时，同法继续放坡定点。

表 10－1　坡度与倾角对照表

坡度%	倾角 °　′	坡度%	倾角 °　′	坡度%	倾角 °　′	坡度%	倾角 °　′	坡度%	倾角 °　′
0.5	17	2.5	1　26	4.5	2　35	6.5	3　43	8.5	4　51
1.0	0　34	3.0	1　43	5.0	2　52	7.0	4　00	9.0	5　09
1.5	0　51	3.5	2　00	5.5	3　09	7.5	4　17	9.5	5　26
2.00	1　09	4.0	2　17	6.0	3　26	8.0	4　34	10.0	5　43

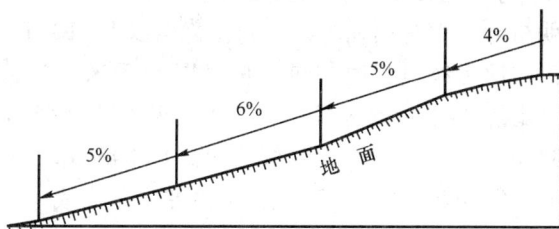

图 10－1　实地放坡

三、园路转角的测定

中线选定后，即可进行中线转角的测定。所谓转角是指线路由一个方向偏转向另一个方向后，偏转后的方向与原方向延长线的夹角。转角是根据线路两相邻直线段交点处所测得的右角计算而等到。如图 10 - 2 所示，可得转角的计算规律：

$$当右角 \beta < 180° 时，为右转角，\alpha_右 = 180° - \beta \qquad (10 - 1)$$
$$当右角 \beta > 180° 时，为左转角，\alpha_左 = \beta - 180° \qquad (10 - 2)$$

实际工作中，在测量完水平角并计算出转角后，及时进行圆曲线半径的设计和圆曲线的测设工作，以便使里程延续。

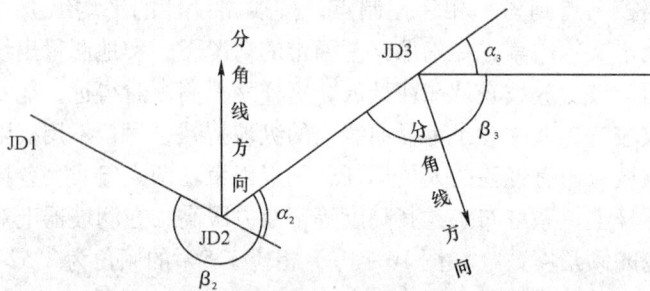

图 10 - 2 转角测量

四、里程桩的设置

为测定路线的长度和路线纵横断面设计的需要，必须从起点起，沿线路的中线测出整个路线的长度。距离测量的精度一般应达到 1/200 以上。在量距时，应钉里程桩，每 100m 钉百米桩，每 20m 设置整桩如〔图 10 - 3（a）〕，坡度变化处、路桥（涵或隧）相接处、地质变化处等均应设置加桩图如〔10 - 3（c）〕。遇曲线时，设置主点桩〔图 10 - 3（b）〕和细部桩。各桩按里程注明桩号，书写面朝起始方向，背面以 1～10 序号循环书写图如〔10 - 3（d）〕，以便后续测量时找桩。桩号以"千米 + 米数"表示，起点桩号为 0 +000，以后各桩依次为 0 +020，0 +040，0 +045.5，0 +060，…，5 +420，5 +433.6，5 +440 等。上列桩号中，0 +045.5、5 +433.6 分别为 0 +040 和 0 +060 和 5 +420、5 +440 之间的加桩。在曲线主点桩上，还应在桩号前加注 ZY、QZ 和 YZ 的字样。

在距离测量中，如线路改线或测错，都会使里程桩号与实际距离不相

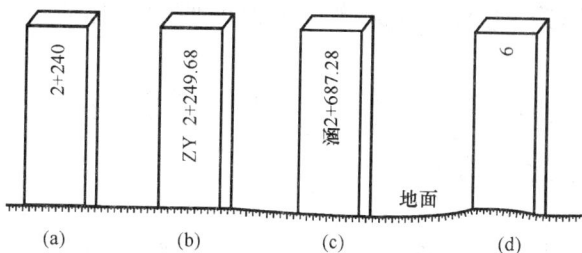

图 10 – 3 里程桩的设置

符，此种里程不连续的情况称之为"断链"。当出现断链，应进行断链处理，亦即为避免影响全局，允许中间出现断链，桩号不连续，仅在改动部分用新桩号，其他部分不变，仍用老桩号，并就近选取一老桩号作为断链桩，分别标明新老里程。凡新桩号比老桩号短的称为短链，新桩号比老桩号长的称为长链，如图 10 – 4。

在断链桩上应注明新老桩号的关系及长短链长度，如"1 + 570.6 = 2 + 420.5（短链 849.9m）"。习惯的写法是等号前面的桩号为来向里程（即新桩号），等号后面的桩号为去向里程（即老桩号）。手簿中应记清断链情况。由于断链的出现，线路的总长度应按下式计算：

$$路线的总长度 = 末桩里程 + 长链总和 - 短链总和 \qquad (10 - 3)$$

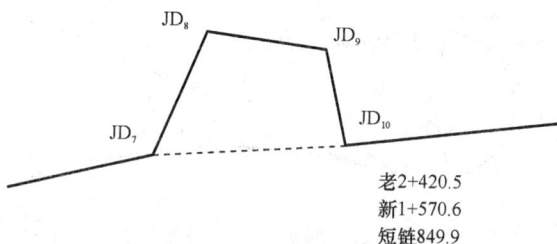

图 10 – 4 设置断链桩

五、圆曲线的测设

由于受地形地质及社会经济发展条件的限制，园路总是不断地从一个方向转向另一个方向。为保证行车安全，必须用曲线连接起来。这种在平面内连接两个不同方向线路的曲线，称之为平曲线。平曲线有以下几种主要类型：

（1）单圆曲线：具有单一半径的曲线，简称圆曲线，见图 10 – 8。

（2）复曲线：由两个或两个以上的圆曲线连接而成的曲线，见图10-5。

（3）反向曲线：由两个方向不同的线连接而成的曲线，见图10-6。

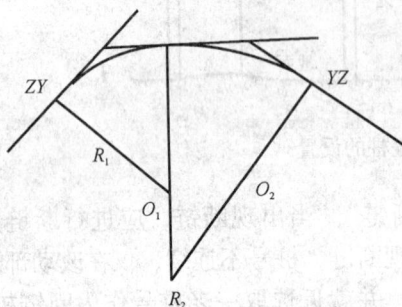

图10-5　复曲线

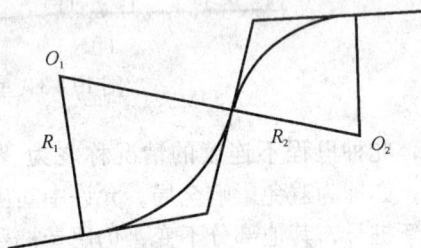

图10-6　反向曲线

（4）回头曲线：由于山区线路工程展线的需要，其转向角接近或超过180°的曲线，见图10-7。

（5）缓和曲线：在直线和圆曲线间插入的一条半径由∞过渡到R的曲线，图10-7。

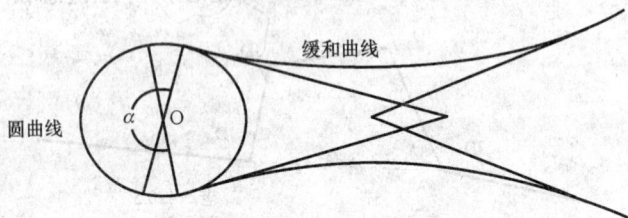

图10-7　回头曲线和缓和曲线

园路工程中，以单圆曲线为主。

曲线的测设方法有很多，传统的有偏角法、切线支距法，现在由于全站仪的广泛使用，极坐标放样法已成为主要方法。

（一）圆曲线主点的测设

圆曲线测设的步骤是：先测设曲线的主要点，后再按曲线上规定的桩间距进行加密。如图10-8所示，曲线的三个主要点分别是直圆点（ZY）、曲中点（QZ）和圆直点（YZ）。在实地测设之前，要先进行曲线元素和各点

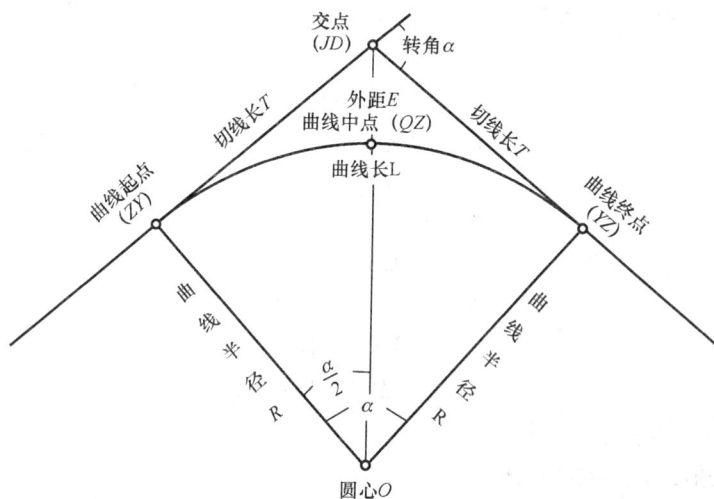

图 10-8　圆曲线

里程的计算。

1. 圆曲线元素及其计算

如图 10-8，圆曲线半径 R、偏角（即路线转向角）α、切线长 T、曲线长 L、外矢距 E 及切曲差 D，称为曲线元素。R 为设计值，α 为观测值，其余元素可按下列关系式计算：

$$
\left.
\begin{aligned}
T &= R \cdot \mathrm{tg}\,\frac{\alpha}{2} \\
T &= R \cdot \frac{\pi}{180}\alpha \cdot \beta \\
T &= R \cdot R\left(\sec\frac{\alpha}{2} - 1\right) \\
D &= 2T - L
\end{aligned}
\right\}
\qquad (10-4)
$$

实际工作中，上述元素的值可用计算器计算，也可从《公路曲线计算表》中查阅。

【例 1】　已测得某线路的转角 $\alpha_{右} = 30°45'$，设计半径 $R = 300\mathrm{m}$，求圆曲线元素。

解：据 10-4 式，可计算得

$T = 82.49\mathrm{m}$，$L = 161.01\mathrm{m}$，$E = 11.14\mathrm{m}$，$D = 3.97\mathrm{m}$

2. 圆曲线主点里程计算

为了测设圆曲线，必须计算主点里程。上例中，如果圆曲线交点 JD_3 的

里程为 $2 + 344.56$，根据算得的曲线元素值，则圆曲线主点的里程为

$$JD_3 \quad 2 + 344.56$$
$$-) \ T \ 82.49$$

直圆点 $ZY = 2 + 262.07$
$$+) \ L \quad 161.01$$

圆直点 $YZ \ = 2 + 423.08$
$$-) \ L/2 \quad 80.50$$

曲中点 $QZ = 2 + 342.58$
$$+) \ D/2 \quad 1.98$$
$$JD_3 \ 2 + 344.56$$

最后一步为校核计算。

3. 圆曲线主点的测设

如图 $10 - 8$，将经纬仪置于交点 JD_i 上，以线路方向定向。自交点起沿两切线方向分别量出切线长度 T，即得直圆点 ZY 和圆直点 YZ。在交点 JD_i 上后视 ZY，拨角，得分角线方向，沿此方向自 JD_i 量出外矢距 E，即得曲中点 QZ。

圆曲线主点对整条曲线起控制作用，其测设的正确与否，直接影响曲线的详细测设。在主点测设完毕后，可以用偏角法进行检查。如图 $10 - 9$，曲线的一端对另一端的偏角应是转向角 α 的一半；曲线一端对曲中点的偏角应是转向角 α 的 $1/4$。

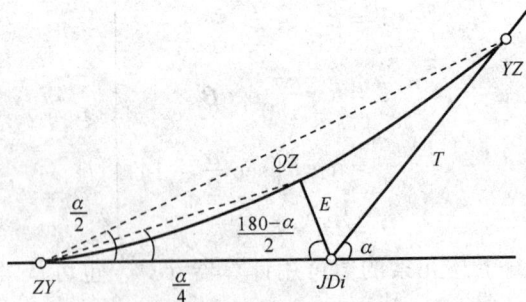

图 $10 - 9$　圆曲线主点的测设

4. 圆曲线的详细测设

如圆曲线的长度较长，仅三个主点尚不能较好地确定它的形状并指导施工，就必须进行圆曲线的详细测设，亦即测设圆曲线主点外的一定间隔的加桩、百米桩等。

圆曲线的详细测设方法有许多，传统的有偏角法、切线支距法等，目前由于全站仪的广泛使用，施工中用极坐标法放样已成为一种主要方法。

（1）偏角法。所谓偏角法，是根据曲线点 i 的切线偏角 δ_i 及其间距 c 作方向与定长交会，获得放样点位。如图 10－10 所示，在 ZY 点上安置仪器，后视 JD 方向，拨出偏角 δ_1，再以定长 c 自 ZY 点与拨出的视线方向交会，便得 1 点。拨角 δ_2 得第二点的弦线方向，再以定长 c 自 1 点与拨出的视线方向交会，便得 2 点。余同法测设。

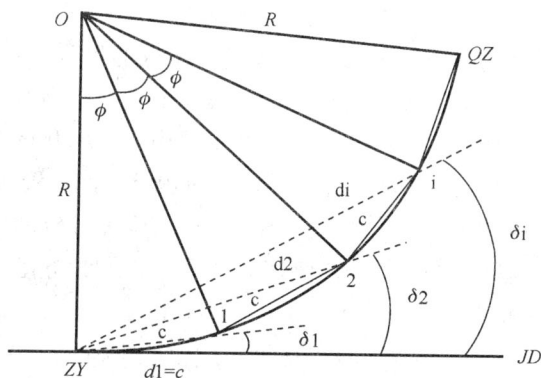

图 10－10　偏角法放样圆曲线

偏角值的计算。偏角 δ_i 在几何学上称为弦切角，其值等于对应弧长所对圆心角的一半，即

$$\delta = \frac{\varphi}{2} = \frac{l}{2R} = \frac{180°}{\pi}$$

上式中为弧长 l

φ 为弧长 l 所对应的圆心角；

R 为圆弧的半径；

当圆曲线上各点是等距时，曲线上各点的偏角为第一点偏角的整倍数。

$$\left.\begin{aligned}
\delta_1 &= \frac{\varphi}{2} = \frac{l}{2R} \cdot \frac{180°}{\pi} = \delta \\
\delta_2 &= 2 \cdot \frac{\varphi}{2} = 2\delta \\
\delta_3 &= 3 \cdot \frac{\varphi}{2} = 3\delta \\
&\cdots\cdots\cdots\cdots \\
\delta_n &= n \cdot \frac{\varphi}{2} = n\delta
\end{aligned}\right\} \qquad (10-5)$$

如果圆曲线的半径一般较大，细部的圆弧长 l 较短，用弦长代替弧长的误差很小，可忽略不计，放样时可用弦长代替弧长；如圆曲线半径较小，细部点间的弧长 l 较长，则应用实际弦长 C 放样。

$$C = 2R \cdot \sin\delta \qquad (10-6)$$

实际工作中，为了测量和施工的方便，一般将曲线上细部点的里程换成 10 或 20 的整倍数。但曲线起点 ZY 点的里程往往不是 10m 或 20 m 的整倍数，所以在弧的两端会出现两段非 10m 或 20m 整倍数的弧，习惯上把这两段不足 10 m 或 20 m 的弧所对应的弦叫分弦。

计算各细部点的偏角，应按曲线起点、终点的里程先计算两分弧的长度，然后计算两分弧所对应的偏角，结合等弧所对应的弦切角，即可求得。在例 1 中，ZY 点的里程为 2 + 262.07，如详细测设以 20 m 为一个整弧段，则第一个曲线里程桩为 2 + 280，其分弦所对的弧长为 17.93 m。

若圆曲线首尾两分弧的长分别为 l_1 和 l_2，其所对应的圆心角为 φ_1 和 φ_2，等分弧所对应的圆心角为 φ，弦切角为 δ。则圆曲线上各细部点偏角值的计算如式（10-7）。

$$\delta_1 = \frac{\varphi_1}{2} = \frac{180}{2\pi} \cdot l_1$$

$$\delta_2 = \delta_1 + \frac{\varphi_1}{2} = \delta_1 + \delta$$

$$\delta_3 = \delta_1 + 2 \cdot \frac{\varphi_1}{2} = \delta_1 + 2\delta \qquad (10-7)$$

$$\cdots\cdots$$

$$\delta_n = \delta_1 + (n-2)\delta$$

$$\delta_{YZ} = \delta_1 + (n-2)\delta + \frac{\varphi_2}{2}$$

实际工作中，圆曲线的整弦及分弦的偏角计算一般用计算器，也可以转角 a 和半径 R 为引数，从《公路曲线计算表》中查取。

【例2】 在例中，转角 $a_{右} = 30°45'$，设计半径 $R = 300$ m，若曲线上每 20 m 定一个细部桩，求曲线上各细部点的偏角。

解：先据已知的 a 和 R 查表或用计算器计算出圆曲线元素 T、L、E、D，并计算出三个主点和各细部点的桩号，以及各段圆弧所对应的弦切角。

实际工作中，偏角法测设圆曲线一般分两段放样，即分别以 ZY 点和 YZ 点作测站，各施测至 QZ 点的半个圆曲线，各点偏角值见表 10-2。详细测设步骤（参见图 10-10）如下：

表 10-2 为各点的偏角计算值

点名	里　程	曲线点间距	偏　角	备注	示意图
ZY	2+262.07		0°00′00″		
1	+280	17.93	1 42 43		
2	+300	20	3 37 18	顺拨	
3	+320	20	5 31 54		
4	+340	20	7 26 29		
QZ	2+342.58	2.58	7 41 15		
QZ	2+342.58	17.42	352 18 45		
5	+360	20	353 58 35		
6	+380	20	355 53 10	反拨	
7	+400	20	357 47 46		
8	+420	3.08	359 42 22		
YZ	2+423.08		0°00′00″		

① ZY 点设站，照准切线方向并使度盘归零；

② 拨角 $1°42′43″$，自 ZY 点起量取 $C_1=17.93$ m，即得曲线上的 1 点；

③ 拨角 $3°37′18″$，自 1 点起量取 $C_2=20$ m，即得曲线上的 2 点；

④ 同法测得 3、4 及 QZ 点，并检查与测设主点时的 QZ 点是否一致。

⑤ 将仪器迁至 YZ 点设站，以切线方向归零，测设另半条曲线，方法同前，但要注意拨角方向相反。

⑥ 由于测设误差的影响，从 ZY 或 YZ 点向曲线中点方向测设曲中点 QZ 时，与已测的控制桩 QZ 可能不重合，（图 10-11）。假定落在 QZ' 上，则产生闭合差 f。f 的允许值是分纵向闭合差 fx 和横向闭合差 fy 来考虑的。若纵向（沿线路方向）闭合差 fx 小于 1/1000、横向闭合差 fy 小于 10 cm，可根据曲线上各到 ZY（可 YZ）点的距离，按比例进行调整。

偏角法放样圆曲线细部，计算和操作方法都比较简单，并可自行闭合进行检查，在比较平坦的施工区域应用比较广泛。但该法是逐点测设，误差积累，因此在测设中要特别注意角度配置，精确测定距离。

（2）切线支距法也称直角坐标法。它是以直圆点 ZY 或圆直点 YZ 为原点，切线为 x 轴、通过 ZY（或 YZ）的半径为 y 轴的直角坐标系。利用曲线上各点在此坐标系中的坐标，便可用直角坐标法测设圆曲线上的各点。

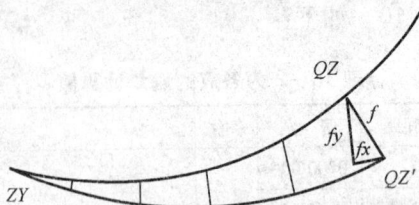

图 10 – 11　实测曲线闭合差的调整

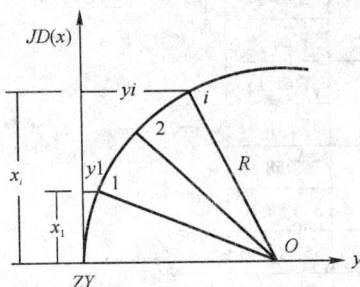

图 10 – 12　切线支距法测设圆曲线

从图 10 – 12 可知，曲线上任一点的坐标计算式为

$$x_i = R \cdot \sin a_i$$

$$y_i = R \cdot (1 - \cos a_i)$$

a_i 为相应弧长所对应的圆心角，用 $a_i =$ 代入上式并用级数展开，得曲线上各细部点的坐标公式为：

$$\left. \begin{array}{l} x_i = l_i - \dfrac{l_i^3}{6R^2} + \dfrac{l_i^5}{120R^4} \\[3mm] y_i = \dfrac{l_i^2}{2R} + \dfrac{l_i^4}{24R^3} + \dfrac{l^6}{720R^5} \end{array} \right\} \qquad (10 - 8)$$

l_i 为细部点 i 至 ZY 点的弧长，R 为曲线半径。据上式，只需代入各细部点至 ZY 点的间的弧长即可求得各点的坐标。

由图 10 – 12 所示，切线支距法测设圆曲线的步骤如下：

① 自 ZY 点起沿切线方向，按 li 量出各点的里程，直到 QZ 点，并用临时标志标定；

② 从上述各点退回 $(l_i - x_i)$，得曲线上各点至切线的垂足；

③ 在各点垂足测设直角（即过垂足作切线的垂线），在垂线的方向上量出相应的 yi 值，即得曲线上各点；

④ 一般从 ZY 点和 YZ 点各向 QZ 方向测一半的曲线。

用此法测设各点相互间是独立的，不存在误差的积累和传递问题，但此法在起伏大的地区作业困难不少。

（3）极坐标法。由于测距仪和全站仪的普及，在生产中该法已成为曲线放样的主要方法。该法具有速度快、精度高、设站自由等优点。极坐标法放样曲线上各点，关键是计算各放样点的坐标或放样数据。常用的方法有：

① 利用公式（10-5）和公式（10-6）直接计算 ZY（YZ）到各点的偏角和弦长，以 ZY 或 YZ 点为测站直接拨角放样；

② 计算各放样点的坐标，用全站仪的放样程序进行放样。各点的坐标值，可用切线支距法中提供的方法计算，但用偏角和弦长直接计算更简单方便。

如图 10-13，假定以 ZY 点为坐标起算点，以切线方向为 x 轴，过 ZY（B）的半径方向为 y 轴的局部坐标系中，δ 为弧长 BK 的偏角，S 为弦长，L 为弧长，K 在坐标系中的坐标为：

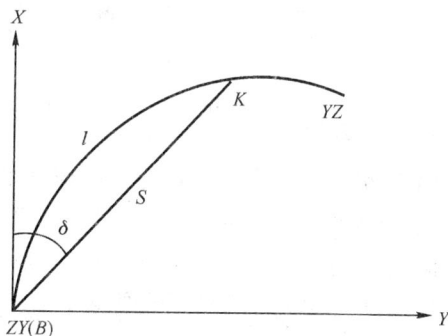

图 10-13 极坐标测设圆曲线

$$X_K = X_B + S \cdot \cos\delta$$
$$Y_K = Y_B + S \cdot \sin\delta \qquad (10-9)$$

如是在统一坐标系中测设，可对局部坐标系中的测站点坐标和切线方位角进行换算，后再对各细部点求坐标，或再计算放样数据。

第三节 园路纵断面测量

沿线路中线方向的垂直切面称为路线的纵断面。路线平面位置测设后，应进行纵断面高程测量，以便绘制纵断面图，进行路线纵向坡度、桥、涵和隧洞纵向位置的设计，计算各桩的工程量。纵断面测量的主要任务是测定中线上各里程桩的地面高程。

路线纵断面测量分基平测量、中平测量两步进行。

一、基平测量

也称路线高程控制测量。沿线路设置的高程控制点的密度和精度，依地形和工程的要求来确定，一般两相邻高程控制点的间距为1km左右，其精度不低于五等水准的要求，可用水准测量，或测距三角高程的方法进行施测，具体的施测过程、方法、精度要求和高程计算，以及高程控制点的埋设等，参阅教材其他章节相关内容。

二、中平测量

根据基平测量提供的水准点高程，分段进行中桩的高程测量，测定各中桩的地面高程，当分段高差闭合差 $fx \leqslant \pm 50$ mm 时，可不平差，式中 L 以千米为单位。

（一）施测方法及计算中桩高程

传统的方法是用水准测量法。中桩测量时，应根据中线测量所提供的桩号依次逐点进行。由于中桩数量多，间距较短，为在保证精度的前提下提高观测速度，在一个测站上，除观测前、后视外，还观测若干中间视，并求得其高程。中间视一般读至厘米即可满足工程的需要，而转点因起高程的传递作用，必须读至毫米。观测方法和过程如下：

（1）安置水准仪置于适当位置，如图 10－14 中的 1 点处，后视高程已知点 BM1，前视 0＋080，并作为转点，将读数记入表格表 10－3 的相应位置中；再依次观测前、后视间的中间点 0＋000、0＋020、…0＋060 桩，读取中视读数并记入表格的相应位置。

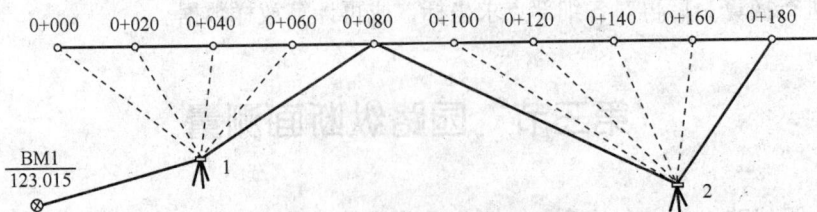

图 10－14　路线中平测量

表 10-3　中平测量记录

测 站	测 点	水 准 尺 读 数			视线高程	高 程	距 离
		后 视	中间视	前 视			
	BM₁	2.025			125.040	123.015	53.3
	0+000		1.06			123.98	
1	0+020		1.99			123.05	
	0+040		2.36			122.68	
	0+060		2.65			122.39	
	0+080			1.688		123.352	55.6
	0+080	2.352			125.704	123.352	75.6
	0+100		1.02			124.68	
	0+120		1.65			124.05	
2	0+140		1.00			124.70	
	0+160		0.85			124.85	
	0+180			0.652		125.052	78.0
…	…	…	…	…	…	…	…

中桩的高程按以下公式计算：

$$视线高程 = 后视点高程 + 后视读数$$
$$转点高程 = 视线高程 - 前视读数$$
$$中桩高程 = 视线高程 - 中视读数$$

进行中桩水准测量应注意下列几个问题：因线路上中桩多，应防止重测和漏测，特别要依里程桩背面的 1-10 的循环编号，以便立尺时对号施测；转点传递高程时，前后视的视距应尽可能相近。

（2）安置仪器于 2 点处，后视 0+080，前视 0+180，同前法读取前后视间的中间视并记入表格。

（3）按上述方法逐站观测，直至附合到下一个高程控制点。这样就完成了一个测段的观测。

（二）园路纵断面的绘制

园路纵面图是根据中线测量和中平测量成果，以平距（里程）为横坐标，高程为纵坐标，根据工程需要的的比例尺，在毫米方格纸上绘制的。一般水平比例尺比高程比例尺小 10 倍，如平距比例尺为 1:1000，则高程比例尺为 1:100。绘制的方法和格式参照如下：

比例尺：　横向 1：2000　　纵向 1：2000

R=500　T=25
E=0.62

坡度% / 坡长	5%							120	6%				120	4%			100	
挖深	0.85	0.13	0.80	0.79	0.57	0.08	1.24	0.96	1.82	1.92	1.59	1.15	0.65	0.51	0.49	0.45	0.55	0.42
填高						0.78							0.06					0.75
设计标高	25.00	26.00	26.90	27.55	28.00	29.0	29.95	31.00	31.87	32.78	33.61	34.60	35.77	37.	38.20	37.83	37.40	35.60	35.80	35.00	34.20
地面高程	25.85	26.13	27.70	28.34	28.57	29.08	31.19	31.96	31.9	34.60	35.53	36.19	36.92	37.65	38.14	38.34	37.89	37.05	36.35	35.42	33.45
里程	0+000.0	0+020.0	0+037.9	0+051.0	0+060.0	0+080.0	0+099.1	0+120.0	ZY 0+134.4	QZ 0+148.93	YZ 0+163.45	0+180.0	0+199.5	0+220.0	0+240.0	0+249.3	0+260.0	0+280.0	0+300	0+320.0	0+340.0
线路平面						JD1 $a=40°37'(右)$ $R=40$ $T=15.20$ $L=29.05$ $E=2.79$												

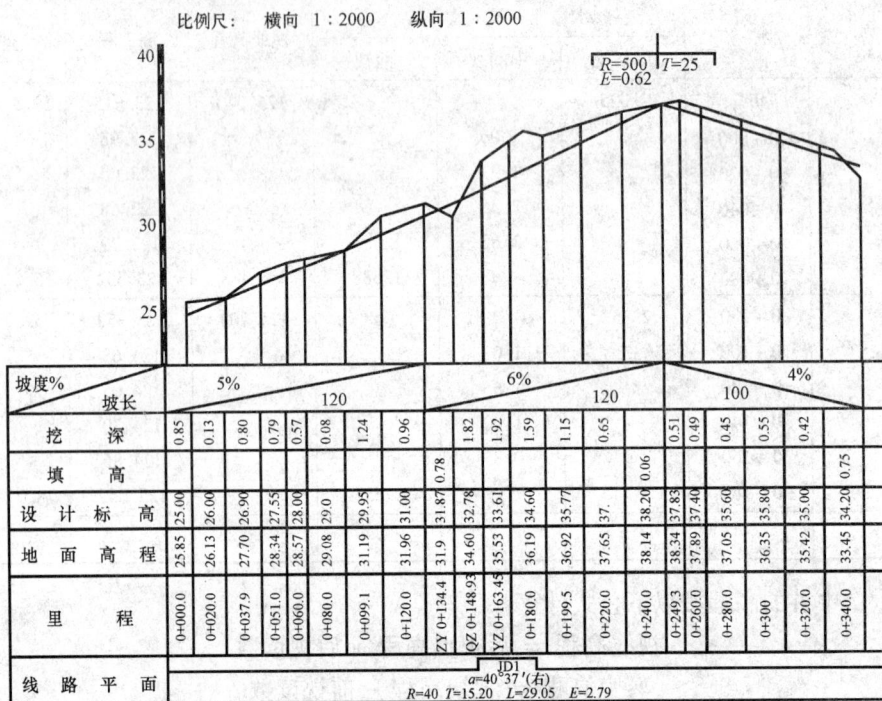

图 10 – 15　路线纵断面图

（1）如图 10 – 15，在线路平面栏内，按桩号标明线路的直线和曲线部分，该栏表示的是线路的中心线，用折线表示线路的转向，向上折表示线路向右转，向下折表示线路向左转。

（2）里程栏从左向右按比例尺绘出各里程桩的位置并注明桩号。

（3）地面标高栏内填写各桩的地面实测高程，位置应与里程桩号对齐。

（4）在以里程为横坐标，高程为纵坐标的坐标系中，绘出各桩的相应位置，将这些点用折线连接起来就是地面纵断面图。线路较长可分幅绘制。

（5）根据各点的高程和线路实际控制点的位置，绘出设计坡度线。

（6）根据里程和设计坡度，计算各桩点的设计高程，并填入相应的位置。各桩的设计高 H 设等于该坡起点的高程 H 起加上设计坡度与该点到该坡起点间的水平距离 D 的乘积，即 $H_设 = H_起 + D \times i$。

（7）绘制坡度、坡长栏。用斜线表示两点间的设计坡度，用"／"表示上坡，用"＼"表示下坡，用"—"表示平坡。在斜线或水平线的上方注明用百分数表示的坡度，在斜线或水平线的下方注明两点间的水平距离。

（8）计算各桩点的挖深或填高，分别填入填、挖栏内。

三、园路纵断面的设计

纵向设计是路线设计的重要环节。一条好的设计线，应在保证行车安全、舒适和迅速的前提下，使之既符合技术标准又造价适宜。纵向设计的主要内容是根据技术标准、沿线自然地形地质条件和拟定建筑物的标高要求等，确定线路的标高、坡长、坡度以及在变坡处设计竖曲线，力求纵坡均匀平顺。

纵坡设计应遵循符合技术标准、具有一定的平顺性和尽量减少工程量的原则。

纵坡设计的一般方法是：

（1）标出控制点。所谓控制点，是直接影响设计纵坡高程的点。应根据选线记录和其他有关资料，在纵断面图上标出沿线各控制点的高程，如线路起点、终点、线路交叉点、桥涵限制等线路必须通过的高程控制点等，都应作为高程控制的依据。另外，还要考虑影响路基填挖平衡关系的高程点，也称"经济点"，线路通过经济点有利于减少工程量。

（2）试定纵坡线 。在标出控制点和经济点的纵断面图上，根据技术指标，在既要以控制点为依据，又要充分考虑经济点的前提下，做全面权衡。最后定出既能满足技术和控制点的要求，又能使填挖工程量比较平衡的纵坡线。

（3）调整试坡线 。检查试定纵坡线是否与现场选线时所考虑的放坡意图相一致，若有较大出入，应全面分析，并及时调整。

纵坡经调整核对无误后，即可定坡。所谓定坡，就是逐段将坡度数、变坡点桩号和设计高程定下来。变坡点一般设在里程为 10 m 倍数的整桩号上。

第四节　园路横断面测量

垂直于线路中线方向的断面叫横断面。横断面测量就是测定过中桩横断面方向一定宽度范围内地面变坡点之间的水平距离的高差。横断面图是设计路基、计算土石方量和施工放样时的依据。施测的宽度与中桩施工量的大小、地形条件、路基的设计宽度、边坡的坡度等有关。一般从中桩向两侧各

测 $10 \sim 50m$。

一、横断面方向的确定

（一）在直线段上横断面方向的测定

在直线段上横断面方向常用十字架法进行测定（图 10－16）。将十字架置于 0＋800 的桩号上，以其中一组方向钉瞄准线路某一中线桩，另一组方向钉则指向横断面方向。当地面起伏较大、宽度较宽时，常用经纬仪拨角法测定，作业时，在中桩上置仪器，以该直线上其他任一中桩为定向方向，拨角 $\pm 90°$，即分别为左右横断面方向。

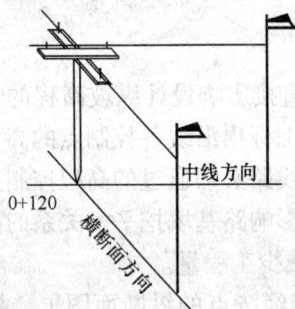

图 10－16　直线段横断面方向的测定　　　图 10－17　求心十字架

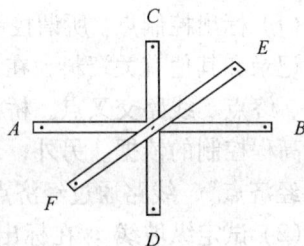

（二）圆曲线上横断面方向的测定

圆曲线上的横断面方向通过圆心，但实地未定出圆心，断面方向无从确定。根据弦切角原理，常采用在十字架上安装一个能转动的偏角定向指示标（图 10－17 中的 EF），用来测定横断面方向。如图 10－18，欲施测 1 点，在 ZY 点上置求心十字架，AB 方向瞄准切线方向，此时，CD 则通过圆心，将偏角定向指示标 EF 瞄准曲线上的 1 点，并固定之，则 EF 与 AB 间的夹角为 1 点的偏角。将求心十字架移至 1 点，并使 CD 方向瞄准 ZY 点，则指示标 EF 指向圆心方向，在该方向上作标志。

上述的方法适用于曲线起点（或终点）的横断面方向的测设，同理可根据曲线上已标定横断面方向的点来测定其他点的横断面方向。如在已标定横断面方向的 2 点上，用 CD 瞄准圆心方向的标志，转动 EF 瞄准 3 点并固定之，移求心十字架置于 3 点，用 CD 瞄准 2 点，此时 EF 方向即为 3 点的横断面方向（圆心方向）。

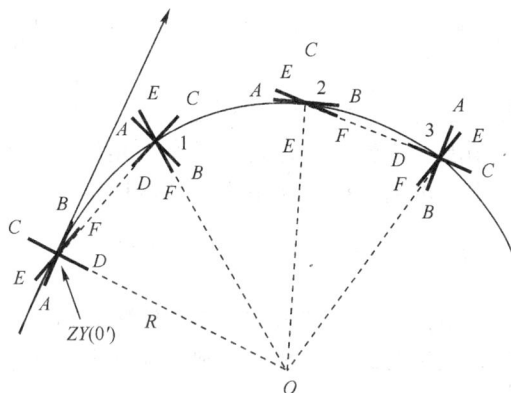

图 10－18　用求心十字架测定圆曲线横断面方向

二、横断面的测量方法

（一）水平尺法

如图 10－19 所示，施测时，将标尺立于地面坡度变化点 1 上，皮尺靠近中桩的地面，拉平并量出至 1 点的平距为 6.8m，皮尺截于标尺上的高度 1.7m 为两点间高差。同法测出其各相邻两点的平距和高差。此法操作简单，但精度低。记录格式见表 10－4，表中分左、右两侧，用分数表示，分子表示高差，分母表示平距，高差注意符号。

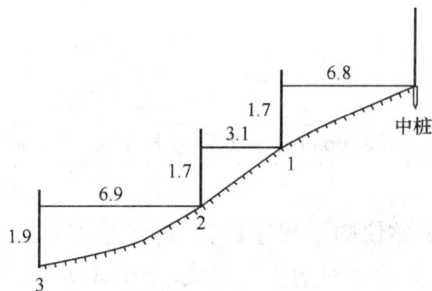

图 10－19　水平尺法测量横断面

与此法类似的是抬杆法，即用两根标杆分别代替标尺和皮尺来测量平距和高差。

表 10 -4 路线横断面测量记录

高差（左侧）距离					桩 号	高差（右侧）距离				
$\dfrac{-1.5}{5.3}$	$\dfrac{-1.2}{3.5}$	$\dfrac{-1.9}{6.9}$	$\dfrac{-1.7}{3.1}$	$\dfrac{-1.7}{6.8}$	2 +240	$\dfrac{1.6}{5.6}$	$\dfrac{2.2}{6.5}$	$\dfrac{1.8}{5.1}$	$\dfrac{1.2}{0.2}$	$\dfrac{2.1}{7.2}$

当横断面测量精度要求较高时，在坡度平缓地区可用水准仪观测高差，用皮尺量平距；在山地可用经纬仪视距法测平距和高差。

（二）全站仪对边测量法

这种方法是用全站仪的对边测量功能测定横断面相邻两点间的平距和高差。该法方便快捷，且精度高。其基本原理及施测方法介绍如下：

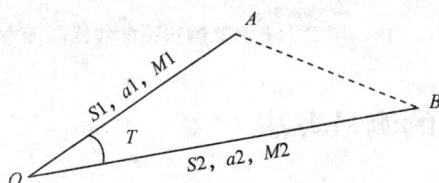

图 10 -20 对边测量原理

1. 对边测量原理

在图 10 -20 中，O 为测站点，A、B 为与测站通视的横断面方向上的点，S_1、S_2 为测站至 A、B 的斜距，a_1、a_2 为竖角，M_1、M_2 分别为 A、B 方向的水平方向值，T 为水平夹角。O 与 A、O 与 B 间的高差、A 与 B 两点间的平距和各观测值之间的关系分别为：

$$\left.\begin{array}{l} h_{OA} = S_1 \times \sin a_1 \\ h_{OB} = S_2 \times \sin a_2 \\ D_{AB} = \sqrt{\left(S_1 \cos a_1\right)^2 + \left(S_2 \cos a_2\right) - \left(S_1 \cos a_1\right) \times \left(S_2 \cos a_2\right) \cos\left(M_1 - M_1\right)} \end{array}\right\}$$

$$(10 - 10)$$

上述各项均由全站仪内置程序计算，得测站到立尺点 A、B 间的高差，以及对边 DAB 的长度，此即为对边测量模式。至于 A、B 间的高差 hAB，由于未有内置计算程序，需由测量员根据 $h_{AB} = h_{OB} - h_{OA}$ 计算。

2. 对边测量模式用于横断面测量

如图 10 -21，线路横断面测量时，将全站仪安置在与待测横断面间通视良好的任意位置，立尺人员只需在横断面方向（可据前所述进行横断面方向的确定）的变坡点处打点，根据观测数据，全站仪将自动计算出横断面上任两点间的平距及测站到立尺点间的高差，据此可计算出横断面上两相邻点间的高差。

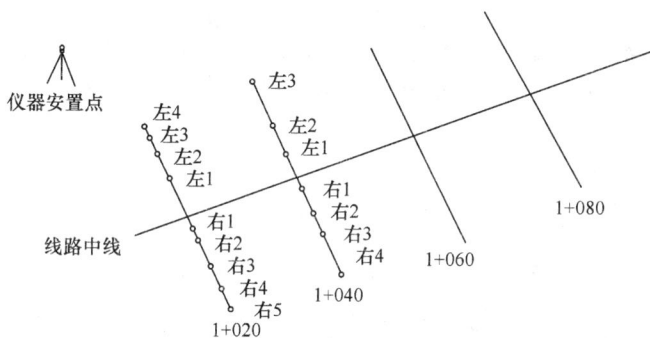

图 10－21　全站仪测量横断面

三、园路横断面图的绘制与设计

横断面图的绘制以中桩为原点，平距和高差分别为横、纵坐标，根据工程需要选用适当的比例尺。在平坦地区，为使断面显示更清楚，常采用不同的比例尺，即垂直比例尺要大于水平比例尺，如横向 1：100，垂直向 1：200。对于这种断面图，在设计路基和计算横断面面积时，也要注意纵横向比例尺的不同。现用软件设计线路横断面时，则纵横向的比例尺一般都相同。

绘制横断面图时，先将横断面测量所获得的地面特征点位置展绘在毫米方格纸上，以供断面

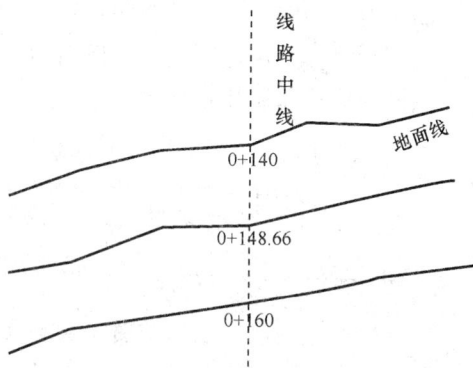

图 10－22

设计和计算土石方工程量。绘图时，先在图纸上定好中桩位置，然后分别向左右两侧按所测的平距和高差逐点绘制，并用折线连接，即得横断面图，如图 10－22。

第五节　路基设计

根据路基的填高、挖深的工程量，路基的宽度、边坡的坡度、边沟的大小，在横断面图上绘出路基横断面，称为路基设计。路基形式有三种，即路堤、半填半挖路基和路堑，如图 10-23。

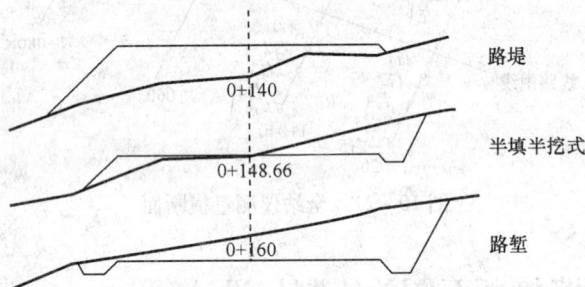

路堤
半填半挖式
路堑
0+140
0+148.66
0+160

图 10-23　设计路基横断面

一、绘制路基表面线

路基宽度为路面宽度及两侧路肩宽度的和。根据纵断面图上相应桩号的填高或挖深尺寸，确定路基设计标高的位置，并把路基表面线绘于横断面图上。绘图时应将路基中心置于中线上，如图 10-24。路基边坡是指斜坡的

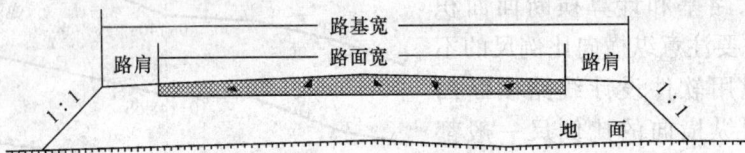

路基宽
路面宽
路肩
路肩
1:1
1:1
地　面

图 10-24　路基宽

高差与其水平距离的比，即 $\dfrac{h}{d}=1:m$，m 叫边坡系数。路基边坡系数的大小、边坡限高与道路横断面所处的地质状况等因素有关。

二、绘制排水沟和边坡线

除高填方的路堤外，其他路基都需设置排水沟。排水沟位于路肩的外侧，其横断面一般为矩形或梯形，深度为 0.4～0.5m。路堤砌石边坡的坡度

与石块的大小有关，而路堑和半开挖式的路边坡与地质条件有关。

路面、排水沟和边坡都是路基的组成部分，设计时总是一起综合考虑。目前生产上都用专业软件进行道路纵向设计和路基设计，图 10 – 25 是用某软件设计路基横断面的一个界面。

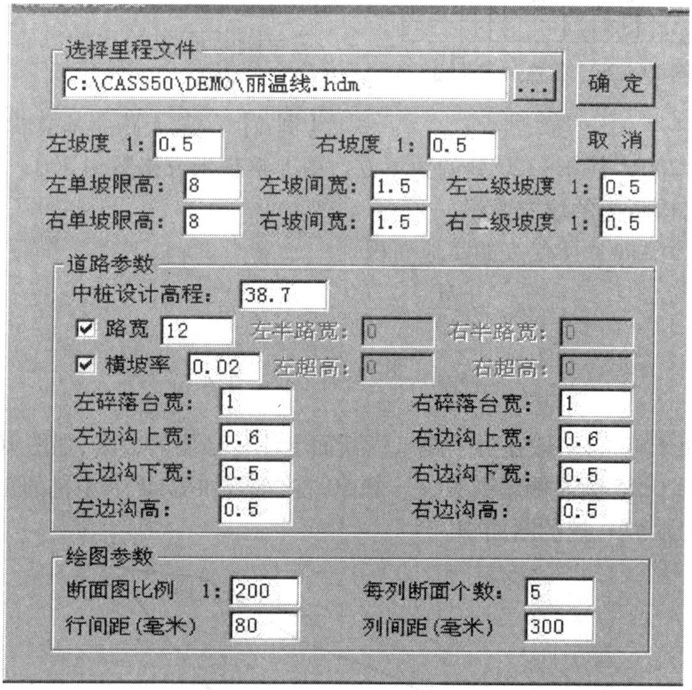

图 10 – 25　路基横断面设计

第六节　土石方量计算

一、横断面面积计算

由于路基横断面的设计是在毫米方格纸上进行的，因而可以直接在设计图上计算横断面的面积。面积的计算方法有多种，传统的有数方格法、求积仪计算法等。如图 10 – 26，曲线为地面线，折线为路基断面设计线，该断面为填方。用数方格法求面积时，先数出填方图形内的整格子数，再加上边界上非整格数一半为总格子数，该断面的总面积为

图 10 – 26　方格法求算面

$$A = n \cdot A_0 \quad (\text{m}^2) \quad (10 – 11)$$

式中：n 为总格子数。

$A_0 = \dfrac{M^2}{10^6}$，为每个平方毫米格子所

代表的实地面积，

它与横断面图的比例尺有关，M 为

绘图比例尺分母。

【例 4】　某园路路基横断面绘制比

例尺为 $1:200$，其 $0+120$ 处的为填方，图上整毫米方格数为 200，边线上为

80 格，求该断面的填方面积。

解：每 1mm^2 所代表的实地面积

$$A_0 = \frac{M^2}{10^6} = \frac{200^2}{10^6} = 0.04\text{m}^2$$

$$A = 200 + \frac{80}{2} \times 0.04 = 9.6 \text{ m}^2$$

为便于施工，一般在各个路基横断面上注写必要的数据，如图 10 – 27 所

示。图中 $+0.15$ 为左侧超高数，$e = 0.50$ 右，右侧加宽，W 为中桩的工程量，TA

和 WA 分别为填、挖的断面积。

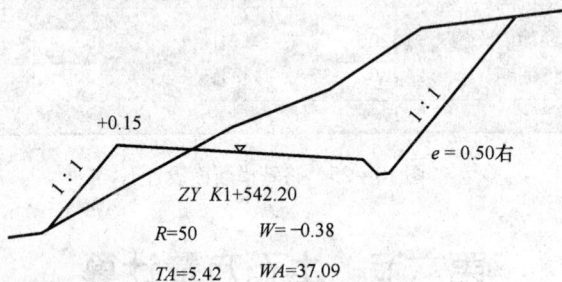

+0.15

1：1

1：1

ZY K1+542.20

$R=50$　　　$W=-0.38$

$TA=5.42$　　$WA=37.09$

$e = 0.50$右

图 10 – 27　路基断面数据注记

二、土石方量计算

在公路土石方计算中，常用平均断面法近似计算，计算式为

$$V = \frac{1}{2}(A_i + A_{i+1})L \qquad (10 – 12)$$

式中 A_i、A_{i+1} 为两相邻断面的填或挖的断面积，L 为间距。

计算时,应将填方、挖方分别计算。在半填半挖路基中,要注意两相邻断面间填挖的对应并取平均数。

第七节 渠道设计

园林渠道不同于农业上的渠道,它一般仅用于排水而非灌溉。排水渠道的设计要求比灌溉渠道的设计要求低,其设计工作包括流量设计和纵横断面设计。在进行渠道设计时应考虑以下要求:

(1) 保证顺利排水;

(2) 使渠道不发生冲刷和淤积;

(3) 使渠道边坡稳定;

(4) 要使工程量尽量减少。

表 10-5 路基土石方数量计算表

桩号	断面积（m²）		平均断面（m²）		距离 (m)	填方 (m³)	挖方 (m³)	本桩号利用方 (m³)	余方 (m³)	欠方 (m³)
	填	挖	填	挖						
0+000	6.6	6.4	1.6	8	51.2	12.8	12.8		38.4	
0+008	6.2	3.2	7.3	4.2	12	87.6	50.4	50.4		37.2
0+020	8.4	5.2	5.5	5.7	20	110	114	110	4	
0+040	2.6	6.2	1.3	5.2	13	16.9	67.6	16.9	50.7	
0+053	0	4.2	0	5.4	7	0	37.8	0	37.8	
0+060	0	6.6								
…	…	…	…	…	…	…	…	…	…	…

一、渠道流量设计

渠道流量是指单位时间内流过水断面的水的体积,以"m³/s"表示。设计渠道时,首先要确定设计流量,因为它是确定渠道横断面,渠道建筑物尺寸和渠道工程规模的主要依据。小区域（<50 km²）排水渠道的流量设计,其计算式为:

$$Q = M \times F(m^3/s) \qquad (10-13)$$

式中:F——排渠控制的排水面积（km²）

M——设计排水模数（m³/s/km²）

当 $Q = 1m^3/s$ 时，称一个流量。

排水模数是单位面积上的排水量。它分地面排水模数和地下径流排水模数。在易涝地区计算排水流量时，用地面排水模数（也称除涝模数），在易涝易碱地区用地面排水模数与地下径流排水模数之和。

除涝模数的计算方法：首先根据本地区地面多余水分对植物的伤害程度，规定出排除这些多余水分的天数，然后根据排水时间、降雨量和径流系数来计算排水模数。其计算式：

$$M = \frac{a \cdot P}{86.4t}(m^3/s/km^2) \qquad (10-14)$$

式中：a——径流系数；

P——定频率的设计暴雨（mm）；

T——规定的排除涝水时间（d）。

径流系数一般是指一次暴雨量（P）和该次暴雨所产生的径流量（R）的比值$\left(a = \frac{R}{P}\right)$。由于各地区的自然条件不同，径流量也不同；即使在同一地区，在修建排水系统的前后其径流也是不同的，设计时应到当地的水利部门了解。

设计暴雨量，通常采用符合一定除涝标准的一日暴雨或三日暴雨。除涝标准是由中央和省水利部门，根据各地的水利设施现状及一定时间内农林生产发展要求统一规定的，可查阅各省的《水文手册》。

排涝天数主要是根据各种植物允许耐淹历时确定的。

地下径流模数。它与土壤条件、气象条件、土壤盐分、植物自身等因素有关，但目前尚无一实用的公式计算，而是根据各地条件试验确定。

【例5】 进某易涝区的面积为 $10km^2$，20 年一遇的 24 小时降雨量为 200 mm（查当地水文测验资料得到），排水天数为 2 天，试求排水设计流量。

解：经了解，本地区的径流系数为 0.2，则

$$M = \frac{0.2 \times 200}{86.4 \times 2} = 0.23(m^3/s/km^2)$$

$$Q = 0.23 \times 10 = 2.3\ (m^3/s)$$

二、渠道横断面设计

渠道横断面设计是根据已确定的设计流量，通过水力计算，确定出合理

的渠道断面尺寸。类似公路，按开挖方式也分为：填方、挖方和半填半挖式三种。横断面各部分的名称如图 10 - 28 所示。其设计规格包括渠道的纵坡、底宽、水深、内外边坡、超高和堤顶宽等。

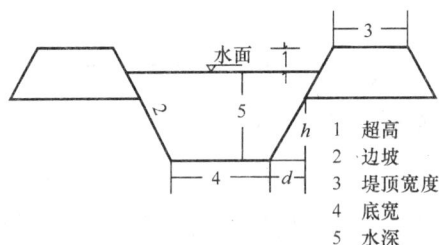

图 10 - 28　渠道各部分名称

（一）确定纵坡 i

纵坡是渠道设计中起主导作用的因子。一般情况下，流量大的渠道的纵坡要小，也即应缓些；流量大的渠道的纵坡应大些。此外还要考虑土质、工程量、自然落差等因素。一般渠道的纵坡可参考表 10 - 6：

表 10 - 6　渠道纵坡设计参考数据

渠道级别	流量（m^3/s）	所用纵坡范围	要　求
干　渠	. TIF > 1	1/3000 ~ 1/5000	以安全稳定为主
支　渠 0.2 ~ 1	1/1000 ~ 1/3000	引水顺利兼顾安全
斗　渠	< 0.2	1/200 ~ 1/1000	适于地面并便于排水

（二）渠道边坡的确定

边坡的大小与土质、坡高等有关。

（三）确定堤顶宽和超高

所谓超高是指堤顶超过最高水面的垂直距离，它的作用是在于防止渠水在波动或其他的特殊情况下，漫上堤顶，以确保渠道的安全。堤顶的宽度和超高应按渠道的级别和流量来确，可参考表 10 - 7。

表 10 –7 渠道超高和堤顶宽

流量（m³/s）	<0.5	0.5~1.0	1~5	5~10	10~30	30~50
超高（m）	0.2~0.3	0.2~0.3	0.3~0.4	0.4	0.5	0.6
堤顶宽（m）	0.5~0.8	0.8~1.0	1.0~1.5	1.2~2.0	1.5~2.5	2.0~3.0

（四）确定渠道的底宽和水深

渠道的底宽和和水深，在水力学上是根据已设计的流量和有关参数用输水能力公式经试算来确定的。试算的方法繁琐，为方便使用，编制了如表 10 –8 所示的表，以供设计时使用。

表 10 –8 渠道底宽水深表

Q (m³/s)	b h	$m=1.0$					$m=1.5$				
		i					i				
		$\frac{1}{500}$	$\frac{1}{1000}$	$\frac{1}{1500}$	$\frac{1}{2000}$	$\frac{1}{3000}$	$\frac{1}{500}$	$\frac{1}{1000}$	$\frac{1}{1500}$	$\frac{1}{2000}$	$\frac{1}{3000}$
0.10	b	30	35	40			30	35	35		
	h	30	30	30			30	30	30		
0.20	b	40	50	55	60		35	40	50	50	
	h	40	40	40	40		40	40	40	40	
0.30	b	42	47	51	54	58	29	33	35	37	40
	h	51	57	62	65	70	48	54	58	61	66
0.40	b	46	53	56	60	66	32	36	39	41	44
	h	56	64	68	72	79	53	60	64	68	74
0.50	b	50	57	61	65	70	35	40	43	44	48
	h	61	69	74	78	84	57	65	70	73	79
0.60	b	54	60	66	69	75	37	42	45	48	51
	h	65	73	80	83	90	61	69	74	78	84
0.70	b	57	65	70	73	76	40	44	48	50	55
	h	69	78	84	88	92	65	73	78	82	90
0.80	b	60	68	73	76	83	41	47	50	54	58
	h	72	82	88	92	100	68	77	82	88	94
0.90	b	62	70	76	80	90	43	49	52	55	60
	h	75	85	92	97	108	70	80	86	90	98
1.00	b	65	74	80	83	91	45	50	55	57	62
	h	78	89	96	100	110	73	83	90	94	102

注：b、h 分别为渠底宽和水深，单位为 cm。

为说明表中各要素的关系，现以实例来说明：

【例6】　某渠道的设计流量为 $0.5 m^3/s$，渠道沿线的土质为沙壤土，设计纵向坡度为 $1/1000$，横断面内边坡坡度为 $1:1$。试求设计横断面尺寸。

解：据上述已知数据，查表 10-5、表 10-6，选定水深为 69cm，底宽 57cm，确定超高为 0.2m，顶宽为 0.5m。

三、渠道纵断面设计

（一）渠底高程

作为排水渠道，在确定了起点的渠底高程 H_0 和设计纵坡 i 后，其纵断面的主要设计工作就是计算渠道上距离起点 d 米处的设计渠底高 H_d，即

$$H_d = H_0 + d \times i \qquad (10-15)$$

渠底各相邻设计点间的连线即为渠底计线。

（二）设计水位线

各处渠底高程加上设计水深，即为设计水位，各相邻点间设计水位的连线为设计水位线。

设计水位高程 = 渠底设计高程 + 设计水深

（三）堤顶设计线

设计水位高程加上超高即为堤顶设计高，堤顶各设计高程点的连线叫堤顶设计线。

堤顶设计高程 = 设计水位高程 + 超高

（四）各桩点填高和挖深的推算

填高(挖深) = 设计渠底高程 - 地面高程

四、土石方量的计算

方法与园路设计中的土石方量的计算相同。

复习思考题

1. 名词解释：线路中线、园曲线元素、定线测量、路线纵断面和横断面、基平测量

和中平测量。

2. 简述曲线主点的放样过程。

3. 简述基平测量的特点。

4. 简述横断面方向的确定方法。

5. 计算曲线元素和里程：某线路的 JD_2 的里程为 $0+654.32$，转角 α 右 $=45°30'$，设计半径为 80m。求三主点的里程。

6. 已知上例中 ZY 点在线路统一坐标系中的坐标为 $X=3250.125$，$Y=6854.65m$，过 ZY 点至 JD_2 方向的切线方位角为 $42°30'00''$。求线路三主点在该坐标系中的坐标。

7. 线路两相邻桩号的横断面测量数据如下，请在毫米方格纸上绘横断面图，绘图比例尺为 1:200。该段路基设计后，如 $2+324.62$ 处的横断面面积为 $AT=3.62m^2$，$Aw=6.04m^2$，$2+340$ 处的横断面面积为 $AW=4.32m^2$。求两桩号间的土方工程量。

左侧 $\left(\dfrac{高差}{距离}\right)$					桩 号	右 侧 $\left(\dfrac{高差}{距离}\right)$				
$\dfrac{1.2}{2.5}$	$\dfrac{1.8}{3.2}$	$\dfrac{1.5}{2.8}$	$\dfrac{2.2}{3.3}$	$\dfrac{1.2}{2.5}$	$2+324.62$	$\dfrac{-1.6}{3.5}$	$\dfrac{-2.2}{3.3}$	$\dfrac{-1.9}{3.2}$	$\dfrac{-1.5}{2.8}$	$\dfrac{-1.2}{2.5}$
$\dfrac{1.6}{2.8}$	$\dfrac{1.2}{3.2}$	$\dfrac{1.0}{2.5}$	$\dfrac{1.8}{2.2}$	$\dfrac{1.5}{2.8}$	$2+340$	$\dfrac{-1.8}{2.5}$	$\dfrac{-1.5}{2.0}$	$\dfrac{-2.0}{3.8}$	$\dfrac{-2.2}{1.0}$	$\dfrac{-1.0}{4.4}$

第十一章 园林工程测量

本章提要

本章主要介绍在园林工程施工之前用方格网法进行平面控制和高程控制测量的方法，用方格水准法、等高线法和断面法平整土地的方法，点位测设方法，园林建筑主轴线测设、定位、基础施工放样与身施工放样，园路施工放样、堆山挖湖施工放样和园林植物种植放样等内容。

园林工程可分为土建工程和绿化工程两部分。园林土建工程主要有亭、廊、台、榭等建筑，以及给水排水、电讯气热等管线建设项目。绿化工程是园林工程所特有的内容，其主要工作是各类植物的种植施工。

在园林工程各项建设中，测量工作具有重要作用。在其整体规划设计之前，需有规划地区的地形图作为规划设计的基本材料，如地物的构成、地貌的变化、植被分部以及土壤、水文、地质等状况。借助这些基本材料完成设计之后，施工前和施工中需要借助于各类测绘仪器，应用测量的原理与方法将规划和设计的意图准确地放样到地面上（又称为测设）。工程结束后，根据需要有时还须测绘出竣工图，作为以后维修、扩建的依据。

第一节 概 述

园林工程测量按工程的施工程序，一般分为规划设计前的测量、规划设计测量、施工放线测量和竣工测量四个阶段进行。

一、规划设计前的测量

进行园林工程施工的各项测量工作一般也应首先进行控制测量。其内容分为平面控制和高程控制两大部分。

在实际工作中可能会遇到两种情况：一种情况为，在施工现场仍保存着过去测绘地形图的测量控制点，在施工测量中仍可利用；另一种情况是过去的测量控制点已被破坏、丢失，这时须重新进行控制测量工作。其具体布设和内外业工作除可按第三章、第七章要求进行外，还可按方格网法建立施工控制网。

当园林工程的施工范围较大，特别是对于新建工程项目，可以采用建立方格网的方法作为施工控制。

方格控制网的建立应掌握以下原则：

（1）方格网方向的确定应与设计平面的方向一致，或与南北东西方向一致。

（2）方格网的每个格的边长一般为 20~40 m。可根据测设对象的繁简程度适当缩短或加长。

（3）在设计方格网时，应力求使方格角点与所测设对象接近。

（4）方格网点间应保证良好的通视条件，并力求使各角点避开原有建筑、坑塘及动土地带。

（5）各方格折角应严格成90°角。

（6）方格网主轴线的测设应采用较高精度的方法进行，以保证整个控制网的精度。

（一）根据高一级平面控制点进行测设

1. 测设方格网主轴线

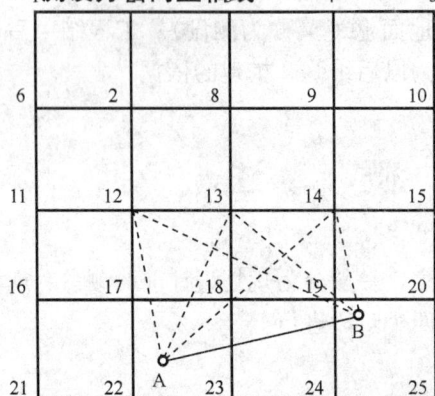

图 11-1　测量控制点测设方格网

在进行方格网测设时，先确定出现两条相互垂直的主轴线，如图 11-1 中的 3-23 及 11-15 两条直线。如图 11-1 所示，根据高一级平面控制点 A、B 的坐标和主轴线上的任意三个点的坐标，如 12、13、14 等点的坐标（此三点坐标可依据设计规定或从图中量取求得），计算出高级平控制点至各点距离及相应的水平角。例如计算 A 点至 13 点的

距离 S_{A13} 和 AB 与 $A13$ 所夹的水平角 β_{13}，其计算公式为：

$$\alpha_{A13} = \arctan \frac{Y13\text{-}Y_A}{X_{13} - X_A} \qquad (11-1)$$

$$\beta_3 = \alpha_{AB} - \alpha A_{13} \qquad (11-2)$$

上式中 α_{A13} 为 $A13$ 边的方位角，αAB 为 AB 边的方位角。

$$S_{A13} = \sqrt{(Y_{13} - Y_A)^2 + (X_{13} - X_A)^2} \qquad (11-3)$$

按上述公式也可计算 A、B 两点至 12、13、14 各点的平距，AB 和 $A12$、$A14$ 的夹角，BA 和 $B12$、$B13$、$B14$ 的夹角。

如果方格网上各点坐标无法求得，也可利用比例尺和较精密的量角器在图上量取所需的距离和水平角。量测时至少要量取两次，并以平均值作为最后结果。

在求得了各边长度及有关角度后，到现场用仪器进行测设。具体实施方法如下：

（1）将经纬仪安置于控制点 A，采用极坐标法，根据已计算出的水平距离和水平角测设上述三点。如测设 12 点时，以 AB 边为起始边，用测回法测设出 $A12$ 方向，取其平均方向。然后在此方向上用钢尺量出 S_{A12} 的长度定出 12 点并打桩钉小钉，在测设距离时应往返两次取其平均位置。同法在 A 点测设出 13 和 14 两点。

（2）然后将经纬仪安置于平面控制点 B 点。依据已计算出的有关距离和角度，检验上述 12、13 和 14 各点位，如果偏差过大应查找原因，重新测设。

（3）对已测设于地面上的 12、13 和 14 三点进行检查，一是实量各点间距离与设计长度比较，二是用仪器检查此三点是否位于同一直线，如有误差，应作适当的调整，务必使其间距与设计长度一致，且三点位于同一直线上。

（4）将经纬仪置于 13 点上用延长直线的方法，用钢尺测出 11 点和 15 点。

（5）在 13 点上利用经纬仪以 12～13 的方向为始边，测设出两个直角，得出与 12、13 相垂直的方向，即 13～3、13～23 两个方向，并在该方向上测设出 3、8、18 和 23 等各点。

通过以上步骤，此方格网的主轴线测设即告完成。

2. 方格网其他各点的测设

主轴线上各点测设完成后，在主轴线各点上，如 11、12、14 和 15 几点分别安置经纬仪测设出其他各点，然后对新定的各点，用钢尺按设计距离进行校核，误差较大的应检查原因，误差小的应作适当调整，从而得出一个完整的方格网。

方格网上各点均应打桩钉钉，准确标明点位。而且桩一定要牢固，必要时应埋设石桩，以防施工中碰动或损坏。

（二）根据原有地物测设方格网

有的施工现场存有建筑或其他具有方位意义的地物而无测量控制点时，可根据这些地物测出方格网。首先也应将主轴线测设出来。

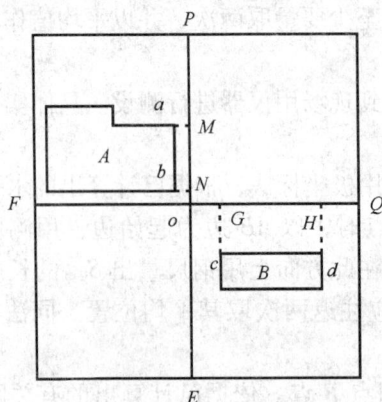

图 11-2　根据原有地物测设方格网

如图 11-2 所示，A 和 B 为施工现场的两个原有建筑。自 A 建筑的角 a 和 b 作相等的两条延长线，得 M 和 N 两点。然后再从 B 建筑的房角 c、d 两点作出相等的两延长线，得 G 和 H 两点。分别作 MN 及 GH 的延长线，并使两线相交得出 O 点。将经纬仪安置于 O 点，根据 MN 和 GH 两方向及方格尺寸定出两个方格点 P 和 Q。然后测出 ∠POQ 的值。若此值不为 90° 则须校正。此时 O 点位置不变，将两方向各改正角度差值的一半，从而定出 P 和 Q 的正确位置。根据 OP 及 OQ 的改正后方向，再定出另外两方向，即 OE 和 OF，至此主轴线测设完成。依主轴线进一步定出整个方格网，其方法与前述方法相同。

（三）方格网点高程测量

首先在方格网内选择一些方格网点作为高程控制点，如图 11-3 所示，a、b、c……f 等为转点（即方格交点），这些点构一个闭合水准路线，（1）、（2）、（3）……等为测站。在转点上用双面水准尺或单面水准尺双仪器高法施测。读完转点前后视读数后，可依次立尺于其他各方格点，也用双面读数。如有可能应将其中一个转点与已知高程点联测，以便推算各方格点高程。也可以假定转点高程，作为推算其他各点高程的起算数据。用闭合水准路线高差的计算与调整方法进行校核改正，最后用改正后高差，求各方格点的高程。

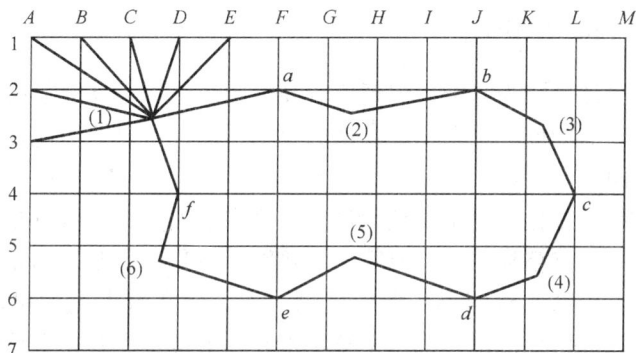

图 11-3 方格网高程测量示意图

二、规划设计测量

规划设计测量是为了满足单项工程设计的需要而进行的测量工作,它的主要内容是:测绘符合各单项工程特点的工程专用图、带状地形图、纵横断面图,以及为提供依据的有关调查测量等。

三、施工放线测量

施工放线测量是根据设计和施工的要求,建立施工控制网并将图上的设计内容测设到实地上,作为施工的依据。

四、竣工测量

竣工测量是为工程质量检查和验收提供依据,也是工程运行管理阶段和以后扩建的依据。此外,在施工的过程中和工程运行管理阶段,为了鉴定工程质量以及为工程结构和地基基础的研究提供资料。

第二节 平整土地测量

在建园过程中,有许多各种用途的地坪、缓坡地需要平整。平整场地的工作是将原来高低不平的、比较破碎的地形按设计要求,整理成为平坦的或者具有一定坡度的场地,如停车场、集散广场、体育场、露天演出场等。整理这类场地的常用方法有方格水准法、断面法和等高面法等。

一、方格水准法

方格网法计算较为复杂，但精度较高，此法适用于高低起伏较小，地面坡度变化均匀的场地。根据平整场地的要求不同，可以把场地整成水平或有一定坡的地面。

平整土地前首先要对平整地面进行方格水准测量，方格点布设与高程测定与本章第一节方格控制网点测算大致相同，只是网点布设精度较低，方格网边长较小，碎部方格网点用单面观测一次。但在有大比例尺地形图的地区，应先在该地区地形图上确定平整场地在图上位置，并在平整范围内按一定的边长打方格，然后用地形图上等高线高程，求出各方格点的高程，用地形图平整土地。

（一）整成水平地面

1. 计算设计高程

如图 11-4 中，桩号（1）、（10）、（11）、（9）、（3）各点为角点，（4）、（7）、（6）、（2）为边点，（8）为拐点，（5）为中点；如果已求得各桩点的地面高程为 H_i（$i=1, 2, \cdots, 11$），设计高程可按下式计算：

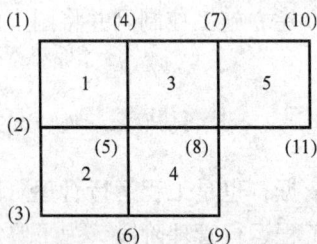

设各个方格的平均高程为

$$H_i(i=1,2,\cdots,5)$$

$$\overline{H}_1 = \frac{1}{4}(H_1 + H_4 + H_5 + H_2)$$

$$\overline{H}_2 = \frac{1}{4}(H_2 + + H_5 + H_6 + H_3)$$

$$\cdots\cdots$$

$$\overline{H}_5 = \frac{1}{4}(H_7 + H_{10} + H_{11} + H_8)$$

图 11-4　地面设计高程计算

地面设计高程 H0（即地面总高程平均值，为带权平均值）为：

$$H_0 = \frac{1}{4 \times 5}\left(\sum H_角 + 2\sum H_边 + 3\sum H_拐 + 4\sum H_中 \right) \quad (11-4)$$

式中：$\sum H_角$、$\sum H_边$、$\sum H_拐$ 和 $H\sum_中$ 分别为各角点、各边点和各中点高程总和，前面的系数是因为各角点之参与一个方格的平均高程计算，各边点参与两个方格的平均高程计算，余类推；如有 n 个方格可得：

$$H_0 = \frac{1}{4n}\left(\sum H_{角} + 2\sum H_{边} + 3\sum H_{拐} + 4\sum H_{中} \right) \qquad (11-5)$$

将 H_0 作为平整土地的设计高程时，把地面整成水平，能达到土方平衡的目的。

2. 计算施工量

各桩点的施工量为：施工量 = 设计高程 - 桩点地面高程

3. 计算土方

先在方格网上绘出施工界限，即决定开挖线。开挖线是根据各方格边上施工量为零的各点连接而成（如图 11-5 中的虚线即为开挖线）。零点位置可目估测定，也可按比例计算确定。

因挖方量应与填方量相等，故可按下式计算土方：

$$V_{挖} = A\left(\frac{1}{4}\sum h_{角挖} + \frac{1}{2}h_{边挖} + h_{拐挖} + h_{中挖} \right) \qquad (11-6)$$

$$V_{填} = A\left(\frac{1}{4}\sum h_{角填} + \frac{1}{2}h_{边填} + h_{拐填} + h_{中填} \right) \qquad (11-7)$$

式中：A 表示小方格的面积，h 代表各桩点施工量。

【例1】   如将图 11-5 整成水平地面，方格边长为 20m，各点高程见图示，计算设计高程。

$$H_0 = [\,(2.60 + 2.40 + 3.20 + 2.60 + 3.60) +$$

$$2(2.56 + 2.48 + 2.40 + 2.48 + 2.70 + 2.90 + 3.20 + 2.70 +$$

$$3 \times 2.40 + 4(2.60 + 2.50 + 3.00 + 2.60 + 2.88)\,]\frac{1}{4 \times 11} = 2.70(\text{m})$$

施工量的计算结果记于各桩号旁括号内。计算土方：

$$V_{挖} = 400\left[\frac{1}{4}(0.50 + 0.90) + \frac{1}{2}(0.50 + 0.20) + (0.30 + 0.18) \right]$$

$$= 472(\text{m}^3)$$

$$V_{填} = 400\left[\frac{1}{4}(0.10 + 0.30 + 0.10) + \frac{1}{2}(0.14 + 0.22 + 0.30 + 0.22) \right.$$

$$\left. + \frac{3}{4} \times 0.30 + (0.10 + 0.20 + 0.10) \right]$$

$$= 476(\text{m}^3)$$

填、挖方基本平衡，说明计算无误。

图 11-5（左图）数据：

2.60/2.70	2.56/2.70	2.48/2.70	2.40/2.70 (+.30)
(+0.10)	(+0.14)	(+0.22)	
2.70	2.60	2.50	2.40/2.70 (+0.30)
2.70 (0.00)	2.70 (+0.10)	2.70 (0.00)	
3.20	3.00	3.20	2.48/2.70 (+0.22)
2.70 (−0.50)	2.70 (−0.30)	2.70 (−0.50)	
3.60	2.40	2.88	2.70/2.70 (+0.00)
2.70 (−0.90)	2.70 (+0.30)	2.70 (−0.18)	
2.60	2.90	3.20	
2.70 (+0.10)	2.70 (−0.20)	2.70 (−0.50)	

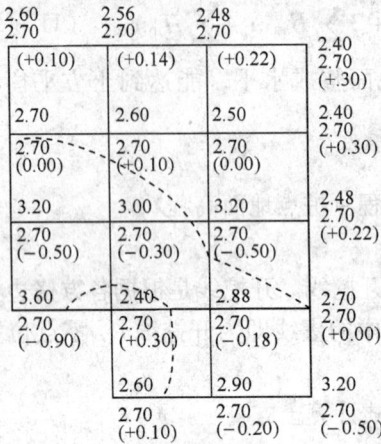

图 11-5　平整成水平地面示意图

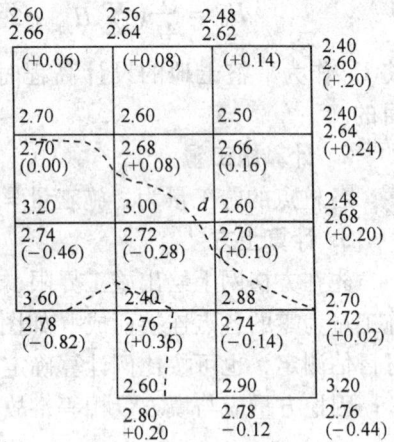

图 11-6（右图）数据：

2.60/2.66	2.56/2.64	2.48/2.62	2.40/2.60 (+.20)
(+0.06)	(+0.08)	(+0.14)	
2.70	2.60	2.50	2.40/2.64 (+0.24)
2.70 (0.00)	2.68 (+0.08)	2.66 (0.16)	
3.20	3.00 d	2.60	2.48/2.68 (+0.20)
2.74 (−0.46)	2.72 (−0.28)	2.70 (+0.10)	
3.60	2.40	2.88	2.70/2.72 (+0.02)
2.78 (−0.82)	2.76 (+0.36)	2.74 (−0.14)	
2.60	2.90	3.20	
2.80 +0.20	2.78 −0.12	2.76 (−0.44)	

图 11-6　整斜平面示意图

（二）平整成具有一定坡度的地面

为了节省土方工程和场地排水需要，在填挖土方平衡的原则下，一般场地按地形现况整成一个或几个有一定坡度的斜平面。横向坡度一般为零，如有坡度以不超过纵坡（水流方向）的一半为宜。纵、横坡度一般不宜超过 1/200，否则会造成水土流失。现举例说明设计步骤。

1. 计算平均高程

在图 11-5 中，按公式（11-5）计算平均高程 $H_0 = 2.70$m

2. 纵、横坡的设计

设纵坡为 0.2%，横坡为 0.1%，测得纵向每 20m 坡降为 $20 \times 0.2\% = 0.04$m；横向坡降值为 $20 \times 0.1\% = 0.02$m

3. 计算各桩点的设计高程

首先选零点，其位置一般选在地块中央的桩点上，如图 11-6 中的 d 点，并以地面的平均高程 H_0 为零点的设计高程。根据纵、横向坡降值计算各桩点的高程。然后计算各桩点的施工量，画出开挖线，计算土方。

4. 土方平衡验算

如果零点位置选择不当，将影响土方的平衡，一般当填、挖方绝对值差超过填、挖方绝对值平均数的 10% 时，需重新调整设计高程，验算方法如下：

根据公式（11-6）、公式（11-7），V 挖与 V 填绝对值应相等，符号相反，即：

$$A\left[\frac{1}{4}\left(\sum h_{角填} + \sum h_{角挖}\right) + \frac{1}{2}\left(\sum h_{边填} + \sum h_{边挖}\right) + \frac{3}{4}\left(\sum h_{拐填}\right]$$

$$+ \left(\sum h_{拐挖}\right) + \left(\sum h_{中填} + \sum h_{中挖}\right) = 0 \qquad (11-8)$$

今以图 11-6 中相应数值代入上式验算，看其结果是否等于零（上式代入验算时各点设计高程应带其"＋"、"－"号）。

$$400\left[\frac{1}{4}(0.06 + 0.20 + 0.20 - 0.44 - 0.82)\right.$$

$$+ \frac{1}{2}(0.08 + 0.14 + 0.24 + 0.20 + 0.02 - 0.12 - 0.46)$$

$$\left. + \frac{3}{4} \times 0.36 + (0.08 + 0.16 + 0.10 - 0.28 - 0.14)\right] = 16m^3$$

即填土量比挖土量多 $16m^3$，此值未超限，可不予调整。

5. 调整方法

设计高程改正数 ＝（总挖土量 ＋ 总填土量）÷ 地块总面积　　(11-9)

【例2】根据图 11-7 所示，可以先进行土方验算：

$$V_{挖} + V_{填} = 2500[(0.32 - 0.07 - 0.17 + 0.12 - 0.11)$$

$$+ \frac{1}{2}(0.30 + 0.30 + 0.15 - 0.17)$$

$$+ \frac{3}{4}(-0.32) - 0.18] = -269m^3$$

从计算结果中可知挖方量过大，必须调整设计高程，依公式（11-9）可算出设计高程应升高的数值为：

$$\frac{269}{5 \times 2500} \approx 0.02(m)$$

设计高程应升高 $0.02m$。计算出各方格点调整后施工量（括号内为改正后施工量），再按公式（11-6）、（11-7）重新计算土方。

　　为了便于现场施工，最好再算出各个方格的土方量，画出施工图，在图上标出运土方案，如图 11-8，方格中所注数字为填方或挖方，以立方米为单位。

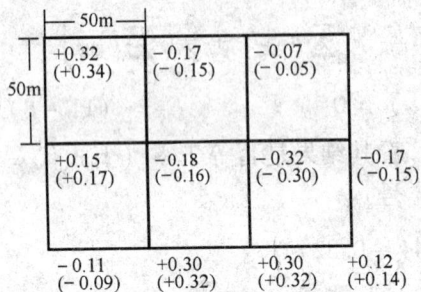

图 11-7 设计高程升降计算示意图

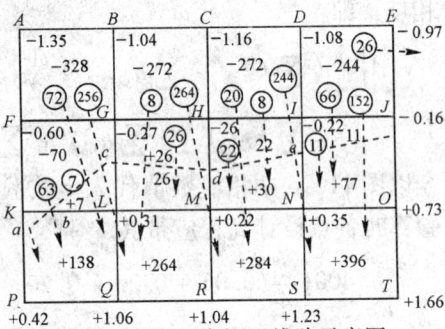

图 11-8 土方调运线路示意图

二、等高面法估计

当现场地面高低起伏较大，且坡度变化较多时，用方格水准法计算地面平均高程不但困难，而且精度较低，若改用等高面法效果较好，尤其是原有场地大比例尺地形图的等高线精度较高时，更为合适。此法的主要特点是根据等高线计算土方量，基本步骤和方格水准法大体相同。首先是在现场测设方格网，并现场校对原有地形图等高线位置，然后根据校对后的等高线图，计算场地平均地面高程。计算方法是先在地形图上求出各等高线所围起的面积，乘上其间隔高差，算出各等高线间的土方量，并求总和，即为场地内最低点以上总土方量。则场地平均地面高程的计算公式为：

$$H_{\text{平}} = H_0 + \frac{V}{A} \qquad\qquad (11-10)$$

式中：H_0——场地内最低等高线的高程

V——场地内最低点以上总土方量

A——场地总面积

【例3】 如图 11-9（1）是场地等高线图，图 11-9（2）是 AA 方向断面图，场地内最低点高程 $H_0 = 51.20$ m，场地总面积 $A = 120000$ m^2，根据图上等高线求场地平均地面高程。

解：用求积仪或其他方法，求图上各等高线所围面积列入表 11-1 中。

由表 11-2 可知，最低点 $H_0 = 51.20$ m 以上总土方量 $V = 497760$ m^3。

则场地平均高程为：$51.20 + 497760 \div 120000 = 55.35$ （m）

表 11-1　场地平整计算

高程 （m）	面积 （m²）	平均面积 （m²）	高差 （m）	土方量 （m³）
51.2	120000	119200	0.8	95360
52.0	118400			
53.0	114000	116200	1.0	116200
		109700	1.0	109700
54.0	105400			
55.0	77000	55500	1.0	55500
56.0	13000 21000	21600	1.0	21600
57.0	2700	6300	1.0	6300
58.0	300 3100	1900	1.0	1900
59.0	700			
总计				4977600

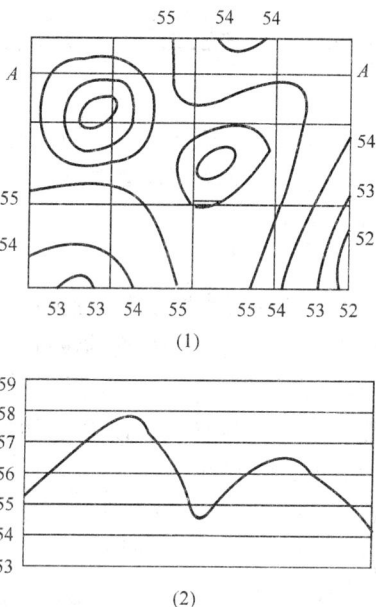

图 11-9　等高线与断面示意图

当场地平均高程求出后，设计和计算场地的设计坡度与设计高程，其他工作仍按方格水准法中所述进行。

三、断面法估计

断面法适用于场地较为窄长的带状地区，其基本测量方法与道路工程中的纵、横断面图测法相同，即沿场地纵向中线每隔一定距离（如 20m 或 50m）测一横断图。然后将横断图上的地形点转绘到场地平面图中线的两侧，根据横断面上的地形点勾绘出等高线，这样即可按等高线法平整场地。也可以直接根据中线上各点高程和横断面图设计地面坡度和高程，计算填挖方量，具体做法可参照道路工程测量。

第三节　点位测设基本方法

根据测设的已知条件和现场情况不同，点位的测设一般可用极坐标法、角度交会法、支距法和距离交会法等不同方法。

一、极坐标法

适用于待测设点距已知控制点较近并便于量距的地方。图 11 - 10 中，P 点为待测设点，先根据 P 点的设计坐标和控制点 A、B 的坐标，用公式（11 - 1）计算方位角 $\alpha_{A\beta}$、α_{Ap} 和距离 L，用公式（11 - 2）计算角 $= \alpha_{AP} - \alpha_{A\beta}$；然后在 A 点安置经纬仪，以 B 点为后视方向测设角，并在这个方向上同时测设距离 l 即得 P 点。

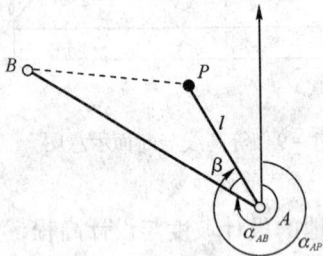

图 11 - 10　极坐标法示意图　　　　　图 11 - 11　角度交会法示意图

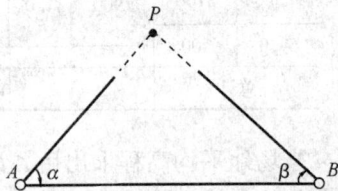

二、角度交会法

角度交会法中最常用的是前方交会法，适用于不便量距或待测设点距控制点较远的地方。如图 11 - 11，先根据待测设点 P 的设计坐标和控制点 A、B 的坐标计算 AB、BA、AP 和 BP 各边方位角，然后计算夹角 α、β。测设时在 A、B 两点上安置仪器分别测设角 α 和角 β 的方向线，两方向线交点即为 P 点。

三、支距法

与极坐标法一样，适用于待测设点距已知控制点较近，并便于量距的地方。图 11 - 12 中，为待测设点，先根据 P 点的设计坐标和控制点 A、B 的坐标，按垂距计算公式（11 - 11），计算 L_1，L_3，用公式（11 - 3）计算 BA 长度，然后计算出 L_2。测设时自 B 点沿 BA 方向量 L_3 定垂足 Q 点，并校量 $QA = L_2$ 无误后，

在 Q 点上安置经纬仪后视 A 点(或 B 点)测设直角方向,并沿该方向量 L_1 即得 P 点。

$$L_1 = (X_P - X_B)\sin\alpha - (Y_p - Y_B)\cos\alpha \left.\right\}$$
$$L_3 = (X_p - X_B)\cos\alpha + (Y_P - Y_B)\sin\alpha$$

$$(11-11)$$

式中: α 为 BA 直线的坐标方位角。

四、距离交会法

适用于待测点至两控制点的距离不超过测尺的长度并便于量距的地方。图 11-13 中, P 点为待测点,先根据 P 点设计坐标和控制点 A、B 坐标计算 SA、SB 两距离。测设时分别以 A 和 B 为中心, SA 和 SB 为半径在现场作弧线,两弧线交点即为 P 点。

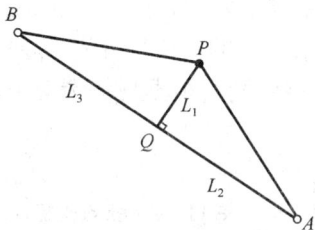

图 11-12　支距法示意图

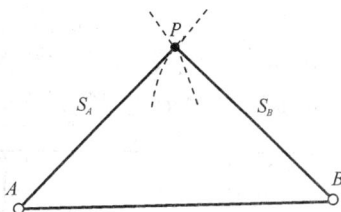

图 11-13　距离交会法示意图

第四节　园林建筑施工测量

园林工程中的放样与前面提到的测设以及人们常说的放线含义都是一样的,就是将规划设计图上的各类图形按比例放大于施工现场,地形图测绘是将实物地物、地貌等按比例缩小绘于图上,因此我们说测绘与测设为一互逆过程。园林建筑的放样可以分为主轴线测设、园林建筑定位、基础放样、和施工放样。

一、园林建筑主轴线的测设

园林建筑主轴线的测设视工程项目的情况不同可分别选用如下几种方法。

（一）已建方格网的情况

在工程现场，若事先已建立了方格网，即可根据建筑物折点坐标来测设主轴线。图 11-14 中的建筑折点 A、B、C、D 的坐标值设计已给定，见表 11-12。据表可求出此建筑的长度及宽度。即 $AB = CD = 408.000 - 332.000 = 76m$，$AC = BD = 238.000 - 220.000 = 18m$。

利用此方格网测设出主轴线 AB 和 CD，其施测方法为，先将经纬仪安置于 M 点，照准 N 点。然后在此方向上量取 $332 - 300 = 32m$ 得 E 点，再在此方向上自 N 点量取 $408 - 400 = 8m$ 得 F 点。然后迁移经纬仪至 E 点，照准 M 点，采用测回法顺时针测设 $90°$ 角方向，在此方向上量取 $220 - 200 = 20m$ 即 EC 的纵坐标差得出 C 点。在此方向上继续量取 AC 长度 $18m$，得出 A 点。再将仪器迁至 F 点依上法可定出 D 点及 B 点。至此 A、B、C、D 四点均已定出，即此建筑的主轴线定出。最后还应对此加以校核。用钢尺实量 AB 与 CD 的距离是否相等。对角线 AD 和 BC 是否相等。若距离相对误差小于 $1/2000$。则可根据现场情况予以调查。若误差超过上述规定，则应返工重测。

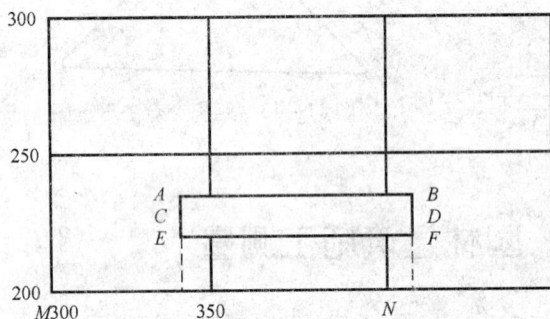

表 11-2　折点坐标值

点位	纵坐标 X (m)	横坐标 Y (m)
A	238.00	332.0000
B	248.000	408.000
C	220.000	332.000
D	220.000	408.000

图 11-14　园林建筑主轴线测设示意图

（二）用"建筑红线"测设建筑主轴线

在施工现场如果有规划管理机关设定的"建筑红线"，则可依据此"红线"与建筑主轴线的位置关系进行测设。

如图 11-15 所示，AB 直线为"建筑红线"。测设开始时，依据规划设计平面图所给定的关系，先在"建筑红线"的桩点 A 安置经纬仪，照准 B 点，在该方向上依平面图上尺寸，用钢尺量距定 P_1 和 Q_1 两点，然后再将经纬仪分别安置与 P_1 和 Q_1 两点，以 AB 方向为起始方向精确测设 $90°$ 角，得出 P_{1M} 和 Q_{1N} 两方

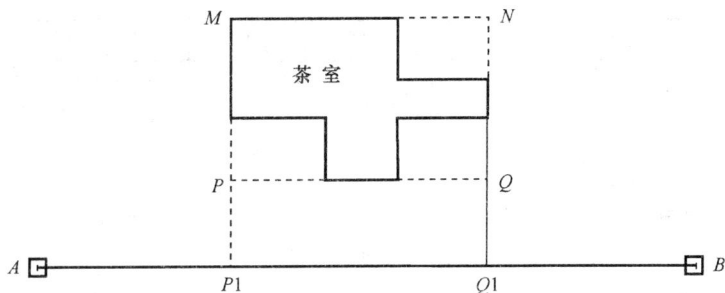

图 11－15　用"建筑红线"测设主轴线示意图

向,并在此两方向上按图给定尺寸量得 P、Q、M、N 各点。然后安置经纬仪于 P 点和 Q 点;检查 $\angle MPQ$ 和 $\angle NQP$ 是否为 $90°$,并用钢尺检验 PQ 与 MN 的距离是否相等。若角度误差在以内,距离误差小于 $1/2000$,则可根据现场情况加以调整,若误差超过上述规定,则应重新进行测设。主轴线测设完成后,还应将建筑与轴线的各交点位置依图上尺寸量出。最后用白灰撒出此建筑的平面轮廓线。

（三）　根据原有建筑或道路测设建筑主轴线

在规划设计过程中,如规划范围内保留有原有建筑或道路,一般应在规划设计图上予以反映,并给出其与拟建新建筑物的位置关系。所以,测设这些新建筑的主轴线可依此关系进行,具体方法有如下几种。

1. 平行线法

此法使用于新旧建筑物长边平行的情况。如图 11－16（a）所示,等距离延长山墙 CA 和 DB 两直线定出 AB 的平行线 A_1B_1,在 A_1 和 B_1 两点分别安置经纬仪,以 A_1B_1、B_1A_1 为起始方向,测设出 $90°$ 角,并按此设计给定尺寸在 AA_1 方向上测设出 M、P 两点,在 BB_1 方向上定出 N、Q,从而得到了新建筑的主轴线。

2. 延长直线法

此法适用于新旧建筑物短边平行的情况。如图 11－16（b）所示,等距离延长山墙 CA 和 DB 两直线,定出 AB 的平行线 A_1B_1。再做 A_1B_1 延长线,在此线上依设计给定距离关系测设出 M_1N_1,然后在 M_1 和 N_1 点上分别安置经纬仪,分别以 M_1N_1、N_1M_1 为零方向,测设 $90°$ 角定出两条垂线,并依设计给定尺寸测设出 M_P 和 N_Q,从而得到了新建筑的主轴线 MN 和 PQ。

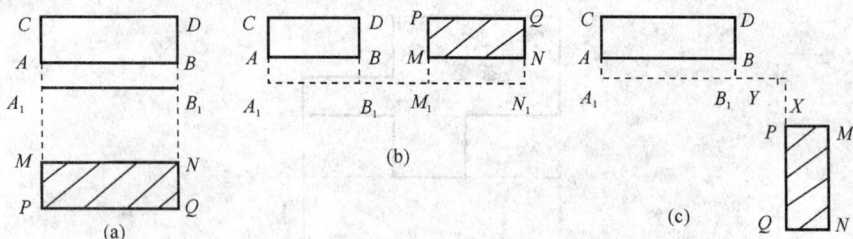

图 11 - 16　根据原有建筑物测设主轴线示意图

3. 直角坐标法

此法使用于新旧建筑的长边与短边相互平行的情况。如图 11 - 16（C）所示，先等距离延长山墙 CA 和 DB，作出平行于 AB 的直线 A_1B_1。在安置经纬仪于 A_1 点，作 A_1B_1 的延长线，丈量出 Y 值，定出 P_1 点，然后在点 P_1 点上安置经纬仪，以 A_1 为零方向测设出 90° 角的方向，并丈量 P_1P 等于 X 值，测设出 P 点及 Q 点。然后于 P 和 Q 点分别安置经纬仪，测设出 M 和 N，从而得到主轴线 PQ 和 MN。

4. 根据原有道路测设

一般拟建筑道路与原有道路中线平行时多采用此法。如图 11 - 17 所示。

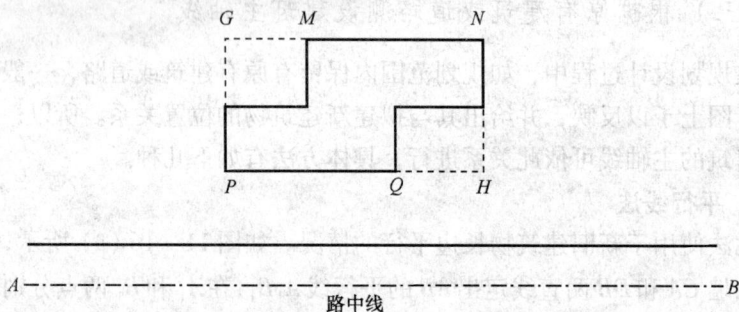

图 11 - 17　根据原有道路测设主轴

AB 为道路中心线。在路中线上安置经纬仪，根据图上给定的各项尺寸关系，测设出平行于路中线的建筑主轴线 $PQ1$ 和 M_1N。其具体操作与前述基本相同。

上述四种方法在测设完成后均应作出校核。其校核方法主要是用钢尺实量新建建筑物的各边长及各对角线长度是否对应相符。其精度要求与前述相同。建筑主轴线定出后均应以坚固的木桩或石桩标定，木桩上应钉小钉，石桩上应镶刻十字标志，以准确标明点位，这类桩称为主轴线定位桩。

二、园林建筑的定位

完成主轴线测设工作之后，即应进行园林建筑定位。其各轴线交点也应以桩标出，进而用白灰撒出基槽开挖边线，然后挖槽施工。上述各桩均易被破坏，为解决此问题，可选用下述两种方法。

（一）设置龙门板

龙门板一般设置在建筑物转角和中间隔墙处。根据基槽宽度和土质情况不同一般设于边线以外约 1.5～2.0m 处。其方法是先设置龙桩，桩要竖直且牢固，桩的外侧面应与基槽平行，以便于装订龙门板，然后将轴线和标高引测其上。

如图 11-18 所示，A 为所测设建筑，在距轴线桩 a_1、a_2、a_3、a_4 之外约 2 m 处钉龙门桩。然后根据周围的水准点，按照前述测设已知高程的点的方法，在各桩上测设出 ±0 线，用色笔在桩侧画出此线。随后以此横线为准钉设龙门板，这样所设龙门板顶面的标高就是 +0 线标高。若地形条件所限，桩侧无法画出此线，可测高出比 +0 高或低某一整数米的标高线，并画出此线。最后用水准仪校核龙门板的高程，如有差错应及时纠正。

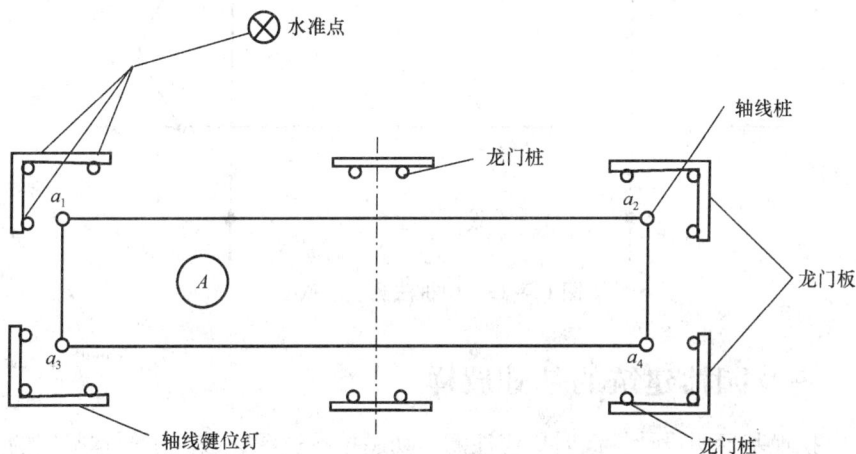

图 11-18　龙门板设置示意图

龙门板钉好之后，进行轴线引测，将经纬仪安置在 a_1 点上，配置水平度盘读数为 0°00′00″，瞄准点，然后旋转 90° 角，若十字丝交点与 a_2 点桩上小钉重合，则为直角，如果无误，然后沿 a_1a_2 方向在 a_2 处龙门板上钉小钉，再倒转望远镜，在 a_1 处龙门板上钉小钉。仪器瞄准 a_4 时，在 a_1a_4 视线方向上 a_1 处和 a_1 龙门板上钉上小钉，这样 a_1a_2 和 a_1a_4 轴线引测完成。将一起迁至 a_3 点，依上法定出 a_2a_3 和 a_3a_4 轴线在龙门板上的位置。在龙门板上将各轴线拉麻线，各麻线交点应为轴线桩，可在麻线交点挂垂球进行检查。为防止龙门板在施工中意外破坏，有时在龙门板处再钉一木桩，也标出轴线。以作检查和恢复之用。

（二）引桩法测设

由于龙门板耗用木材较多，且易在施工中破坏，故现在施工单位多用引桩代替龙门板。

如图 11 - 19 所示，引桩在轴线的延长线上设定，距离基槽开挖 2～4m 为宜。如为较高大的园林建筑，间距还应再大一些。若附近有建筑物等，可用经纬仪将轴线延长，投影到原有建筑的基础顶面或墙壁上，用油漆涂上标记代替引桩，则更为完全。此外，还应将 +0 标高依前法在桩上划线标明。

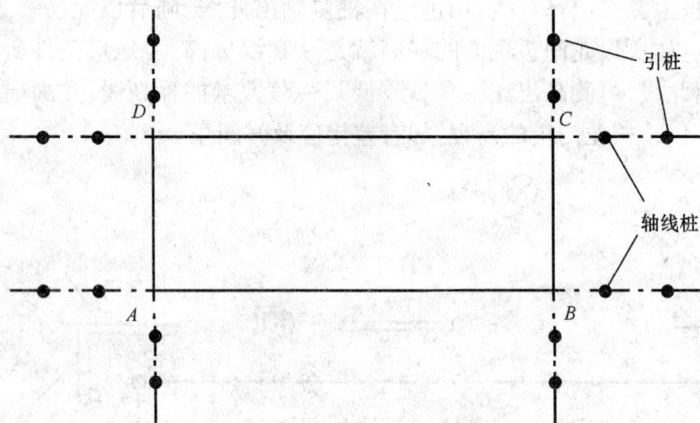

图 11 - 19　引桩法测设示意图

三、园林建筑的基础放样

挖地基标明设计标高时更应注意，切忌挖掘过深，破坏了原本坚实的底质。此时应在基槽侧壁上测设距槽底设计高为某一整数的水平桩，也称平桩，如图 11 - 20 所示，以此桩来控制挖深。根据前述方法定出了基槽开挖边线后，用水准仪随时控制开挖深度。尤其是当挖土接近槽底时。

基槽内水平桩的测设方法应利用龙门板或引桩上标定的 0 位置。如图 11 - 20 所示，设槽底设计标高为 - 1.500m（即槽底比 ±0 低 1.500m），现

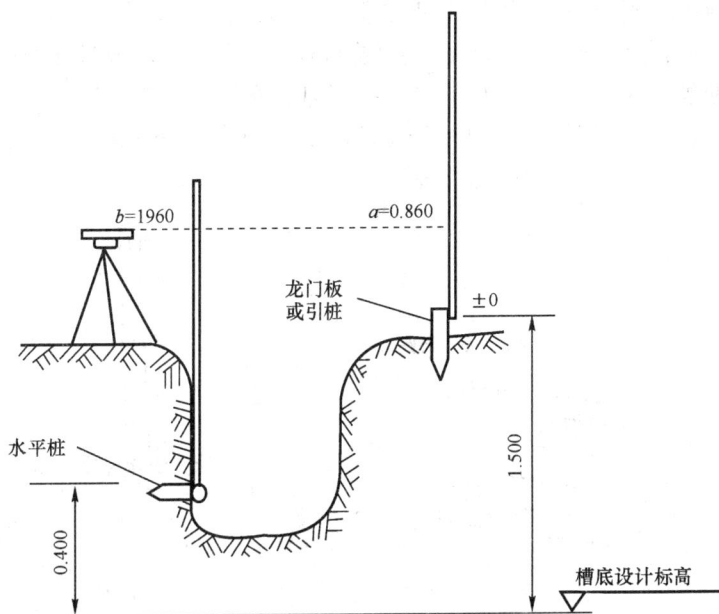

图 11－20　园林建筑基础放样示意图

拟测设出一比槽底高出 0.4m 的水平桩。在 ±0 位置竖立水准尺，用水准仪测出其读数 $a=0.860m$ 据此计算出水平桩上皮的应读前读数 $b_{应}=$ （1.500 －0.400）＋0.860 ＝1.960。在基槽内竖水准尺上下移动，当水准仪得到读数为 1.960m 时，沿水准尺底部钉出一水平桩。则槽底在此水平桩下 0.400m 处。为了施工的方便，一般应在基槽内每隔 5m 左右和转角处设定水平桩。必要时还可在槽壁上弹出水平桩上皮高度的墨线，以利于更好地控制槽底标高。

四、园林建筑的施工放样

在有些园林建筑中，设有梁柱结构。其梁柱等构件有时事先按照设计尺寸预制。因此，必须按设计要求的位置和尺寸进行安装，以保证各构件间的位置关系正确无误。

（一）柱子吊装前的准备

基槽开挖完毕，打好垫层之后，应在相对的两定位桩间拉麻线，将交点用垂球投影到垫层上，再弹出轴线及基础边线的墨线，以便立模浇灌基础混凝土，或吊装预制杯型基础。同时还要在杯口内壁，测设一条标高线，作为安装时控制标高时所用。另外，还应检查杯底是否有过高或过低的地方，以便及时处理，如图 11 – 21（a）所示。另外，在柱子的三个侧面用墨线弹出柱中心线，第一侧面分上、中、下三点，并画出小三角形▲标志，便于安装时校正。如图 11 – 21（b）所示。

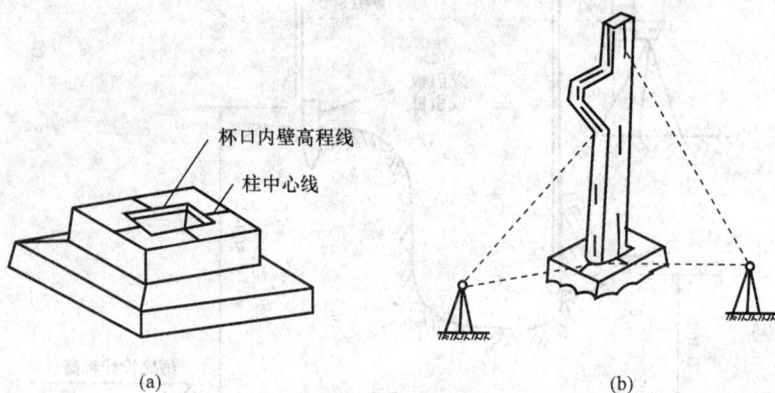

图 11 – 21　园林建筑挂基放样示意图

（二）柱子安装时的竖直校正

柱子吊起插入杯口后，应使柱子中心线与杯口顶面中心线吻合，然后用钢楔或木楔暂时固定。随后用两台经纬仪分别安置在互相垂直的两条轴线上，一般应距柱子在 1.5 倍柱高以外，如图 11 – 21（b）所示。经纬仪先瞄准柱子底部中心线，照准部固定后，再逐渐抬高望远镜，直至柱顶。若柱中心线一直在经纬仪视线上，则柱子在这个方向上就是竖直的，否则应对柱子进行校正，直至两中心线同时满足两经纬仪的要求时为止。

为提高工效，有时可将几根柱子竖起后，将经纬仪安置在一侧，一次校正若干根柱子。在施工中，一般是随时校正，随时浇筑混凝土固定，固定后及时用经纬仪检查纠偏。轴线的偏差应在柱高的 1/1000 以内。

此外，还应用水准仪检测柱子安放的标高位置是否准确，其最大误差一般应不超过 ±5mm。

第五节 其他园林工程施工放样

一、路基放样

（一）大型主干道施工放样

路基设计完成以后，大型主干道路施工前要做路基放样。施工边桩的测设，根据设计要求施工放样。

1. 路堤放样

图 11-22 为平坦地面路堤放样情况。从中心桩向左、右各量 $B/2$ 宽钉设 A、P 坡脚桩，从中心桩向左、右各量 $B/2$ 宽处竖立竹竿，在竿上量出填土高，得坡顶 C、D 和中心点 O，用细绳将 A、C、O、D、P 连接起来，既得路堤断面轮廓。施工中都在相邻断面的坡脚连线上撒出白灰线做为填方的边界。如果路基位于弯道，需要加宽和加高，应将加宽和加高的数值放样进去。若路基断面位于斜坡上，如 11-23，先在图上量出 A、P 及 C、O、D 三点的填高数，按这些放样数据即可进行现场放样。

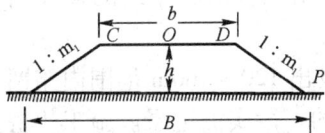

图 11-22 平坦路面上路基放样示意图　　　图 11-23 斜坡地面上路基放样示意图

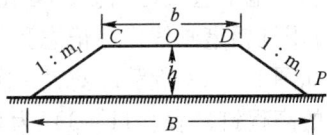

2. 路堑放样

如图 11-24 和图 11-25 是在平坦地面和斜坡上路堑放样情况。主要是在图上量出，从而可以定出坡顶 A、P 在实地的位置。为了施工方便，可做成坡角板，如图 11-25 所示，作为施工时的依据。

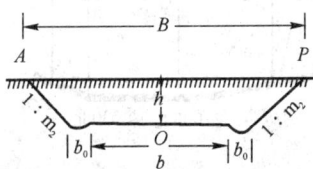

图 11-24 平坦地面上路堑放样示意图　　图 11-25 斜坡路面上路堑放样示意图

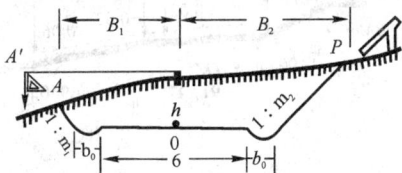

对于半挖半填的路基，除按上述方法测设坡角 A 和坡顶 P 外，一般要测出施工量为零的点，如图 11－26，拉线方法从图中可以看出，不再加以说明。

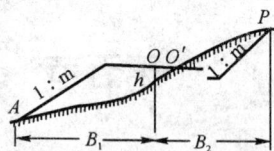

图 11－26　半挖半填路基路基放样

（二）路基边桩的测设

在路基完成之后，中线上所钉各桩都被毁掉和填埋，为此常在路边线（即道牙线）以外，各钉一排平行中线的施工边桩，作为路面施工的依据，控制道路中线和高程位置，如图 11－27所示。

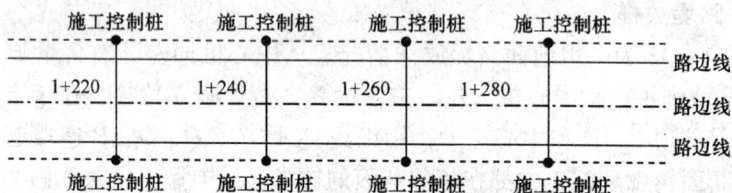

图 11－27　施工边桩测设示意图

施工边桩一般是以开工前测定的施工控制桩为准测设的，间距 10～30m 为宜。当施工边桩钉出后，可在边桩上测设出该桩的路中线的设计高程钉（也可用红铅笔画线作标记志）。

如图 11－28 所示，安置一次仪器可测设出 120～160m 范围内路两侧各边桩的高程钉，表（11－3）为某道路施工的一段实测记录。施工边桩上设计高程钉的测设步骤如下：

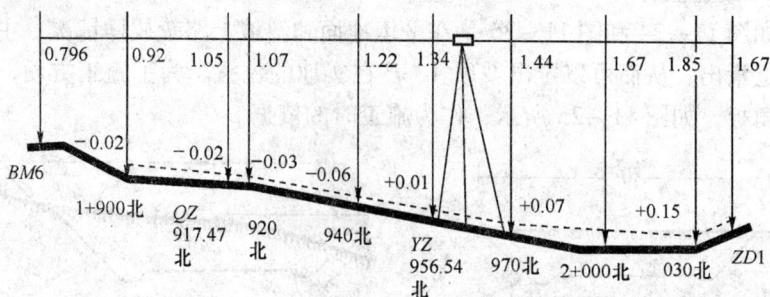

图 11－28　施工边桩水准测量示意图

（1）视水准点，求出视线高。

（2）计算各桩的应读前视（即立尺于各桩的设计高程上，应读的前视读数）。

表11-3 施工边桩测设计录表

桩　号		后视读数	视线高	前视读数	高程	路面设计高程	后读前视	改正数	备　注
BM6		0.796	52.671		51.875				已知高程
1+900	南			0.90					
	北			0.88		51.75	0.02		
QZ	南			1.03				-0.02	
917.47	北			0.99		51.62	1.05	-0.06	
920	南			1.04				-0.03	
	北			1.07		51.60	1.07	0.00	i=-0.75%
940	南			1.16				-0.06	
	北			1.18		51.45	1.22	-0.04	
YZ	南			1.35				+0.01	
956.54	北			1.30		51.33	1.34	-0.04	
970	南			1.51				+0.07	
	北			1.52		51.23	1.44	0.08	
2+000	南			1.74				+0.07	
	北			1.73		51.00	1.67	+0.06	变坡点
030	南			2.00				+0.15	
	北			2.01		50.82	1.85	+0.16	i=-0.60%
ZD1				1.670	50.001				

注：表中桩号后面的"北"和"南"，是指中线北侧和南侧的高程。

应读前视 = 视线高程 - 路面设计高程　　　　　　　　　　（11-12）

式中路面设计高程可由纵断面图中查得，也可由某一点的设计高程和坡度推算得到。

当第一木桩的"应读前视"算出后，也可根据设计坡度和各桩间距算出各桩间的设计高差，然后由第一个桩的"应读前视"直接推算其他各桩的"应读前视"。

（3）在各桩顶上立尺，读出前视读数，按公式11-11推算出钉高程钉的改正数。

（4）钉好高程钉后，应在各钉上立尺检查读数是否等于应读前视，误差在1cm以内时，为精度合格，否则应改正高程钉。

这样，将中线两侧相邻各桩上的高程钉用线连起来，就得到两条与路面设计高程一致的坡度线。

（5）为了防止观测或计算错误，每测一段应附合到另一水准点上校核。

（三）游步小道施工放样

1. 用平板仪施工放样

这种方法的特点是简便易行、效率高、速度快。在园林施工中，特别是在中小型园林工程中，放样精度要求较低，用此方法尤为适合。

如图 11-29 所示，A、B 为地面控制点（或方格网控制点），a、b 为设计平面图上与 A、B 对应的控制点（事先应将控制点展绘于图上并将图固定在平板上）。在 A 点安置平板仪，整平和定向。然后量取 a 点到 p、q 的图上距离 ap、aq。p、q、m、n 为设计图上拟建的特征点。根据设计图比例尺计算出 ap 的实际 AP 后，用照准仪尺边对准图上 ap 点并沿此方向用尺量出 AP 长度，打桩定出实地 P 点。然后同法定出实地 Q 点。P、Q 两点定出后，应用尺实量 PQ 长度与设计长度比较，如误差不大，可适当调整，使 PQ 长度与设计长度相符。然后将经纬仪分别安置在 P 点和 Q 点，按设计角度和长度测设出另外两点 M 和 N。对 M、N 两点的测设，也可像 P、Q 点一样，直接在平板仪上进行，即可测设出四个点。

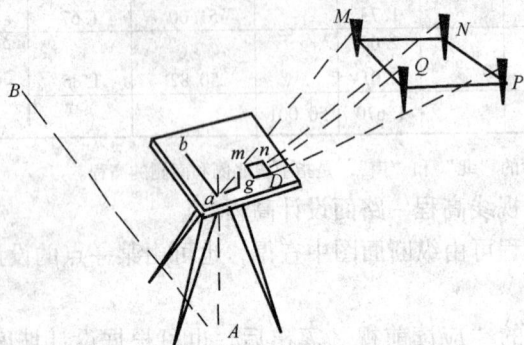

图 11-29　平板仪施工放样示意图

拟建物的四个特征点 P、Q、M、N 定出后，还应用尺进行校核，校核中以图上设计的长度和其应符合的几何条件为准，误差过大，应查明原因重测，误差较小时应进行适当调整。至此，拟建物的平面位置测设即告完成。

2. 游步小道施工放样

由于园路多为游步道，因此公园道路的施工放样，除大型主干道外，可采用平板仪测设游步道。测设中主要将路中心线的交叉点、转弯处和坡度变化点的位置在地面上测设出，并打桩标定，此桩称为中心桩，中心桩的间距一般在于 20m 左右为宜，起伏和转折变化大的道路应加密。此外，还应用水准仪测设出各桩点的填挖高，并标注于木桩侧面。

有的园路要求对称或曲线要求圆滑，对弧度有一定的要求。这种情况的设计一般给出曲线半径 R 和圆心 O。测设此类园路可用平板仪测设，也可先在地面上测设出圆心 O，然后用皮尺按设计半径 R 的长度在实地画出圆弧，在圆弧上定出几点或撒上白灰线。如图 11－30 所示，其中的点和 5、6、7、8 各点即为此类情况。有的园路设有边坡，此时还应测设边坡桩，边坡桩为确

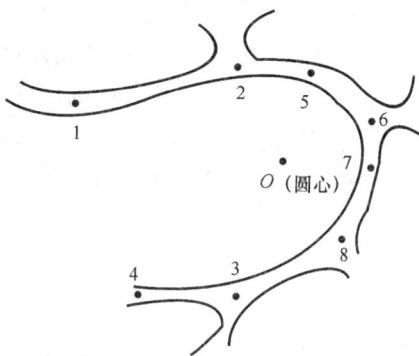

图 11－30 园路施工放样示意图

定建成后的道路边坡与原地面的交线，施工前应将此交线测定出来，以便施工。另外，每个中线两侧都要测定边坡桩。

二、堆山与挖湖放样

（一）假山的放样

假山放样一般也可用平板仪放样。如图 11－31 所示，用平板仪先测设出设计等高线的各转折点，即图中 1，2，3，…，9 等各点，然后将各点连接，并用白灰或绳索加以标定。再利用附近水准点测设出 1～9 各点应有的标高。若高度允许。则在各桩点插设竹杆划线标出。若山体较高，则可于桩侧标明上返高度，供施工人员使用。一般堆山的施工多采用分层堆叠，

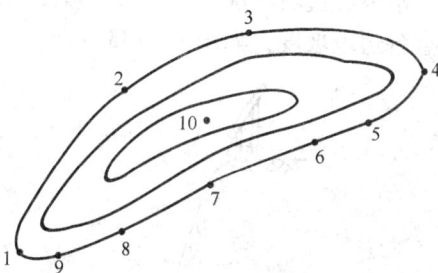

图 11－31 假山放样示意图

因此也可在放样中随施工进度时测设，逐层打桩。图中心点 10 为山顶，其位置和标高也应同法测出。

（二）挖湖及其他水体放样

挖湖或开挖水渠等放样与堆山的放样基本相似。首先把水体周界的转折点测设到地面上，如图11－32所示的1、2、3、…30各点。然后在水体内设定若干点位，打上木桩。根据设计给定的水体基底标高在桩上进行测设，划线标明挖深度。图11－32中 ①②③④⑤⑥等点即为此类桩点。在施工中，各桩点不要破坏，可留出土台，待水体开挖接近完成时，再将此土台挖掉。

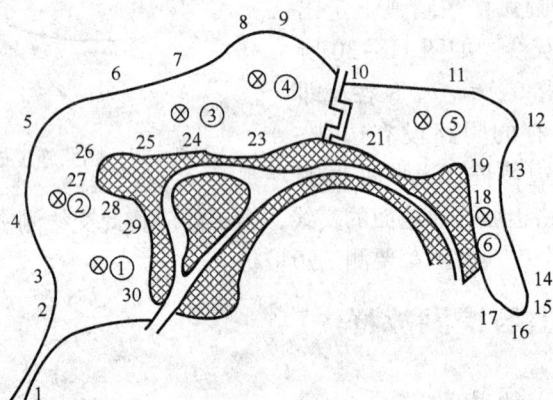

图11－32　园林水体放样示意图

水体的边坡坡度，可按设计坡度制成边坡样板置于边坡各处，以控制和检查各边坡坡度，如图11－33所示。

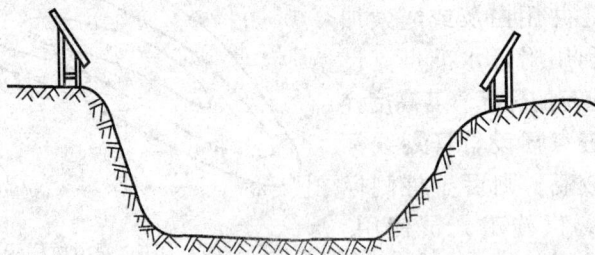

图11－33　水体边坡放样示意图

三、园林树木种植放样

园林树木的种植必须按设计图的要求进行施工。在设计中给出的种植形式有两种，一种为单株种植，即图纸中标明了每株树的种植位置。另一种为丛植或区域种植，在图中标明了种植的范围、树种、株数等。下面将树木种植放样的方法分述如下。

（一）平板仪放样法

在进行单株测设时应以设计图中树木符号的几何中心位置为准。在进行成片区域种植测设时，则应准确测设出其周界的各转折点。点位或范围定出后，应打桩标定后或撒白灰线标明。此外，还应根据要求在桩侧写明树种及其规格等。

（二）交会法

此法适用于现场已有地物与设计图位置相符的绿地种植。放样时在图上量出种植点至两个以上地物的距离，然后依此比例在现场以相应的距离实量交会定出单株或树群边界线。

（三）支距法

此法多用于道路两侧的植物种植放样。有时在要求精度较低的施工放样中，此法也可用于挖湖、堆山等轮廓线的测放。

具体实施方法为：先在图上作出欲测放树木等至道路中线或路牙线的垂线，并量出各个垂直距离。然后在现场用经纬仪或皮尺作出各相应的垂线，并在此方向上按比例扩大后量出各距离，定出各点。

（四）规则种植区域的放样

在苗圃的各类种植区域中一般都是采用规则式的种植方式。另外，有些公园、游览区等也有采用成片的规则种植林带、片林。这类林木的种植方式主要有矩形和菱形两种定植方法。

1. 矩形定植

如图 11-34 所示，ABCD 为一种植区的边界。放样的方法如下：

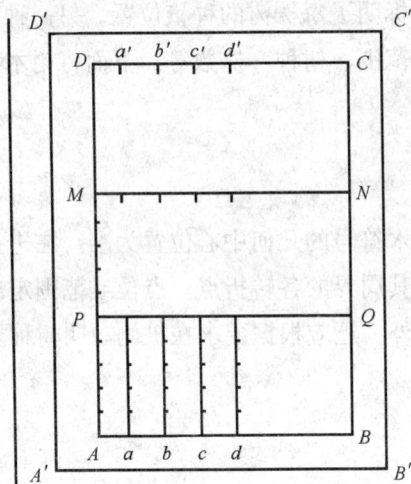

图 11-34   矩形定植放样示意图

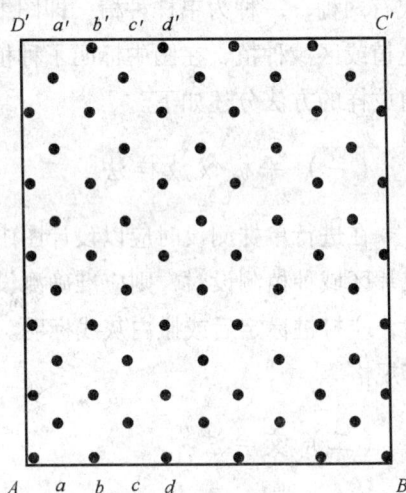

图 11-35   菱形定植放样示意图

（1）先定出基线，此基线的方向应依设计图定出。然后按半个株行距定出 A 点。量出 AB，使其平行于基线，并使 AB 的长为行距的整数倍。在 A 点安置经纬仪或用皮尺作出 $AD \perp AB$，并使 AD 为株距的整数倍。

（2）在 B 点作 $BC \perp AD$，并使 $BC = AD$，定出 C 点。而后检验 CD 长度是否与 AB 相等。若误差过大，应查明原因，重新测定。

（3）在 AD 和 BC 线上量出若干分段，每分段为株距的若干整数倍，定出 P、Q、M、N 等点。

（4）在 AB、PQ、MN 等点连线方向上按行距定出 a、b、c、d、…及 a'、b'、c'、d'、…诸点。

（5）在 aa'、bb'、cc'、…连线上按株距定出各种植点，撒上白灰标记。

2. 菱形定植

如图 11-35 所示为一种植区域。按设计要求，拟测设出菱形种植点位。

放样方法与前述矩形相似。由第（1）～第（3）步同前法。第（4）步是按半个株行距定出 a、b、c、d、…和 a'、b'、c'、d'、…各点。第（5）步是连（5）在 aa'、bb'、cc'、…等。奇数行的第 1 点应从起点 A 算起，按株距定出各种植点。

（五）行道树定植放样

道路两侧的行道树一般是按道路设计断面定点，在有道牙的道路上，一般应以牙作为定点的依据。无道牙的道路，则以路中线为依据。为加强控制，减小误差，可隔 10 株左右加钉一木桩，且应使路两侧的木桩——对应，单株的位置均以白灰标记。

复习思考题

1. 名词解释：规划设计量、施工放线测量、园林建筑放样

2. 简答题

（1）建立方格控制网应依据哪些原则？

（2）怎样利用原有地形测设方格控制网？

（3）怎样用引桩测法进行建筑物的定位？

（4）园林建筑基础放样有哪些主要内容？

（5）如何测设园林规则区的游步道？

3. 简述题

（1）简述点位测设的基本方法。

（2）怎样用已建方格网测设园林建筑主轴线？

（3）怎样对园林规划区的大型主干道进行测设？

（4）如何进行规则种植区林木种植测设？

实 训 实 习

实训1　距离丈量

一、目的

掌握目估法直线定线和钢尺丈量距离的一般方法。

二、内容

（1）每小组在实习基地上选4～6个点使其组成一闭合导线（每段边长约80m左右，个别段应有起伏）。

（2）用钢尺和一般量距的方法进行距离丈量（丈量结果供实训8用）。

三、仪器及工具

钢尺（30m）1副，标杆3根，测钎1组（6根或11根），斧子1把，木桩及小钉各4～6个，垂球2个；自备铅笔、小刀、记录板、记录表格等。

四、方法提示

（一）标定点位

若有固定的实习基地，选4～6个固定标志组成一闭合导线，且每段边长约80m左右，按顺（或逆）时针编号。

（二）距离丈量

1. 平坦地面上量距

（1）往测：①在A、B两点各竖一根标杆，后尺手执尺零端将尺零点对准点A；②前尺手持尺盒并携第三根标杆和测钎沿AB方向前进，行至约一尺段处停下由后尺手指挥左右移动标杆，使其在AB连线上（目视定线）。拉紧钢尺在整尺段注记处插下测钎1。③两手同时提尺及标杆前进，后尺手行至测钎 1 处。如前所做,前尺手同法插一根测钎 2,量距后后尺手将测钎 1 收起。④同法依次丈量其他各尺段。⑤到最后一个不足整尺的尺段时,前尺手将一整分划对准 B 点,后尺手在尺的零端读出 cm 或 mm 数,两数相减即为余长。

(2)计算:后尺手所收测钎数(n)即为整尺段数,整尺段数(n)乘尺长(l)加余长(q)为 AB 的往测距离,即 $D_往 = n \times l + q$

(3)返测 由 B 点向 A 点同法量测,即 $D_返 = n.l + q$

(4)求往、返测距离的相对误差 K,$K = \dfrac{|\Delta D|}{\overline{D}}$。若 $K \leq 1/3000$,取平均值作为最后结果;若 $> 1/3000$,应重新丈量。同法丈量出其他线段的距离。

2. 斜量法

当地面坡度较大且较均匀时,可沿地面直接量出 MN 的斜距 L,用罗盘仪或经纬仪测出 MN 的倾斜角 θ,按下式将斜距改算成水平距离 D。$D = L \cdot \cos\theta$,同样,该法也要往、返测且比较相对误差后取平均值。

五、注意事项

(1)钢尺必须经过鉴定才能使用。丈量前,要正确找出尺子的零点。丈量时,钢尺要拉平拉紧,用力要均匀。

(2)爱护钢尺,勿沿地面拖拉,严防折绕、受压。用毕将尺擦净涂上机油,妥善保管。

(3)插测钎时,测钎要竖直,若地面坚硬,可在地面上作出相应记号。

六、实训报告

1. 记录与计算

(1)平坦地面量距。

尺号_____尺长_____班组_____观测者_____记录者_____单位_____

表实 1-1 平坦地面量距记录

直线编号	测量方向	整尺段长 $n \times l$	余长 q	全长 D	往返平均值 $\overline{D}$	相对误差 K	备 注
	往						
	返						
	往						
	返						
	往						
	返						

（2）斜量法。

尺号＿＿＿＿尺长＿＿＿班组＿＿＿＿观测者＿＿＿＿＿＿记录者＿＿＿单位

表实1-2　斜量法记录

直线编号	测量方向	斜　距 L	倾斜角 θ	水平距 D	往返平均数 $\bar{D}$	相对误差 K	备　注
	往						
	返						
	往						
	返						

实训2　罗盘仪测磁方位角

一、目的

掌握用罗盘仪测定磁方位角的方法。理解正、反方位角的关系及平均值的计算方法。

二、内容

用罗盘仪测定实训1各直线的正、反磁方位角，并比较后取平均值。

三、仪器及工具

罗盘仪1套，标杆2根，量角器1个，比例尺1把，坐标纸1张；自备铅笔、小刀、记录板、记录表格等。

四、方法提示

（1）在 A 点安置罗盘仪，对中整平后，松开磁针固定螺丝，使磁针能自由旋转，用望远镜瞄准 B 点，读取磁针北端在刻度盘上的读数（若物镜与刻度盘的180°在同一侧，则用磁针南端读数），即为 AB 边的正磁方位角；顺时针转动罗盘盒，用望远镜瞄准 F 点，同法读数，即为 FA 边的反磁方位角。

（2）将罗盘仪搬至 B 点安置，瞄准 C 点，测出 BC 边的正磁方位角；瞄准 A 点，测出 AB 边的反磁方位角。同法在 C、D、E、F 等点分别安置仪器观测读数。

（3）若各边正、反磁方位角的差值在179°～181°之间，取其平均值作为最后结果。

即

$$\alpha_{平均} = \frac{1}{2}\left[\alpha_{正} + (\alpha_{反} \pm 180°)\right]$$

若未布设导线，则在各直线两端分别安置罗盘仪，观测其正、反磁方位角。

五、注意事项

（1）选点时要注意避开导磁金属及高压线的干扰，取出仪器或搬站时要先固定好磁针。

（2）测定磁方位角时，要认清磁针的指北、指南针，弄清应该用指北针还是指南针读数。

（3）各边正、反方位角值要及时比较，若误差超限，应立刻查明原因并重测。

六、实训报告

1. 记录与计算

仪器号_____班组_____观测者_____记录者_____日期

表实2-1　罗盘仪测磁纪录

直　线	正方位角	反方位角	平均方位角	互　差	备　注
AB					
BC					
CD					
DE					
EF					
FA					

实训3　水准仪的使用

一、目的

熟悉水准仪的基本构造，初步掌握水准仪的使用方法。

二、内容

（1）熟悉 DS$_3$ 型、自动安平水准仪的基本构造，了解主要部件的名称、作用和使用方法。

（2）练习水准仪的安置、瞄准、精平和读数。

（3）测量地面上两点间的高差。

三、仪器及工具

DS$_3$ 型水准仪 1 台，自动安平水准仪（自定），水准尺 2 根，尺垫 2 块，自备计算器、铅笔、小刀、记录板、记录表格等。

四、方法提示

1. 安置仪器

先将仪器的三脚架张开，使其高度适中，架头大致水平，并将脚架踩实；再开箱取出仪器，将其固连在三脚架上。

2. 认识仪器

对照仪器，指出准星、缺口、目镜及其调焦螺旋、物镜、对光螺旋、管水准器、圆水准器、制动和微动螺旋、微倾螺旋、脚螺旋等，了解其作用并熟悉其使用方法。对照水准尺，熟悉其分划注记并练习读数。

3. 观测练习

（1）粗平：双手食指和拇指各拧一只脚螺旋，同时以相反的方向转动，使圆水准器气泡向中间移动；再拧另一只脚螺旋，使圆气泡居中。若一次不能居中，可反复进行（观察左手拇指转动脚螺旋的方向与气泡移动方向之间的关系）。

（2）瞄准：在离仪器不远处选一点 A，并在其上立一根水准尺；转动目镜调焦螺旋，使十字丝清晰；松开制动螺旋，转动仪器，用缺口和准星大致瞄准 A 点水准尺，拧紧制动螺旋；转动对光螺旋看清水准尺；转动微动螺旋使水准尺位于视线中央；再转动对光螺旋，使目标清晰并消除视差（观察视差现象，练习消除方法）。

（3）精平：转动微倾螺旋，使符合水准管气泡两端的半影像吻合（成圆弧状），即水准管气泡居中（观察微倾螺旋转动方向与气泡移动方向之间的关系）。

（4）读数从望远镜中观察十字丝横丝在水准尺上的分划位置，读取 4 位数字,即直接读出米（m）、分米（dm）、厘米（cm）的数值,估读毫米（mm）的数值,记为后视读数 a。注意读数完毕时水准管气泡仍需居中。若不居中,应再次精平,重新读数。

（5）分别在 B、C、D 等点立尺,按（2）~（4）步读取前视读数 b,记录。

（6）计算高差,$h = a - b$

（7）改变仪器高度或搬站再次观测 A 与 B、C、D 等的高差,进行比较。

五、注意事项

（1）水准尺应专人扶持,保持竖直,尺面正对仪器。

（2）中心连接螺旋不宜拧得太紧,以防破损。水准仪上各部位螺旋操作时用力不得过猛。

（3）读数时要注意消除视差。要以十字丝的横丝读数,不要误用上、下丝。读数时应看清尺上的上下两个分米（dm）注记,从小到大进行。

（4）读数前水准管气泡要严格居中,读数完毕检查确认气泡仍居中,读数方可记录。

六、实训报告

记录与计算

仪器号____班组____观测者_____记录者_____单位____日期

表实 3-1　水准仪器记录

测站	点号	水准尺读数		高差＝后视－前视		备注
		后　视	前　视	＋	－	
O	A		″	″	″	″
	B	″		AB		
	C	″		AC		
	D	″		AD		
	E	″		AE		

实训 4　水准路线测量与成果校核

一、目的

掌握水准路线测量的观测、记录方法和水准路线成果整理的方法。

二、内容

（1）每组施测一条 4~6 个（最好每人 1 个）点的闭合水准路线，假定起点高程为 100.000 m。

（2）计算闭合水准路线的高差闭合差，并进行高差闭合差的调整和高程计算。

三、仪器及工具

DS$_3$ 型水准仪（或自动安平水准仪）1 台，普通水准尺 2 根（或双面水准尺 1 对），尺垫 2 块，皮尺 1 副，自备计算器、铅笔、小刀、记录板、记录表格等。

四、方法提示

（1）每组选定一条 4~6 个点组成闭合水准路线（相邻点之间应略有起伏且相距不远），确定起始点及水准路线的前进方向。如 $A \to B \to C \to \cdots\cdots \to A$。

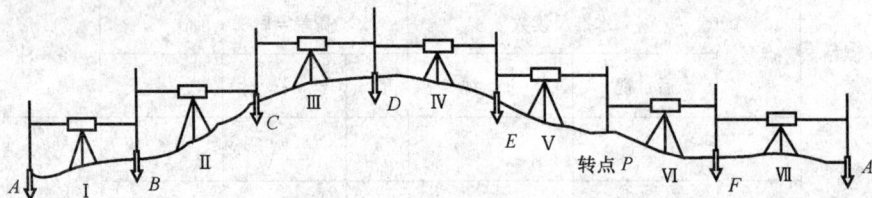

图实 4-1　水准路线示意图

（2）在起始点 A 和待定点 B 分别立水准尺，在距该两点大致等距离处安置水准仪，照准 A 点水准尺，消除视差、精平后读取后视读数 α'_1；同法照准待定点 B 水准尺，读取前视读数，分别记录并计算其高差 h'_1；改变仪器高度（或用双面水准尺的红、黑面分别观测），再读取后视读数 a''_1、b''_1 前视读数，计算其高差 h''_1。检查互差是否超限（＜6mm），若未超限，计算平均高差 h_1。

（3）将 A 点水准尺立于待定点 C，同上法读取待定点 B 后视读数及待定点 C 前视读数，计算平均高差 h_2。

（4）同法继续进行，经过所有待定点后回到起点。

（5）检核计算。检查后视读数总和减去前视读数总和是否等于高差总和（即 $\sum a - \sum b = \sum h$ 是否成立），若不相等，说明计算过程有错，应重新计算。

（6）高差闭合差的调整及高程计算。统计总测站数 n，计算高差闭合差的容许误差，即 $f_{h容} = \pm 10\sqrt{n}\,\text{mm}$。若 $|\sum h| \leqslant |f_{h容}|$，即可将高差闭合差按符号相反、测站数成正比例的原则分配到各段导线实测高差上，再计算各段导线改正后的高差和各待定点的高程。

五、注意事项

（1）仪器的安置位置应保持前、后视距离大致相等。每次读数前应保证精平及消除视差。

（2）立尺员要立直水准尺。起点和待定点不能放尺垫，其间若需加设转点，转点可放尺垫。各测站读完后视读数未读前视读数仪器不能动；各测点读完前视读数未读后视读数，尺垫不能动。

（3）本实训各限差均采用等外水准测量。若用公式 $f_{h容} = \pm 40\sqrt{L}\,\text{mm}$ 计算水准路线高差闭合差容许值，应量取各测站至各测点的距离。

（4）改正数计算取至毫米（mm），最后要保证改正数总和与高差闭合差大小相等，符号相反。

（5）本实训最好在实训一导线点上进行，为导线点提供高程数据，供地形测量时使用。

六、实训报告

记录与计算

仪器号_____ 班组_____ 观测者_____ 记录者_____ 日期

表实 4-1 水准距此校核记录

测站	次数	立尺点	后视读数	前视读数	高差（m） +	高差（m） -	平均高差（m）
I	1	A		"			
I	1	B	"				
I	2	A		"			
I	2	B	"				
II	1	B		"			
II	1	C	"				
II	2	B		"			
II	2	C					
校核			$\sum a - \sum b =$		$\sum h =$		

班组_____计算_____校核_____日期_____

表实 4-2 闭合水准路线高差调整及高程计算

点 号	距 离（km）	测站数	平均高差（m）	高差改正数（m）	改正后高差（m）	高 程（m）
A		1				100.000
B		1				
C		1				
D		1				
E		2				
F		1				
A						
Σ						

实训 5　经纬仪的构造与读数

一、目的

熟悉经纬仪的基本构造，初步掌握其使用方法。

二、内容

（1）熟悉 DJ_6 级经纬仪的基本构造，了解各主要部件的名称、作用和使用方法。

（2）掌握经纬仪的基本操作要领，练习对中、整平、瞄准和读数的方法。

三、仪器及工具

DJ_6 级经纬仪 1 台，标杆 2 根，自备铅笔、小刀、记录板、记录表格等。

四、方法提示

1. 安置经纬仪

在指定点位上安置经纬仪并熟悉仪器各部件的名称和作用（取出仪器前注意在箱中放置位置）。

2. 经纬仪操作练习

（1）对中：挂上垂球，平移三脚架，使垂球尖大致对准测站点，并注意架头水平，踩实三脚架。稍松连接螺旋，在架头上平移仪器，使垂球尖精确对准测站点（限差为 ±3mm），最后旋紧连接螺旋。如仪器装有光学对中器，可用其进行对中。

（2）整平：松开水平制动螺旋，转动照准部，使水准管平行于任意两个脚螺旋的连线，双手同时向内（或向外）转动脚螺旋，使水准管气泡居中（观察左手拇指转动脚螺旋的方向与气泡移动的方向之间的关系）；将照准部绕竖轴旋转 90°，旋转第三只脚螺旋，使气泡居中。如此反复几次，直至照准部转到任何方向，气泡在水准管内的偏移都不超过 1 格。

（3）瞄准：随机选点竖立标杆，盘左位置用望远镜上的缺口和准星大致瞄准目标，使目标位于视场内，旋紧望远镜和照准部的制动螺旋；转动目镜螺旋，使十字丝清晰；转动对光螺旋，使目标影像清晰；再转动望远镜和照准部的微动螺旋，使目标被十字丝的单根纵丝平分，或被双根纵丝夹在中央。

（4）读数：调节反光镜的位置，使读数窗亮度适当；旋转读数显微镜的目镜套，使度盘及分微尺的刻划清晰；读取水平度盘、竖盘读数，分微尺测微器估读至 0.1′（小格的 1/10），单平板玻璃测微器估读至 5″（小格的 1/4）。

（5）盘右位置同法瞄准、读数。

五、注意事项

（1）盘左、盘右尽可能瞄准标杆同一点位（十字丝交点对准所选点位），以提高精度。

（2）切勿抓住望远镜来转动照准部，以免损坏仪器及破坏轴线间关系。

（3）观测者随照准部转动时，勿碰动三脚架。

六、实训报告

观测记录

仪器型号与编号_____ 班组_____ 观测者_____ 记录者_____ 日期

表实 5－1　经纬仪读数练习

测站	目标	竖盘位置	水平度盘读数 ° ′ ″	竖盘读数 ° ′ ″
		左		
		右		
		左		
		右		
		左		
		右		

实训 6　水平角观测

一、目的

掌握测回法、全圆测回法观测水平角的方法步骤和计算方法。

二、内容

（1）在实训一所选闭合导线各点上分别安置经纬仪，用测回法观测各点的内角（水平角）。

（2）测回法结束时，最后一个测站的经纬仪勿动，在四个不同方位各选一点并竖立标杆，用全圆测回法观测并计算。

三、仪器及工具

DJ_6级经纬仪1台，标杆4根，自备计算器、铅笔、小刀、记录表格等。

四、方法提示

（1）在实训一所选闭合导线 A 点上安置经纬仪，B、F 点分别立标杆。

（2）盘左：照准左目标 B，利用复测扳钮（或归零手轮）使水平度盘读数略大于 $0°$，读数并记录 a_1；顺时针方向转动照准部，照准右目标 F，读数并记录 b_1；计算上半测回角值。

（3）盘右：照准右目标 F，读数并记录 b_2；逆时针方向转动照准部，照准左目标 B，读数并记录 a_2；计算下半测回角值 $\beta_左 = b_1 - a_1$。

（4）检查与计算：检查上、下半测回角值互差是否超限（应 $\leq \pm 40''$），若不超限，取平均值作为最后结果（一测回角值）。否则，应重测该测回。

一测回角值为：$\beta = \dfrac{1}{2}(\beta_左 + \beta_右)$

（5）重复上面第 1~4 步骤，测出其他各导线点内角。

五、注意事项

（1）望远镜盘左照准起始目标时，可据需要调整起始读数，在该测回以后的观测中不能再转动变换手轮（或扳下复测扳钮），以免发生错误。

（2）在同一测回中，若发现水准管气泡偏移超过一格时，应重新整平并重测该测回。

六、实训报告

记录与计算

仪器号____班组____观测者_____记录者____日期____天气

表实 6-1　水平角观测（测回法）记录表

测站	竖盘位置	目标	水平度盘读数 ° ′ ″	半测回角值 ° ′ ″	一测回角值 ° ′ ″	备注
	左					
	右					
	左					
	右					

实训7　竖角观测与视距测量

一、目的

（1）掌握不同竖盘注记类型的公式确定方法。

（2）掌握竖直角的观测计算方法

（3）掌握视距法测定水平距离和高差的观测、计算方法。

二、内容

在实训一所选闭合导线各点上分别安置经纬仪，瞄准相邻点进行竖角和视距测量，与实训一（距离）、实训四（高差）结果比较。

三、仪器及工具

DJ_6 级经纬仪 1 台，水准尺 2 根，自备计算器、铅笔、小刀、记录表格等。

四、方法提示

（一）观测

（1）在 A 点安置经纬仪，对中、整平。在水准尺上与仪器同高处作标记（或量取仪器高 i）后，立尺于 B 点。转动望远镜，观察所用仪器的竖盘注记形式，确定竖直角的计算公式，并记在备注栏内。

（2）盘左位置：瞄准目标，使十字丝中丝的单丝精确切准所作标记，转动竖盘指标水准管微动螺旋，使竖盘指标水准管气泡居中，（或将竖盘归零装置的开关转到"ON"），读取竖盘读数 L，记录并计算 $\alpha_{左}$。（同时读取上、中、下三丝读数 a、v、b）

（3）盘右位置：瞄准目标，同法读取竖盘读数 R，记录并计算 $\alpha_{右}$。

（4）立尺于 F 点重复上面第 2～3 步骤，观测、记录并计算。

（5）将仪器安置于 B 点，A、C 点分别立尺，重复上面第 2～3 步骤，观测、记录并计算。同法，分别在 C、D、E、F 安置仪器观测，并对往返结果进行比较，若误差不超限，取平均值作为最后结果；否则，应重测。

（二）计算

竖直角平均值：$\alpha = \dfrac{1}{2}(\alpha_左 + \alpha_右)$

竖盘指标差：$x = \dfrac{1}{2}(\alpha_右 - \alpha_左)$（$J_6$ 级限差 $\leq \pm 25''$）

尺间隔：$l = |a - b|$

水平距离：$D = K \cdot L \cdot \cos^2\alpha$　高差：$h = D \cdot \tan\alpha = \dfrac{1}{2} \cdot k \cdot l \cdot \sin 2\alpha + i - v$

五、注意事项

（1）观测竖直角时，每次读取竖盘读数前，必须使竖盘指标水准管气泡居中；盘左读取竖盘读数后，微动望远镜微动螺旋，使上、下丝其中之一卡整分划，读数更方便。视距测量（读上、下丝）只用盘左位置观测即可。

（2）计算竖直角和高差时，要区分仰、俯视情况，注意"＋"、"－"号；计算竖盘指标差时，注意"＋"、"－"号；计算高差平均值时，应将反方向高差改变符号，再与正方向取平均值。如 $\bar{h} = \dfrac{1}{2}(h_{AB} - h_{BA})$

（3）各边往返测距离的相对误差应≤1/300，再取平均值。

六、实训报告

记录与计算

表实7-1　竖直角观测记录表

仪器号_____班组_____观测者_____记录者_____日期_____天气

测 站	目 标	竖盘 位置	竖盘读数 ° ′ ″	竖 角 ° ′ ″	平均竖角 ° ′ ″	竖 盘 指标差	备 注
A	F	左					
		右					
	B	左					
		右					
B	A	左					
		右					
	C	左					
		右					

表实7-2　视距观测记录表

仪器号_____班组_____观测者_____记录者_____日期_____天气_____单位

测 站	目 标	标尺读数			仪 器 高	尺 间 隔	竖 角	高 差	高差平 均值	水 平 距	水平距 平均值
		上丝	下丝	中丝							
A	B										
B	A										
B	C										
C	B										
C	D										
D	C										
D	E										
E	F										
F	A										
A	F										

实训8 经纬仪导线测量

一、目的

掌握经纬仪导线外业观测和内业计算、展点的方法。

二、内容

若有实训基地，可利用所选闭合导线的已有数据，即实训一（各边距离）、实训二（起始边磁方位角）、实训六（各点内角）、实训四（高程）或实训七（高差），直接进行内业计算。否则，应准备下列器材进行外业观测及内业计算。

三、仪器及工具

DJ_6经纬仪1台，罗盘仪1台，水准尺2根，标杆2根，钢尺1副，测钎1组，斧子1把，木桩及小钉若干，油漆1小瓶，毛笔1枝，计算器1台，坐标纸1张，三棱尺1把；自备铅笔、小刀、记录表格等。

四、方法提示

（一）外业观测

（1）选点。根据选点注意事项，在测区内选定4～6个导线点组成闭合导线，在各导线点打下木桩，钉上小钉或用油漆标定点位，绘出导线略图（如实训1）。

（2）量距。用钢尺往、返丈量各导线边的边长（读至mm），若相对误差小于1/3000，则取其平均值。

（3）测角。采用经纬仪测回法观测闭合导线各转折角（内角），每角观测一个测回，若上、下半测回差不超±40″，则取平均值。若为独立测区，则需用罗盘仪观测起始边的磁方位角。

（4）测高差。经纬仪测角的同时用视距法观测各相邻导线点间的高差，若高差闭合差不超限，则将其调整后，根据起点高程（可假定）计算其他各导线点的高程。

（5）计算角度闭合差和导线全长相对闭合差。外业成果合格后，内业计算各导线点的坐标。

（二）内业计算

（1）检查核对所有已知数据和外业数据资料。

（2）角度闭合差的计算和调整：

角度闭合差：$f_\beta = \sum \beta - (n-2) \cdot 180°$ 　　　限差：$f_{\beta容} = \pm 40'' \sqrt{n}$

（3）坐标方位角的推算：

$\alpha_前 = \alpha_后 + 180° - \beta_右$；若逆时针编号时：$\alpha_前 = \alpha_后 + \beta_左 - 180°$

由起始边 α_{AB} 算起，应再算回 α_{AB}，并校核无误。

（4）坐标增量计算：

$$\Delta X_{AB} = D_{AB} \cdot \cos\alpha_{AB}$$
$$\Delta Y_{AB} = D_{AB} \cdot \sin\alpha_{AB}$$

（5）坐标增量闭合差的计算和调整：

纵坐标增量闭合差：$f_X = \sum \Delta X_测$

横坐标增量闭合差：$f_Y = \sum \Delta Y_测$

导线全长绝对闭合差：$f = \sqrt{f_X^2 + f_Y^2}$

导线全长相对闭合差：$K = \dfrac{f}{\sum D}$

若 $K < \dfrac{1}{2000}$，符合精度要求，可以平差。将 f_X、f_Y 按符号相反，边长成正比例的原则分配给各边，余数分给长边。各边分配数如下：

$$V_{Xi} = -\frac{f_X}{\sum D} \cdot D_i$$

$$V_{Yi} = -\frac{f_Y}{\sum D} \cdot D_i$$

分配后要符合：

$$\sum V_X = -f_X$$

$$\sum V_Y = -f_Y$$

（6）坐标计算：

若未与国家控制点连测，可假定起点坐标。

$$X_B = X_A + \Delta X_{AB}$$

$$Y_B = Y_A + \Delta Y_{AB}$$

由 X_A、Y_A 算起，应再算回 X_A、Y_A，并校核无误。

（7）高差闭合差的计算与调整：

根据各边往、返测高差计算各边平均高差：$h = \dfrac{1}{2}(h_{往} - h_{返})$

计算高差闭合差：$f_h = \sum h$

计算高差闭合差的限差：$f_{h容} = \pm 40\sqrt{\sum D}$ mm

若 $|f_h| \le |f_{h容}|$，则将 f_h 按符号相反，边长成正比例分配给各边。

（8）高程计算：

$H_B = H_A + h_{AB}$　　由 A 点算起，应再算回 A 点，并校核无误。

（9）展点。根据所选比例尺大小及起点在测区位置，在坐标纸上绘出纵、横坐标线。根据各导线点坐标，将其展绘在图纸上，并将高程注于其旁。

五、注意事项

（1）相邻导线点间应互相通视，边长以 60～80m 为宜。若边长较短，测角时应特别注意提高对中和瞄准的精度。

（2）在标尺上与仪器同高处作标记，当十字丝交点对准标记时，读取盘左时竖盘读数，可简化高差计算，即 $h = \dfrac{1}{2} \cdot k \cdot l \cdot \sin 2\alpha$。

（3）若未与国家控制网连测，起点坐标及高程可假定，要考虑使其他点位不出现负值。

六、实训报告

表实 8-1 经纬仪导线测量（距离）记录表

钢尺号____班组____观测者_____记录者____日期___天气___单位

直线编号	往测	返测	平均距离	相对误差	备注
AB					
BC					
CD					
DE					
EF					
FA					

表实 9-2 经纬仪导线测量（高程）记录表

仪器号___班组____观测者_____记录者____日期___天气___单位

测量	目标	上丝	下丝	尺间隔	竖盘读数	竖角	高差	平均高差	高程	备注
A	F									只用盘左位置观测
	B									
B	A									
	C									
C	B									
	D									
D	C									
	E									
E	D									
	F									
F	E									
	A									

表实8-3 经纬仪导线测量（水平角）记录表

仪器号＿＿＿＿班组＿＿＿＿＿观测者＿＿＿＿＿＿记录者＿＿＿＿＿日期＿＿＿天气

测站	竖盘位置	目标	水平度盘读数 ° ′ ″	半测回角值 ° ′ ″	一测回角值 ° ′ ″	备注
	左					起始边磁方位角 =
	右					
	左					
	右					
	左					
	左					

表实8-4 经纬仪导线内业计算表

班组＿＿＿＿＿＿＿计算＿＿＿＿＿＿校核＿＿＿＿＿日期＿＿＿＿＿＿单位＿＿＿＿＿＿

点号	内角 观测值	内角 改正后	方位角	边长	坐标增量 ΔX	坐标增量 ΔY	改正后增量 ΔX	改正后增量 ΔY	坐标 Y	坐标 Y	点号
1	2	3	4	5	6	7	8	9	10	11	12
A											
B											
C											
D											
E											
F											
A											
B											略图：
Σ											
辅助计算											

实训 9　碎部测量

一、目的

初步掌握经纬仪测绘法（经纬仪配合量角器）进行碎部测量的方法。

二、内容

（1）在实训 8 所选的控制点上分别安置经纬仪，测定周围地物、地貌特征点。

（2）练习用地形图图式表示地物，练习用图解法、计算法勾绘等高线。

三、仪器及工具

DJ_6 经纬仪 1 台，视距尺 1 根，标杆 1 根，皮尺 1 副，图板 1 块，计算器 1 台，比例尺 1 把，《地形图图式》1 本；自备量角器、三角板、大头针、铅笔、橡皮、小刀、记录表格等。

四、方法提示

（1）在控制点 A 安置经纬仪，对中整平；在控制点 B 立标杆，以盘左位置瞄准 B 点标杆，将水平度盘配置为 0°00′00″；连接实训 8 坐标纸上 A、B 两点，用小针将量角器中心钉在图上 A 点。

（2）将视距尺与仪器同高处作标记，按商定路线在已选定的碎部点上分别竖立视距尺，经纬仪盘左位置用十字丝交点照准标记，按视距测量方法观测记录水平角、竖盘读数、上丝、下丝；计算经纬仪至碎部点间的水平距离和高差；再根据 A 点高程计算碎部点的高程，同时记下碎部点名称。

（3）根据水平角和水平距离用量角器和比例尺将碎部点展绘于图上，高程注于其旁。随测随连地物轮廓线和地貌特征线，对照实地地形用相应的图式符号表示地物，用计算法或图解法在地貌特征线上求等高线通过点，并连接相关点即得等高线。

（4）对照实地检查无漏测、错测后，搬迁测站，同法测绘，直至测完指定范围。最后整饰地形图。

五、注意事项

（1）测图比例尺及等高距可根据实际情况自定。

（2）经纬仪观测过程中，每测 20 点左右要重新瞄准归零方向线，检查水平度盘是否为 0°00′00″，若变动超过 ±4′，则应检查所测碎部数据。

（3）水平角、距离、高程分别精确到分（′）、分米（dm）、厘米（cm）。

（4）测图过程中应保持图面整洁，碎部点高程的注记应在点位右侧，字头朝北。

六、实训报告

表实 9-1　经纬仪碎部测量记录表

仪器号_____班组_____观测者_____记录者_____日期_____天气_____单位

测站	点号	水平角	上丝	下丝	尺间隔	竖盘读数	竖角	平距	高差	高程	备注

实训 10　全站仪使用

一、目的

熟悉全站仪的构造，掌握全站仪的仪器使用方法、角度和距离测定。

二、内容

（1）熟悉索佳 500 电子全站仪的一般构造，主要作用和使用方法。

（2）实训全站仪开、关机，仪器对中、整平的操作方法，练习水平角、两点间距离的测定方法

三、仪器及工具

索佳 500 电子全站仪一台，棱镜三个。

四、实训步骤

1. 仪器的开机与关机

按下 {on} 键开机，开机后，松开水平制动钮，旋转仪器照准部一周，听到一声鸣响后，水平度盘指标自动设置完毕。松开垂直自动钮，纵转望远镜1周，听到一声鸣响后，垂直度盘指标自动设置完毕，此时，仪器处于测量模式。按下 {on} 后同时按住 {灯} 键关机。

2. 仪器安装与对中、整平

（1）架设三脚架使架腿等长，架头位于测点上近似水平，三脚架腿牢固地支撑与地面上。

（2）将仪器放置三脚架架头上，一只手握住仪器，另一只手旋紧中心螺旋。

（3）通过光学对中器目境观察，旋转对中器的目镜至分划板十字丝看得最清楚，再旋转对中器调焦环观看地面点，调整仪器对中。

3. 整平

仪器整平可以通过屏幕显示的电子气泡完成。

步骤：

（1）整脚螺旋使测点位于光学对中器十字丝中心。

（2）调节三脚架腿使气泡居中，此项工作需要重复多次进行。

（3）开水平制动钮转动照准部，使照准部水准器轴平行于任意两个脚螺旋的连线，相对旋转该两个脚螺旋，使气泡居中（气泡向顺时针旋转的脚螺旋方向移动）。

（4）将照准部旋转90°利用第3个脚螺旋使气泡居中。

（5）旋转照准部90°检查气泡是否居中。若不居中，按照（3）将脚螺旋向相反方向相对等速旋转完成该方向居中，按照（4）进行，使气泡居中。

4. 两点间水平角 AOB 测定

步骤：

（1）旋转照准部，照准目标点 A。

（2）在测量模式第1页（P1）菜单下按 ［OSET］，在 ［OSET］ 闪动时再次按下该键。此时测站与目标点 A 方向值已设置为零。

（3）旋转照准部，照准目标点 B。显示屏显示的"HAR"右侧的角度值即为两目标点 A、B 间的水平角。

5. 两点间距离和角度测量

步骤：

（1）将仪器照准目标。

（2）在测量模式第1页菜单下按［DIST］开始距离测量。

测距开始后，仪器闪动显示测距模式、棱镜常数改正值、气象改正值等信息。一声短响后屏幕上显示出距离"S"、垂直角"ZA"和水平角"HAR"的测量值。

（3）按［STOP］停止距离测量。

（4）按［1 SHV］可使距离值的显示在斜距"S"、平距"H"和高差"V"之间转换。

五、注意事项

有关全站仪的使用见教材或关于全站仪使用说明书。

六、实训报告

每人上交一份实训报告。

实训 11 地形图室内应用及面积计算

一、目的

熟悉国家基本图的各种标志，初步学会地形图应用的一般内容，初步学会地物地貌的判读；掌握2~3种当地常用的面积求算方法。

二、内容

（1）对照地形图，口述国家基本图各种标志的作用或意义。

（2）练习地形图应用的基本内容。

（3）熟悉求积仪各部件的名称、作用与使用方法；练习计数机件的读数方法；练习求积仪分划值的测定方法；练习用求积仪测算图形面积的方法。

4. 练习透明方格纸法、平行线法、解析法或几何图形法等测算面积的方法。

三、仪器及工具

地形图若干幅，曲线尺、圆规、求积仪 1 台，贴有白纸的图板 1 块，透明毫米纸（16 开）1 张；自备三角板 1 副，计算器和记录表等。

四、方法提示

（一）地形图的室内应用

（1）熟悉地形图上的各种标志。

（2）练习求算图上某点的平面直角坐标、地理坐标、两点间的曲线距离和两点间直线连线方向及某点高程。

（3）按指定的坡度在图上确定最短路线，按指定方向绘制地面断面图。

（4）确定汇水面积周界。

（5）查出该图四邻的图幅号。

（二）用求积仪测算面积

1. 作用方法

指导教师讲解求积仪各部件的名称、作用及其使用方法。

2. 读数方法

在教师的指导下，学习计数机件的读数方法。

3. 利用已知面积测定求积仪的单位分划值

（1）在方格纸上，选定一个边长为 10 cm 的正方形 $ABCD$（或使用求积仪检验尺所提供的固定面积），将其固定在平整的图板上。

（2）用求积仪的轮左（第一）位置，选定极点和描迹针（航针）起始点的位置，读取计数机件读数 n_1，记入手簿。

（3）自起点开始，手持手柄，使描迹针沿顺时针绕行正方形（或检验尺绕行）1 周至起点，读取记数机件读数 n_2，记入手簿；计算读数差 $(n_2 - n_1)$，记入手簿。

（4）用求积仪的轮右（第二）位置，重复第（2）~(3) 步骤；至此完成分划值一个测回的测定。

（5）计算求积仪轮左，轮右的平均读数差，记入手簿；为提高精度，可进行第二个测回的测定。

（6）计算各个测回平均读数差和求积仪单位分划值 c。

4. 用求积仪测算图形的面积

由指导教师提供一个闭合图形或自己勾绘的汇水边界，用轮左，轮右位置各测一次，取读数差的平均值，则图上面积和实地面积为：

$$A_{图} = (n_2 - n_1) \times c \qquad A_{实地} = A_{图} \times M^2$$

（三）用几何图形法或透明方格纸法、平行线法测算上述图形的实地面积，并与求积仪测算的面积进行比较

（四）以作业形式，练习解析法求算图形面积的方法

五、注意事项

（1）求积仪的轮左、轮右读数的相对差 ≤1/200。

（2）两臂夹角控制在 30°~150°。

（3）选择描迹起点位置时，应使两臂约成垂直关系。

（4）绕行轮廓线时，应动作平稳、速度均匀、一气呵成；若发现测轮读数盘悬空时，应重新测定。

（5）当计数圆盘读数逐渐增加，若圆盘零分划值经过读数指标一次，则应在终了读数 n_2 上加上 10000，然后再求 n_2 与 n_1 的差数。

（6）透明纸方格纸法和平行线法量取面积时，应变换方格纸的位置、平行线的方向 1~2 次，并分别量算面积，以便校核成果和提高量测精度。

六、实训报告

每人上交面积测量记录表 1 份。

表实 11-1　面积测量记录表

仪器＿＿＿＿＿　班组＿＿＿＿＿　姓名＿＿＿＿＿　日期＿＿＿＿＿

测轮位置		轮　　左		轮　　右	
读数次数		第一次读数	第二次读数	第一次读数	第二次读数
测 轮 读 数	起 始				
	终 结				
	差 数				
平　均					
已知面积					

测轮位置		轮　　左		轮　　右	
读数次数		第一次读数	第二次读数	第一次读数	第二次读数
分划值 c					
测轮读数	起始				
	终结				
	差数				
平均数					
图形面积					
实地面积					

实训 12　园路中线测量与平曲线三主点测设

一、目的

学会转角测量、里程桩设置、平曲线三主点的测设和桩号计算的方法。

二、内容及要求

（1）选定长约 150m 左右、2 个转折点且纵横向具有一定地形变化的自然地段作为路线实习内容。

（2）通过实习，明确中线测量的基本内容、工作方法和步骤，掌握设置里程桩、测量转角、园曲线各主点的计算及测设方法。

三、仪器与工具

经纬仪 1 台，标杆 2 根，皮尺 1 副，铁锤 1 把，计算器，木桩若干、记录表等。

四、方法提示

（1）选线。选定长约 150m 左右、2 个转折点空旷地作为路线实习内容。在路线起点 JD_0（桩号为 0 +000）和转折点 JD_1（第一个转折角的角度值约为120°，两边边长应大于30m）和 JD_2 及终点加以编号，用木桩标定于实地。

（2）测量转角。在 JD_1 点上安置经纬仪，标杆分别树立于 JD_0、JD_2 点上，用测回法观测出 JD_1 的转角值。前、后半测回角值差不超过1′时，取平均值作为结果。并计算出半角角度值。

（3）钉里程桩。自起点开始每20m打一桩，依次为0+020，0+040、…，丈量至第一转折点 JD_1，其间遇地形变化时加钉桩点。

（4）圆曲线元素计算。设定圆曲线的半径为50m，计算出圆曲线元素 T、L、E、D。

（5）圆曲线主点测设。用安置于 JD_1 的经纬仪先后瞄准 JD_0、JD_2 定出方向，用钢尺在该方向上测出切线长 T，定出圆曲线的起点和圆曲线的终点，用经纬仪定出转角的角分线方向，用钢尺测设外距 E，定出圆曲线中点。

（6）位于道路中线上的曲线主点桩号由交点的桩号推算而得，根据圆曲线元素计算圆曲线主点的桩号，

$$起点桩号 = JD_1 - T,$$
$$中点桩号 = 起点桩号 + L/2,$$
$$终点桩号 = 中点桩号 + L/2$$

检验，JD_1 桩号 = QZ 桩号 + $D/2$，无误则将桩号标于该点木桩。

7. 自 YZ_1 沿 JD_2 方向丈量一段 d（$d \leqslant 20$m）得一 P 点，使 P 点里程为20m 的整倍数，写上桩号钉在 P 点位置，自 P 开始沿 JD_2 每20m打一木桩，写上相应桩号；同上法推算出 JD_2 的桩号，进行圆曲线的测设，直至终点。

五、注意事项

（1）圆曲线数据计算应经过两人独立计算，校核无误方可测设。

（2）实习时占用场地大、工具多，注意保管好仪器。

（3）仪器使用的注意事项见实验实习须知的内容。

六、实训报告

每组上交中线测量记录表和桩号一览表1份。

表实 13 – 1　中线测量记录表

班级＿＿＿＿＿组别＿＿＿＿＿观测＿＿＿＿＿记录＿＿＿＿＿日期＿＿＿＿＿

交点桩号			里程			
角度观测			点号	里程桩号	桩号计算	附　图
盘左	后视		ZY		JD – T	
	前视					
	右角 β				ZY + L	
盘右	后视		QZ			
	前视				YZ – /L2	
	右角 β		YZ			
β 平均值					QZ + D/2	
转角 α	左					
	右					
	R = 　　L/2 =					
	T = 　　D =					
	L = 　　E =					

实训 13　园路线纵、横断面测量

一、目的

掌握路线纵、横断面测量方法，初步学会纵、横断面的绘制方法。

二、内容

（1）基平测量、中平测量、各桩号地面高程的计算。

（2）标定横断面方向，抬杆法测量横断面。

（3）根据观测数据，绘制纵、横断面图。

三、仪器及工具

DS_3 水准仪 1 台，水准尺 2 把，花杆 4 根，十字架 1 把，记录板 1 块，并备计算器，记录表格，毫米方格纸等。

四、方法提示

（一）纵断面测量

1. 基平测量

（1）沿线路方向且离中线20m以外的两侧，每隔大约300m选一稳定的点（如固定的石块，屋角树桩等）作为临时水准点，分别以BM_1、BM_2、…进行编号。

（2）用水准测量的方法往、返测量相邻两水准点之间的高差，高差闭合差小于等于$10\sqrt{n}$（mm）（n为测站数），取平均值作为最后结果。

（3）假定起始水准点的高程为100m，求出各水准点的高程。

2. 中平测量

以相邻两水准点为一测段，用附合水准测量的方法测定各中桩的地面高程。

（1）仪器置于适当位置，后视水准点BM_1，前视转点TP_1，记下读数（至毫米位）。

（2）观测BM_1与TP_1之间的中间点0+000、0+020、…等点的水准尺，读数（至厘米位）并分别记入表中水准尺读数"中间点"栏。

（3）仪器搬站，在适当位置选好转点TP_2，仪器后视转点TP_1，前视转点TP_2和中间点各桩；同法继续进行观测至BM_2，完成一个测段的观测工作。

若该测段的高差闭合差（即各转点间高差总和减去该测段两水准点的高差）在容许误差$\pm\sqrt{L}$（mm）范围内，可进行下一测段的观测工作，否则应返工重测。

（4）计算中桩地面高程。先计算视线高程，然后计算各转点高程，再计算各中桩地面高程。每一测站的各项计算按下列公式进行，即

$$视线高程 = 后视点的高程 + 后视读数$$
$$转点高程 = 视线高程 - 前视读数$$
$$中桩高程 = 视线高程 - 中间点读数$$

3. 纵断面图的绘制

以水平距离为横坐标、高程为纵坐标，在毫米方格纸上绘出线路纵向方向的地面线。纵、横比例尺为1:200和1:2000或1:100和1:1000。

（二）横断面测量

（1）用十字架测定中桩的横断面方向，并插标杆作标志。

（2）用抬杆法测量中桩横断面方向一定范围内地面变坡点之间的水平距和高差。即用两根标杆，一根标杆的一端置于高处的地面变坡点上，并水平横放在横断面方向上，另一标杆竖直立在低处的相邻变坡点上，两点间的高差和水平距分别在竖杆和横杆上估读（至 0.05 m），仿此法依次测量其他各点。

（3）横断面图的绘制。按 1∶200 或 1∶100 的比例尺在毫米方格纸上绘出横断面图，绘图顺序为从下到上、从左到右。每组施测 5 个以上的横断面，每侧施测 10 m 以上。

五、注意事项

（1）水准测量的注意事项见基本实验 3 和实验 4。

（2）中间点的读数和计算因无校核，所以要特别认真细致。另外，水准尺应立在中桩附近高程有代表性的地面上。

（3）横断面测量与绘图应注意分清左、右侧和高差的正、负，最好在现场边测边绘。

（4）所有记录表格中的计算应现场完成（边观测边计算），不许只记不算或实验后总算。

六、实训报告

每组上交 1 份基平测量记录表（水准测量记录表）、中平测量记录表和横断面测量记录表；每人上交 1 份纵断面图和横断面图。

表实 13 - 1　路线中平测量记录表

班级 _____　组别 _____　观测 _____　记录 _____　日期 _____

| 测点 | 读数（m） | | | 线高程（m） | 高程（m） | 备注 |
	后视	中间点	前视			

表实 13 - 2 横断面测量记录表

班级＿＿＿＿＿ 组别＿＿＿＿＿ 观测＿＿＿＿＿ 记录＿＿＿＿＿ 日期＿＿＿＿＿

左侧	高差 距离	桩　　号	右侧	高差 距离

实训 14　点位测设的基本工作

一、目的

掌握水平角、水平距和高程测设的基本方法。

二、内容

练习水平角、水平距和高程的测设方法，每人至少练习一次。

三、仪器及工具

经纬仪 1 台，水准仪 1 台，钢尺 1 副，水准尺 1 把，测钎 1 束，记录板 1 块；自备铅笔、小刀、木桩、小钉、笔擦、计算器等。

四、方法提示

由指导教师在现场布置 O、A 两点（距离 40～60m），并假定 O 点的高程为 50.500m。现欲测设 B 点，使 $\angle AOB = 45°$（或其他度数，由指导教师根据场地而定，下同），OB 的长度为 50m，B 点的高程为 51.000m。

（一）水平角的测设

（1）将经纬仪安置于 O 点，用盘左后视 A 点，并使水平度盘读数为 0°00′00″。

（2）顺时针转动照准部，水平度盘读数确定在 45°，在望远镜视准轴方向上标定一点 B'（长度约为 50m）。

（3）倒镜，用盘右后视 A 点，读取水平度盘读数为 α，顺时针转动照准部，使水平度盘读数确定在（$\alpha + 45°$），同样的方法在地面上标定 B'' 点，

$OB'' = OB'$。

（4）取 $B'B''$ 连线的中点 B，则 $\angle AOB$ 即为欲测设的45°角。

（二）水平距离的测设

（1）根据现场已定的起点和方向线，先进行直线定线，然后分两段丈量，使两段距离之和为50m，定出直线另一端点 B'。

（2）返测 $B'O$ 的距离，若往返测距离的相对误差≤1/3000，取往返丈量结果的平均值作为 OB' 的距离。

（3）求 $B'B = 50 - d'_{OB'}$，调整端点位置 B' 至 B，当 $B'B > 0$ 时，B' 往前移动；反之，往后移。

（三）高程的测设

（1）安置水准仪于 O、B 的约等距离处，整平仪器后，后视 O 点上的水准尺，得水准尺读数为 a。

（2）在 B 点处钉一大木桩，转动水准仪的望远镜，前视 B 点上的水准尺，使尺缓缓上下移动，当尺读数恰为 b（$b = 50.500 + a - 51.000$），则尺底的高程即为51.000m，用笔沿尺底划线标出。

施测时，若前视读数大于 b，说明尺底高程底于欲测设的设计高程，应将水准尺慢慢提高至符合要求为止；反之应降低尺底。

五、注意事项

（1）本实验不要求上交实验报告等材料，但实验每完成一项，应请指导教师对测设的结果进行检核（或在教师的指导下自检）；检核时，角度测设的限差不大于±40″，距离测设的相对误差不大于1/3000，高程测设的限差不大于±10 mm。

（2）有关测量仪器与工具使用的注意事项见测量实验实习须知。

实训15 园林建筑施工放样

一、目的

初步学会园林建筑主轴线的测设、龙门板的设置、引桩的设置和基础施工测量的方法。

二、内容

（1）分别用极坐标法、角度交绘法、支距法和距离交绘法各测设主轴线上的一个点。

（2）教师示范引桩的设置方法。

（3）教师示范龙门板的设置方法。

（4）练习基础施工测量的方法。

三、仪器及工具

经纬仪2台，水准仪1台，钢尺2副，水准尺1把，斧头1把，木板若干，记录板1块，木桩、小钉、记录表格和计算器等。

四、方法提示

指导教师布置场地：在较平坦的地面上选定 A、B 两点，使 AB 的距离为50m，打下木桩和小钉标志；假定它们的坐标分别为（100.00，100.00）和（100.00，150.00）。

已知的测设数据：1（112.00，110.00），2（121.659，107.412），3（126.836，126.730），4（117.176，129.319）；1－2－3－4为长方形且 $d'_{12} = d'_{34} = 10$m、$d'_{23} = d'_{41} = 20$m。

测设要求：以 AB 为基线，用支距法测设第1点；以 A、B 为已知点，用距离交会法测设第2点；以 A、B 为测站点，用角度交会法测设第3点；以 B 为测站点，BA 为后视方向，用极坐标法测设第4点。

（一）园林建筑主轴线的测设

1. 极坐标法

（1）计算测设数据：先计算 BA、$B4$ 的方位角 α_{BA} 和 α_{B4}，再计算 $\angle AB4$ 和 d'_{B4}。

（2）在 B 点安置经纬仪，用水平角的测设方法，测设出 B 至4的方向线。

（3）以 B 点为起点，沿 B 至4点的方向线，测设水平距 d'_{B4} 的终点位置，即得第4点的实地位置。

2. 角度交会法

（1）计算测设数据：先计算方位角 α_{A3}，α_{AB} 和 α_{BA}，A_{B3}，再计算 $\angle 3AB$

和 $\angle AB3$。

（2）两架经纬仪分别置于 A、B 两点，各测设 $\angle 3AB$ 和 $\angle AB3$。

（3）指挥一人持一测钎，在两方向线交会处移动，当两经纬仪同时看到测钎尖端，且均位于十字丝纵丝上时，则测钎的位置即为第 3 点的实地位置。

3．距离交绘法

（1）计算测设数据，即计算 A 至 2，B 至 2 距离 d'_{A2} 和 d'_{B2}。

（2）以 A、B 两点为圆心，d'_{A2} 和 d'_{B2} 为半径，分别在地面上画弧，并在两弧交点处打木桩，然后再在桩顶交会所得的点，即为第 2 点的实地位置。

4．支距法

（1）计算测设数据：过一点作 AB 的垂线，垂足为 $1'$，计算（或量出）A 至 $1'$ 的距离 x 和 $1' \sim 1'$ 的距离 y。

（2）从 A 点沿 AB 方向线测设水平距离 x 得 $1'$ 点，过 $1'$ 点作 AB 的垂线方向并在其方向线上从 $1'$ 测设水平距离 y 所得的点，即为第一点的实地位置。

（二）引桩的设置方法

将经纬仪安置在 1 点，瞄准 2 点，沿视线方向在基槽外侧的 2～4m 处打下木桩，在桩顶钉上小钉，准确标志出轴线位置，并用混凝土包裹木桩。如有条件也可以把轴线引测到周围原有固定的地物上。

（三）教师示范龙门板的设置方法

（1）在建筑物轴线的基槽开挖线外 1.5～3m 处设置龙门板，桩的外侧面与基槽平行，桩要钉得竖直，牢固。

（2）根据场地内的水准点，用水准仪将 ±0 的标高测设在龙门桩上，用红笔画一横线。

（3）沿龙门桩上 ±0 线钉设龙门板，使板的上缘高程正好为 ±0。

（4）将经纬仪安置在 3 点，瞄准 4 点，沿视线方向在 4 点附近的龙门板上定出一点，并钉轴线标志；倒转望远镜，沿视线在 3 点附近的龙门板上定出一点，也钉轴线标志。

（5）在龙门板顶面将墙边线、基础边线、基槽开挖边线等标定在龙门板上。

（五）基础施工测量的方法

基础施工测量主要是控制基槽的开挖深度，其方法与高程测设基本相同，在此不再重复。

五、注意事项

（1）实验前每人应独立计算好所有的测设数据，并互相校核。

（2）4个点位测设完成后，应以经纬仪和钢尺检查转折角和边长，角度误差≤1′为合格，边长的相对误差≤1/2000为合格。

（3）受场地限制，指导教师可调整已知数据，使该实验能顺利完成。

六、实训报告

每人上交一份测设数据计算表。

表实15-1　测设数据计算表

班级＿＿＿＿＿＿＿＿＿＿＿＿＿＿　　　　　　　　　　计算＿＿＿＿＿＿＿＿＿＿＿＿＿＿

测设方法	点	号	坐标增量/m		位角	水平角	水平距（m）	备 注
			Δx	Δy				
极坐标法	B	4						B为测站，BA为后视方向测设第4点
		A					＊ ＊	
角度交会法	A						＊ ＊	A、B为测站，角度交会法测设第3点
							＊ ＊	
	B						＊ ＊	
							＊ ＊	
距离交会	A	2			＊ ＊	＊ ＊		以A、B为已知点，距离交会法测设第2点
	B	2			＊ ＊	＊ ＊	＊ ＊	
支距法	A	1′	＊ ＊	＊ ＊	＊ ＊	＊ ＊	＊ ＊	1′为过1点作AB垂线的垂足
	1′	1	＊ ＊	＊ ＊	＊ ＊	＊ ＊	＊ ＊	

注："＊ ＊"为不填入数据的空格。

实习1　平面图测绘

一、实习目的

（1）初步学会根据测区实际情况，确定导线形式及选择数量合理的图根点，掌握图根平面控制测量的外业和内业工作。

（2）掌握坐标格网的绘制和图根点的展绘及地形测量的方法，学会平面图的整饰和清绘。

二、实习内容和时间

（1）实习内容：每组完成实习指导教师指定测区范围的 1:500 比例尺平面图，包括图根平面控制测量的外业和内业、坐标格网的绘制、图根点的展绘、碎部测量、平面图的整饰和清绘等。

（2）实习时间：2.5 天。

三、仪器及工具

经纬仪、平板仪、罗盘仪各一套，30m 钢尺、2m 钢卷尺各 1 副，视距尺 1 根，标杆 2 根，测钎一组，三角板量角器 1 副，丁字尺、三棱尺各 1 把，斧子 1 把、测伞 1 把，油漆适量、木桩若干，记录表若干、记录板 1 块、《1:500 地形图图式》1 本。

自备：计算器、铅笔、小刀、橡皮、毛笔、大头针、小钉、透明胶带、绘图纸等。

四、方法提示

（一）图根平面控制测量

根据实习基地的具体情况，确定经纬仪导线形式，本实习以闭合导线为例。具体步骤如下：

1. 经纬仪导线测量外业工作

（1）选点。根据指导教师在实习基地指定的测区范围，到实地踏勘选定 4~6 个控制点，选点方法及注意事项见教材相关内容。控制点位置选定后，应打上木桩并编号。或者由指导教师在实习基地指明测区范围内以前标定的控制点。

（2）测角。采用经纬仪测图法观测闭合导线的各转折角（内角），上、下半测回角值之差不超过 ±40″，取平均值作为内角的观测值。

（3）测边。用钢尺往返丈量各导线边的边长，用经纬仪的望远镜定线，可与测角同时进行。往返丈量的相对误差不大于 1/3000，取平均值作为边长。

（4）联测。测区附近若有已知坐标的控制点，使导线与之联系起来，采用经纬仪测连接角，钢尺测连接边长。若是独立的测区，还应用罗盘仪观测起始边正、反方位角，误差不超过 ±1° 取平均方位角作为起算值。

2. 经纬仪导线测量内业工作

（1）角度闭合差的计算与调整

$f_\beta = \sum \beta - (n-2) \times 180°$，$f_{\beta容} = \pm 60'' \sqrt{n}$ 若 $|f_\beta| \leq |f_{\beta容}|$，则将 f_β 以相反的符号平均分配到各内角。

（2）坐标方位角的计算。根据导线起始边已知方位角及改正后的转折角，采用公式 $\alpha_前 = \alpha_后 + 180° - \beta_右$ 或 $\alpha_前 = \alpha_后 - 180° + \beta_左$ 计算导线其他边的坐标方位角，最后计算出起始边方位角与已知值作校核。

（3）坐标增量的计算。根据导线各边的边长和坐标方位角计算纵、横坐标增量，公式如下：

$$\Delta x = D \cdot \cos\alpha, \quad \Delta y = D \cdot \cos\alpha，坐标增量精确到 0.01m。$$

（4）坐标增量闭合差的计算与调整。纵、横坐标增量闭合差公式：$f_x = \sum \Delta x$，$f_y = \sum \Delta y$，导线全长闭合差 $f_D = \sqrt{f_x^2 + f_y^2}$，导线全长相对误差 $K = \dfrac{f_D}{\sum D}$，若 $K \leq \dfrac{1}{2000}$，则将纵、横坐标增量闭合差 f_x，f_y 分别以相反的符号按边长成正比例分配到各坐标增量中。

（5）坐标的计算。根据起点的已知坐标及改正后的坐标增量，依次计算各图根点的坐标。若为独立测区，则假定起点坐标为（1000.00，1000.00）。

（二）测图前的准备工作

首先将绘图纸用透明胶带固定到图板上，采用对角线法绘制坐标格网（50cm×50cm），格网边长为10cm。绘制后应检查：各方格顶点及对角线方向的点是否在同一直线上，每一方格边长误差不应超过0.2mm，对角线长度误差不得超过0.3mm，方格网线与刺孔直径不超过0.1mm。

然后根据测区位置和测图比例尺，将合适的坐标值标注在格网线上。最后根据各图根点的坐标将其位置展绘在格网内。按图式规定，注记图根点符号。展绘后应检查图上边长与丈量边长误差不得超过图上距离的±0.3mm。

（三）碎部测量

碎部测量方法一般采用经纬仪测图法，也可采用经纬仪与平板仪联合测图法或平板仪测图法。测量时，要合理地选择地物点。

若根据图根点无法施测局部地区时，可根据现有图根点采用支导线或测角交会等方法加密图根点。

（四）平面图的整饰与清绘

平面图必须经过整饰与清绘，使图面内容齐全、清晰美观，符合图式要求。

清绘和整饰的顺序是先图内后图外、先注记后符号。即先擦去多余线条，按照地形图图式和有关规定，重新描绘各种注记和符号。最后绘制图廓、图名、图号、比例尺、坐标系统、图例、测绘方法、测绘单位、测绘日期。

五、上交资料

（一）小组上交资料

（1）控制测量外业记录手簿，碎部测量记录手簿。
（2）1:500 比例尺的平面图。

（二）个人上交资料

（1）控制测量内业计算成果。
（2）实习报告。
（3）实习成果和资料。

实习 2　园路测量

一、实习目的

（1）初步学会根据园林总体规划设计的要求和现场实际情况进行定线，掌握路线中线测量、纵断面和横断面测量的方法。
（2）初步学会纵、横断面图的绘制方法。

二、实习内容和时间

（1）实习内容：每组完成路宽 3～5m、里程约 500m 的园路测量工作，包括选线、中线测量、纵横断面测量和纵横断面图的绘制。
（2）实习时间：2.5 天。

三、仪器及工具

经纬仪、水准仪各 1 套，皮尺 1 副，水准尺 2 根，标杆 4 根、十字架和求心方向架各 1 个，斧子 1 把，木桩若干，油漆适量，记录板 1 块，记录表若干。

自备：计算器、铅笔、小刀、橡皮、毛笔、小钉、毫米方格纸等。

四、方法提示

（一）选线

在实习指导教师的指导下，充分考虑实地选线的原则，在现场定出园路中线的交点，如果相邻两个交点不通视，应在其间增设转点，并打入木桩，桩顶钉钉、侧面编号，字面朝路线起点方向。

（二）中线测量

中线测量的主要内容有：转角测量、里程桩的设置和圆曲线的测设，具体方法参阅实训 14。

（三）园路纵横断面测量

1．纵断面测量

首先进行基平测量，在沿线方向距中线两侧 20～30m 选 2～3 个稳固的点，并标定作为临时水准点。然后再用水准测量方法往、返测量相邻两水准点之间的高差，若往、返测高差代数和不超出容许值 $\pm 40\sqrt{L}$ mm 或 $\pm\sqrt{n}$ mm，则取平均值作为最后结果，符号同往测高差。根据起点高程（已知或假定）和两点间高差推算出其他水准点的高程。

最后进行中平测量。以相邻两水准点为一测段，从一个水准点开始用视线高程法逐点测量中桩的地面高程，直至附合到下一水准点上。

2．横断面测量

首先用十字架和求心方向架测定中桩的横断面方向，并插标杆作标志，然后用抬标法或水准仪法测量中桩横断面方向一定距离内地面变坡点之间的水平距离和高差。

（四）路线纵、横断面图的绘制

1. 纵断面图的绘制

纵断面图是以里程为横坐标，高程为纵坐标，根据中平测量的中桩地面高程及里程绘制的。一般绘制在毫米方格纸上。里程比例尺常用 1∶2000 或 1∶1000，里程比例尺为 1∶200 或 1∶100。

2. 横断图的绘制

横断面图一般采取在现场边测边绘，及时核对、减少差错，也可作好记录在室内绘制。绘制在毫米方格纸上，比例尺一般是 1∶200 或 1∶100。一般规定绘图顺序是从图纸左下方起，自下而上，由左向右，依次按桩号绘制。

五、上交资料

（一）小组上交的资料

（1）路线中线测量记录计算表。
（2）路线纵、横断面测量记录计算表。

（二）个人上交的资料

（1）路线的纵、横断面图。
（2）实习报告。
（3）实习成果和资料。

实习 3　园林建筑施工测量

一、实习目的

（1）掌握园林工程施工控制测量。
（2）熟练掌握园林建筑物定位。
（3）掌握园林建筑的详细放样。
（4）掌握园林建筑基础及柱子施工放样。

二、实习内容与时间

（1）实习内容：园林工程施工控制测量、园林建筑物定位、园林建筑的详细放样、园林建筑基础及柱子施工放样。

（2）时间：2.5 天。

三、仪器与工具

（1）实习时间安排为 2.5 天。每实习小组由 4~5 人组成，1 人为组长，负责全组的实习安排和仪器管理。

（2）每个实习小组设备有：DJ_6 光学经纬仪 1 台，DS_3 水准仪 1 台，钢尺 1 把，小平板 1 块，水准尺 2 根，尺垫 2 个，花杆 3 根，锤球 3 个，竹三脚架 3 个，墨线盒 1 个，记录板 1 块，工具包 1 个，测伞 1 把，以及有关的记录、计算表格和图纸。自备直尺、铅笔（2H、3H 或 4H）、计算器、橡皮。

四、方法提示

（一）园林工程施工控制测量

（1）选择一块约 100m × 100m 的施工场地或实训场地，场内要求至少有两个能相互通视的控制点，如图习 -1。

（2）设计的方格网与主构筑物的轴线应一致，方格网每个格边长为 20m。

（3）放样数据的计算，如图习 -1，根据 A、B、43、44、45 点的坐标值计算 a_1、a_2、a_3、b_1、b_2、b_3 等 6 个夹角，及 A 点至 43、44、45 点的距离，B 点至 43、44、45 点的距离。

（4）现场用仪器进行测设：

①在 A 点安置经纬仪，用极坐标法测设出 43′、44′、45′点。

②再在 B 点安置经纬仪，同样用极坐标法再次测设出 43″、44″、45″点，如果误差在允许范围内，则取两点中间位置作为 43、44、45 点的测设点，否则重新测设。

③检查 43、44、45 点之间的距离与设计距离 20m 是否一致；用经纬仪检查三点是否在一条直线上，如有误差，应作适应调整。

④在 44 点安置经纬仪瞄准 43 点，根据格边长 20m，用钢尺测设出 42、41 点；经纬仪再瞄准 45 点，用钢尺测设出 46 点。

⑤仍然在 44 点安置经纬仪，以 44 点至 43 点作为起始边，测设出两个直角，然后用钢尺测设出 14、24、34、54、64 点。

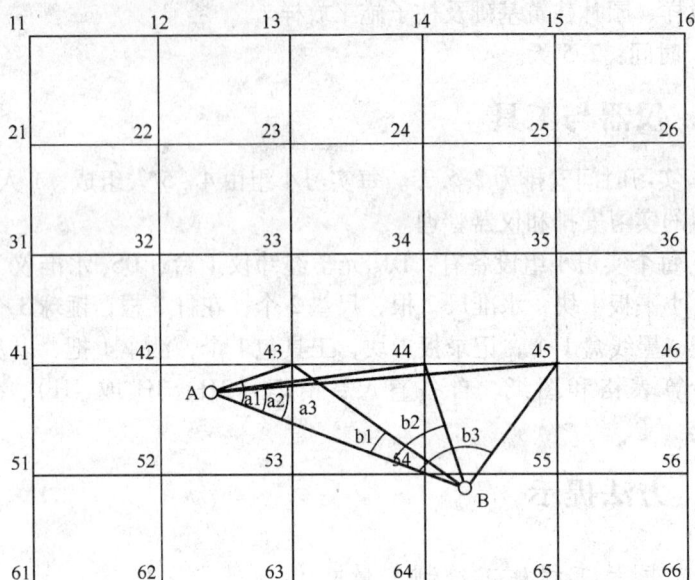

图习-1

⑥把经纬仪安置在 43 点，以 43～44 点作为起始边，测设出两个直角，然后用钢尺测设出 13、23、33、53、63 点；将经纬仪分别安置在 42、41、45、46 点即可测出其他方格点。

（二）园林建筑物定位

各小组根据教师提供建筑物在已测设方格网地上位置的设计图，建筑物交点坐标值，方格网点或其他控制点坐标，用极坐标法、直角坐标法、角度交会法和距离交会法等进行测设放样。放样后，对建筑物轴线边长、角度进行检核。边长相对误差应小于 1/3000，角度误差不得大于 ±60″。

（三）园林建筑的详细放样

建筑物定位后，根据交点桩位置及各主轴线设计图，在实地设置龙门板及轴线控制桩。

（四）园林建筑基础及柱子施工放样

随时控制基槽开挖深度，用龙门板或轴线控制桩标定的 ±0 位置在基槽内测设水平桩，水平桩离槽底设计标高为一固定值，一般为 30～40cm。

柱子施工放样，先在安装柱子的杯口内测设标高线及柱中心线，然后在柱子三个侧面用墨线弹出柱子中心线，随后用两台经纬仪分别安置在相互垂直的两条轴线上，一般在距柱高 1.5 倍以外地方，用经纬仪十字丝纵丝瞄准柱子底部中心线，固定照准部，再逐渐抬高望远镜至柱顶，校正柱子，使柱子中心线始终在两台经纬仪的十字丝纵丝上为止，则柱子垂直。柱子中心线的偏差应在柱高的 1/1000 以内。

五、上交资料

（1）放样数据计算表及放样简图。

（2）设计数据与实际测设数据对照误差表。

（3）实习报告。

实习4　园林工程放样测量

一、实习目的

（1）掌握园路放样测量。

（2）掌握假山放样测量。

（3）掌握挖湖放样。

（4）掌握园林植物种植放样。

二、实习内容与时间

（1）实习内容：园路放样测量，堆山放样测量，挖湖放样，园林植物种植放样。

（2）实习时间：2.5 天。

三、仪器与工具

（1）实习时间安排为 2.5 天。每实习小组由 4～5 人组成，1 人为组长，负责全组的实习安排和仪器管理。

（2）每个实习小组设备有：DJ_6 光学经纬仪 1 台，DS_3 水准仪 1 台，皮尺 1 把，钢尺 1 把，平板仪 1 台，水准尺 2 根，尺垫 2 个，花杆 3 根，记录板 1 块，工具包一个，测伞 1 把，以及有关的记录、计算表格和图纸。自备直尺、铅笔（2H、3H 或 4H）、计算器、橡皮。

四、方法提示

（一）园路放样测量

（1）在实训场内设计 30～50m 步行园道，用平板仪或经纬仪测出路中心的交叉点、转弯点、坡度变化点、曲线的起点、中点、终点。

（2）选择一个填方及一个挖方的中线桩，测设其边坡桩。

（二）堆山放样

（1）在实训场内设计一个约 30m×20m，高约 5m 的堆填山体。

（2）用平板仪或经纬仪测设堆填山设计等高线 Hi 的各个转点，并打上木桩。

（3）用绳子将等高线按设计形状在地面标出并撒上白灰线。

（4）用水准仪测出现在各转点桩的高程 H_{ij}。

（5）计算各桩填方高度 $h_{ij} = H_{ij} - H_i$，并标明于桩的侧面；若高度允许，则在各桩点插设竹杆，并划线标出填高。

（三）挖湖放样

（1）实训场内设计约 30m×20m，深约 2m 的人工湖。

（2）用小平板或经纬仪将设计的水体边界各转折点测设到地面上，打上木桩，用白灰按水体边界设计形状将各转折点连接起来。

（3）在水体内选择若干个点位并打上木桩。

（4）用水准仪测出边界及水体内各桩点现有的高程 H_i。

（5）计算边界桩的填高 $h_i = H_{现i} - H_i$，并注于桩的侧面上。

（6）计算边界内各桩挖的深度 $h_i = H 现 i - H_i$，并注于桩的侧面上。

（四）园林植物种植放样

1. 园林植物种植测设的要求

园林植物种植有两种形式，一种为单株种植，另一种为丛植，单株种植的测设应在实地上测设出种植的几何中心位置，打上木桩，写明树种、胸径（或地径）、树高等，丛植的测设则类似堆山测设等高线一样，把边界转折点位置测出，然后用长绳将范围界线按设计形状在地面标出并撒上白灰线，在范围内打上木桩，在木桩上写明树种名称、株数、高度、地径或胸径等。

2．测设方法

（1）类似园路、堆山、挖湖的放样方法。

（2）根据种植植物与道路的关系，用支距法测出种植植物的位置。

（3）若种植植物与地物地貌特征点较近，则可以用距离交会法测设。

（4）若施工场已建立施工控制网，则可以用直角坐标法定位。

3．测设具体内容

根据教师提供的设计图，测设出一个单株种植植物的实地位置，钉上木桩，写明树种、胸径（或地径）、树高等；测设出一个丛植植物的范围界线，然后用长绳将范围界线按设计形状在地面标出并撒上白灰线，在范围内打上木桩，木桩上写明树种名称、株数、高度、地径或胸径等。

五、上交资料

（1）放样数据计算表及放样简图。

（2）水准测量记录表。

（3）各桩点填挖高计算表。

（4）实习报告。

园林测量实训实习的基本要求

一、实习注意事项

（1）实习过程中应严格遵守"园林测量实验与实习须知"中的有关规定。

（2）每一项测量工作之前都要阅读教材中有关内容，每一项测量工作完成后，要及时计算、整理有关资料。

（3）各小组自行妥善保管好原始数据、计算成果等。

（4）测量实习仪器工具较多，应妥善保管。领、还仪器工具时都应清点。

（5）组长要合理安排，确保每人都有机会进行各项测量工作；组员之间要团结协作，密切合作，确保实习任务顺利进行。

（6）严格遵守实习纪律。有严重违反实习纪律者，取消其实习资格。

（7）教学实习所需的记录、表格，均由指导教师（或测量实验室人员）发放。

二、实习报告的编写

每位实习学生必须编写实习报告，其格式和内容如下：

（1）封面：实习名称、地点、时间、班组、编写人和指导教师姓名。

（2）目录。

（3）前言：简述实习目的、任务、测区概况，实习过程。

（4）实习内容：按测量的顺序，叙述测量内容、方法、精度要求、计算成果及示意图等。

（5）实习体会：介绍实习中所遇到的问题及解决问题的办法，介绍通过实习所取得的成绩和尚存的不足之处，对实习提出意见和建议等。

三、实习成绩的考核

（1）考核依据：实习的出勤情况，实习态度，对测量学知识的掌握程度，动手能力、分析问题和解决问题的能力，完成任务的质量，所交资料及仪器工具爱护的情况，实习报告的编写水平等。

（2）考核方式：实习过程中随时对学生进行口试、笔试、仪器操作考试。

（3）成绩评定：分为优、良、中、及格、不及格。凡缺勤天数超过实习天数的1/3、严重损坏仪器工具、未交成果资料和实习报告、伪造原始观测数据者，均作不及格处理。

参考文献

1　河北农业大学主编．测量学．全国高等农业院校教材．北京：中国林业出版社，1984

2　韩熙春主编．测量学．北京：中国林业出版社，1992

3　陈克钰主编．测量．高等学校教材（专科适用）．北京：中国水利电力出版社，1996

4　胡伍生，潘庆林主编．土木工程测量．南京：东南大学出版社，2002

5　李修伍．测量学．北京：中国林业出版社，1992

6　顾孝烈．测量学．上海：同济大学出版社，1999

7　刘志章．工程测量学．北京：中国水利电力出版社，1992

8　吴志华．园林工程．北京：中国农业出版社，2002

9　武汉测绘科技大学《测量学》编写组．测量学．北京：测绘出版社，1991

10　北京林学院主编．测量学．北京：中国林业出版社，1992

11　《测量学》编写组．测量学．北京：中国林业出版社，1993

12　郑金兴．园林测量．北京：高等教育出版社，2002

13　武汉测绘科技大学《测量学》编写组著．测量学．北京：测绘出版社，2000

14　李仁东主编．工程测量．北京：人民交通出版社，2002

15　郑金星主编．园林测量．北京：高等教育出版社，2002

16　唐春来主编．园林工程与施工．北京：中国建筑出版社，1999

17　金国雄等．GPS卫星定位的应用与数据处理．上海：同济大学出版社，1994

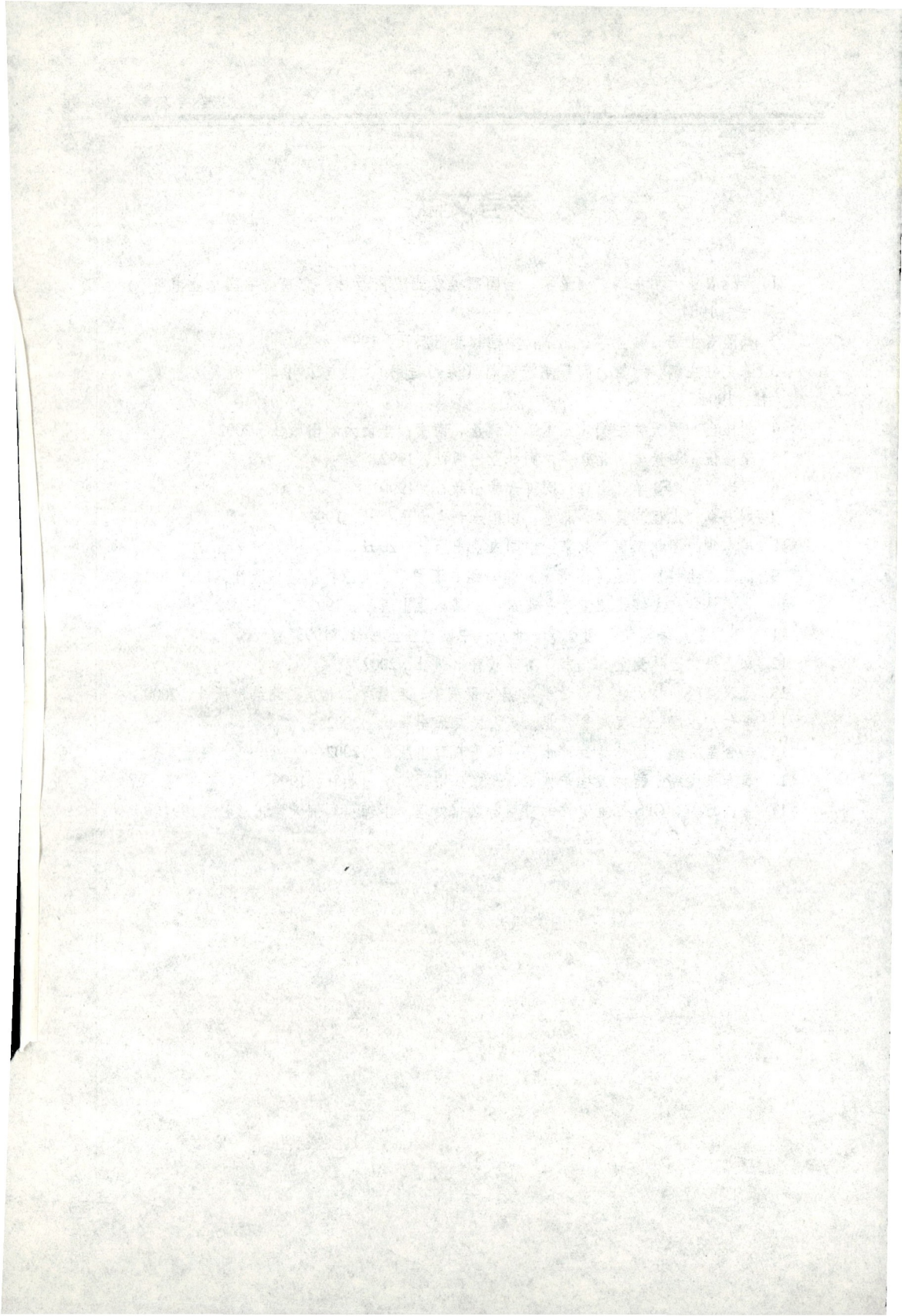